全国医药高等院校规划教材

供高职高专药学类、药品类等专业使用

药用植物学

主　编　吴立明　谈永进

副主编　祁银德　付雪艳

编　者　（按姓氏汉语拼音排序）

曹素萍（无锡卫生高等职业技术学校）

付雪艳（宁夏医科大学）

刘家水（安庆医药高等专科学校）

祁银德（惠州卫生职业技术学院）

谈永进（安庆医药高等专科学校）

吴立明（南阳医学高等专科学校）

翟　明（嘉应学院医学院）

詹爱萍（广州医科大学卫生职业技术学院）

赵　鑫（南阳医学高等专科学校）

科学出版社

北　京

内容简介

本教材共6章，内容包括绪论、植物器官的形态、植物分类概述、低等植物、高等植物、药用植物的显微结构、我国药用植物资源概况与可持续利用、实践、附录九个部分。重点介绍被子植物门常见科的主要特征、主要药用植物的突出特征，以及资源分布、主要功效。每章前面有学习目标，后面有目标检测。实践部分包括实验指导、野外实践指导。附录内容包括常用试剂的配制及被子植物门分科检索表。书后附有目标检测题参考答案。

本教材可供高职高专药学类、药品类等专业使用。

图书在版编目(CIP)数据

药用植物学 / 吴立明，谈永进主编. —北京：科学出版社，2016. 6

全国医药高等院校规划教材

ISBN 978-7-03-048131-3

Ⅰ. 药… Ⅱ. ①吴… ②谈… Ⅲ. 药用植物学－高等学校－教材 Ⅳ. Q 949.95

中国版本图书馆CIP数据核字（2016）第090148号

责任编辑：张映桥 / 责任校对：张凤琴

责任印制：李 彤 / 封面设计：金舵手世纪

科学出版社 出版

北京东黄城根北街16号

邮政编码：100717

http://www.sciencep.com

北京虎彩文化传播有限公司 印刷

科学出版社发行 各地新华书店经销

*

2016年6月第 一 版 开本：787×1092 1/16

2022年1月第四次印刷 印张：12 3/4

字数：302 000

定价：46.00元

（如有印装质量问题，我社负责调换）

前　言

本教材是为适应高职高专药学类、药品类专业教学需要而编写。本教材在组织编写过程中，认真贯彻落实教育部《关于深化职业教育教学改革全面提高人才培养质量的若干意见》等文件精神，以培养满足医药行业企业和医药卫生事业发展需要的高素质技能型专门人才为宗旨，依据《中华人民共和国药典》（2015年版），力求使课程内容与职业标准相对接。理论知识强调“必需、够用”，强化技能培养，突出实用性，充分体现了“以就业为导向，以能力为本位，以发展技能为核心”的职业教育培养理念。

本教材内容包括绪论、植物器官的形态、植物分类概述、低等植物、高等植物、药用植物的显微结构、我国药用植物资源概况与可持续利用、实践、附录九个部分。重点介绍了被子植物门常见科的主要特征，详细描述了主要药用植物的突出特征及分布、主要功效。每一章前面有学习目标，后面有目标检测，有利于学生学习中对重点知识的把握和巩固。根据就业需要和技能培养目标，正文之后设有实验指导、野外实践指导。书后附有目标检测题参考答案。

本教材编写实行主编负责制，采用分工编写，主编统审，集体定稿的模式。编写分工如下：吴立明负责编写绪论、第一章第一～三节及实验一、第四章第四节豆科至伞形科及实验五、实验八；谈永进负责编写第二章、第四章第一～三节及实验四、第六章及野外实践指导；祁银德负责编写第四章第四节禾本科至兰科及实验七；付雪艳负责编写第四章第四节木犀科至玄参科；詹爱萍负责编写第一章第四～六节及实验二～三；曹素萍负责编写第五章及实验九～十；翟明负责编写第四章第四节三白草科至蔷薇科；赵鑫负责编写第三章及实验十一～十三、附录；刘家水负责编写第四章第四节茜草科至菊科及实验六。

本教材编写过程中参阅了许多专家、学者的研究成果和著作，并得到各参编者单位和科学出版社的大力支持，在此一并致谢！

由于编者水平有限，加之时间仓促，书中难免存在不足之处，敬请读者和各兄弟院校在使用过程中提出批评和建议，以便修订完善。

编　者

2016年2月10日

目　　录

绪　　论

学习目标

1. 熟悉：药用植物学的主要研究内容和任务。
2. 了解：我国药用植物学的发展简史。

我国地域辽阔，气候多样，植物种类繁多，是世界上使用药用植物种类最丰富、应用范围最广泛、历史最悠久的国家之一。第三次全国中药资源普查结果显示，我国有药用记载的植物、动物和矿物共计 12 694 种，其中药用植物有 11 020 种，隶属于 2313 属，383 科，约占中药资源总数的 87%。因此，学习药用植物学对从事中药及天然药物领域的学习和研究具有重要的意义。

一、药用植物学的研究内容和任务

药用植物是指自然界中具有预防、治疗疾病作用及对人体具有养生保健功能的植物。药用植物学是指应用植物学知识和方法来研究药用植物的形态、构造、分类及应用的一门学科。药用植物学是药学及相关专业的一门专业基础课程，在专业课程体系中起着承前启后的作用。药用植物学的主要研究内容和任务是：

（一）识别鉴定药用植物，确保药材来源准确

药用植物种类繁多，来源复杂，加上中药历史沿革原因，导致各地用药习惯差异及药材名称不尽相同。因此，在常用中药中，多品种、多来源、同名异物、同物异名现象及以伪充真的问题十分严重。例如，同名为“贯众”的药材，其来源有 9 科 17 属 50 余种，均为蕨类植物，而《中国药典》2015 版（一部）收载的仅绵马贯众（鳞毛蕨科植物粗茎鳞毛蕨 *Dryopteris crassirhizoma* Nakai）一种；同名为“白头翁”的药材，因《本草经集注》中载：“白头翁处处有之，近根处有白茸，状如白头老翁，故以为名。”从而造成了具有类似性状的“白头翁”药材来源多达 20 种以上，分属毛茛科、蔷薇科、石竹科、菊科等，而《中国药典》2015 版（一部）收载的仅为毛茛科植物白头翁 *Pulsatilla chinensis* (Bge.) Regel，其余均不能作白头翁入药。另外，由于中国地域辽阔，民族众多，同一植物或药材，在不同地区人们所称呼的名称也往往不同。例如，益母草（唇形科植物益母草 *Leonurus japonicus* Houtt.），东北称坤草，江苏称天芝麻或田芝麻，浙江称三角胡麻，青海称千层塔，四川称血母草，甘肃称全风赶，广东称红花艾，云南称透骨草等。在经济利益的驱使下，名贵中药材如冬虫夏草、人参、西洋参、天麻、西红花等，造假售假现象非常严重。人参常见伪品的原植物有：商陆科植物商陆 *Phytolacca acinosa* Roxb、豆科植物野豇豆 *Vigna vexillata* (L.) Benth、马齿苋科植物栌兰 *Talinum paniculatum* (Jacq.) Gaertn、茄科植物华山参 *Physochlaina infundibularis* Kuang、菊科植物山莴苣 *Lactuca indica* L.、紫茉莉科植物紫茉莉 *Mirabilis jalapa* L. 等。冬虫夏草 [*Cordyceps sinensis* (Berk.) Sacc.] 最多的伪品是亚香棒虫草（*Cordyceps hawkresii* Gray），西红花（*Crocus sativus* L.）常用红花（*Carthamus tinctorius* L.）冒充，或用染色玉米须、染色莲须、纸浆加工品等冒充。因此，运用植物分类学知识和先进的科技手段确定中药原植物的种类，正确识别鉴定药用植物，逐步做到一药一名，保证其来源的真实性，对于中药材生产、科研和临床用药的安全有效及资源开发具有重要的意义。

（二）调查研究药用植物资源，确保药材资源的可持续利用

药用植物资源不仅是中医药事业可持续发展的重要物质基础，同时也是人类社会发展的重要生物资源。对药用植物资源的合理持续利用，是人类社会长期稳定和发展的保证。我国有丰富的药用植物资源，在国际市场上享有很高的地位，也具有广泛的市场前景。但是由于市场需求量的不断加大和不规范的开发利用，导致目前对药用植物的开发利用处于无序状态，甚至有许多珍贵资源如人参、冬虫夏草、肉苁蓉、天麻、石斛等由于过度的开发利用而濒临灭绝。而原先并没有濒危的植物，由于新药开发及功效的确认，也出现了大量采挖现象，如云南的红豆杉，自紫杉醇批准上市后，其野生资源很快受到人为毁灭性破坏，进而濒临灭绝。国务院1987年12月1日起实施的《野生药材资源保护管理条例》，对野生药材资源规定了保护级别、保护办法、合理开发条件和标准及处罚条文等，从而使珍稀濒危中药资源得到了有效的保护。因此，调查研究药用植物资源的分布、蕴藏量和利用现状，制定切实可行的保护、发展和永续利用规划，是药用植物学任重而道远的使命。

（三）依据植物亲缘关系与新技术手段，寻找并开发新的药物资源

系统进化和植物化学分类学原理揭示，亲缘关系越接近的植物，其所含的化学成分也越近似，野生植物中亲缘关系相近的种不仅形态结构相似，而且新陈代谢类型和生理生化特征亦相近。因此，利用这一规律就能快速地发现新药源，也能更快地找到国外资源在国内的代用品。例如，在20世纪50年代，我国植物学和药学专家在云南、广西、海南找到了能完全取代印度产蛇根木 *Rautwolfia serpentina*（L.）Benth.et Kurz. 的降血压资源植物萝芙木 *R. verticillata*（Lour.）Baill. 及其同属多种植物。美国科学家从产于美国的太平洋红豆杉 *Taxus bravifolia* Nutt. 树皮中发现了抗癌成分紫杉醇，并将其应用于临床后，我国科学家相继从国产的同属多种植物中发现并提取得到了紫杉醇及其衍生物，扩大了药用植物新资源。

二、我国药用植物学的发展简史和发展趋势

我国药用植物学的发展有着悠久的历史。古人在寻觅食物，与自然灾害和疾病的长期斗争中，逐渐发现了许多植物具有预防和治疗疾病的作用。我国药用植物的最早历史记载出现于3000年前的《诗经》和《尔雅》中，分别载有200和300多种植物，其中1/3左右为药用植物。“本草”是我国历代记载药物知识的著作。我国历代“本草”书籍有400多部，药用植物学发展与本草的发展紧密相连。我国现存最早的药学专著是东汉（公元200年左右）时期的《神农本草经》，收载药物365种，其中植物药237种。南北朝·梁代陶弘景的《本草经集注》载药730种，多数为植物药。唐代（公元659年）苏敬等主持编写的《新修本草》（又称《唐本草》）载药850种，其中有不少国外输入药物如安息香、血竭、胡椒、郁金、茴香等，是我国和世界上第一部国家药典。宋代（公元1082年）由唐慎微编写的《经史证类备急本草》收载药物1746种，为我国现存最早的一部完整本草。明代（公元1578年）药圣李时珍编写的《本草纲目》收载药物1892种，其中包括藻、菌、地衣、苔藓、蕨类和种子植物共1100余种，是一部集明代以前药学之大成的本草巨著，并最早采用生态分类法，其严密的科学性、系统性、先进性和实践性，对我国和世界植物分类贡献巨大，本书17世纪初传到国外，被译成多国文字。清代（公元1765年）赵学敏编著的《本草纲目拾遗》收载药物921种，是《本草纲目》

的补充和续编。清代（公元1848年）吴其濬编写的《植物名实图考》和《植物名实图考长编》共收载药用植物2552种，是研究和鉴定药用植物的重要文献。以上这些著作都是我国中医药文化遗产的宝贵财富，对药用植物分类、品种鉴定和开发利用做出了重大贡献。

新中国成立后，党和政府十分重视继承和发展祖国医药遗产，十分重视中医药及天然药物的研究和人才的培养，在全国各地陆续成立了许多中医药大学、中药学院、中药及药用植物研究机构，培养了大批药用植物的研究人才，开展了中药原植物与生药鉴定的研究工作。新中国成立至今的60多年来，我国药用植物与中药工作者共同为中药及天然药物的基础研究做出了重要的贡献，先后编写出版了《中国植物志》《中药志》《中华人民共和国药典》《中国药用植物志》《中药大辞典》《全国中草药汇编》《中华本草》等举世瞩目的重要专著。此外，各地还出版了不少地方性药物志、民族药物志等，这些专著代表了我国中药及天然药物的研究成果。除以上专著外，全国各地还创建了大量刊登药用植物的期刊，如《中国中药杂志》《中草药》《中药材》《中国天然药物》等，为深入研究药用植物奠定了坚实的基础。

随着现代医药学，特别是生物学、化学的飞速发展，药用植物学也不断地增添新的研究内容、研究方法与研究方向，分化出了药用植物栽培学、植物化学分类学、中药资源学、超微结构分类学及植物分子系统学等学科，给药用植物学增加了新的内容，从而促进了药用植物学研究的迅猛发展。

三、学习药用植物学的方法

药用植物学是一门理论性、实践性、直观性均很强的专业基础课程，要求学习时必须密切联系实际，重视实验课和野外实践，充分运用植物标本、模型、显微切片等教具提高学习效果。大自然是学习药用植物学的最好课堂，在校园、公园、郊外及药用植物园均有很多植物，通过对这些植物的细致观察、纵横比较，就可以把理论与实践有机地结合起来，从而增强对药用植物学知识的深刻理解。对相似植物、植物类群、器官形态、组织构造和化学成分等要多进行比较分析，找出它们的异同点，在比较中加深印象，提高对药用植物的识别能力。药用植物学的专业术语较多，只有正确理解和较熟练地运用这些专业术语，才能正确掌握药用植物的特征，切忌脱离实际的死记硬背。学习过程中要注重实例，抓住重点、难点，带动一般，如学习植物“科”的特征时，要通过观察代表性植物来掌握其主要特征。总之，多观察、多比较、多实践、多思考，才能将药用植物学的知识和技能学活、记牢、用好，为今后相关专业课学习和工作奠定坚实基础。

目标检测

一、选择题

（一）A型题（最佳选择题）

1. 我国最早的药物学专著是（　　）

A.《本草纲目》　B.《神农本草经》

C.《新修本草》　D.《证类本草》

2. 我国最早的药典是（　　）

A.《本草纲目》　B.《神农本草经》

C.《新修本草》　D.《证类本草》

3.《本草纲目》的作者是（　　）

A. 李时珍　B. 陶弘景

C. 孙思邈　D. 赵学敏

4.《本草纲目》记载药物（　　）

A. 237种　B. 365种

C. 850种　D. 1892种

5.《经史证类备急本草》作者是（　　）

A. 陈藏器　B. 陶弘景

C. 赵学敏　D. 唐慎微

（二）X型题（多项选择题）

6. 药用植物学的主要研究内容和任务是（　　）

A. 识别鉴定药用植物，确保药材来源准确

B. 调查研究药用植物资源，确保药材资源的可持续利用

C. 依据植物亲缘关系与新技术手段，寻找并开发新的药物资源

D. 研究药用植物的防治疾病和保健作用

E. 研究药用植物的加工炮制技术

7.《新修本草》记载的国外输入药物的是（　　）

A. 安息香　　B. 血竭

C. 胡椒　　D. 郁金

E. 茴香

二、填空题

1. 我国现存最早的药学专著是______，收载药物______种，其中植物药______种。

2.《本草经集注》的作者是____，载药量___种，多数为植物药。

3. 我国和世界上第一部国家药典是______，又称______，载药______种。

4. 我国现存最早的一部完整本草是____，收载药物_____种。

5. 明代李时珍编写的《本草纲目》收载药物___种。

三、名词解释

1. 药用植物学

2. 本草

四、简答题

1. 药用植物学的主要研究内容和任务是什么？

2. 简述我国药用植物学的发展简史。

3. 如何学好药用植物学？

第一章　植物器官的形态

学习目标

1. 掌握：直根系与须根系、木质茎与草质茎的区别；单叶与复叶、平行脉与网状脉的区别；各类型的雄蕊、雌蕊及花冠。

2. 熟悉：果实、种子的形态特征；能区别单果中的各种类型果实。

3. 了解：根的变态、茎的变态、完全叶与不完全叶的区别。

自然界的植物种类繁多，形态各异，由结构简单的低等植物演化到较高等的植物就出现了器官。植物器官是植物体中具有一定的外部形态和内部结构，并执行一定生理功能的组成部分。各器官间在形态结构及生理功能上有明显差异，但彼此又密切联系、相互协调，构成一个完整的植物体。在高等植物中，种子植物的植物体一般由根、茎、叶、花、果实和种子六种器官组成。其中，根、茎、叶担负着营养物质的吸收、合成、运输和储藏等生理功能，称为营养器官；花、果实和种子主要起着繁衍后代、延续种族的作用，称为繁殖器官。

第一节　根

根通常呈近圆柱形，生长在土壤中，越向下越细，并向四周分枝，形成复杂的根系，具有向地性、向湿性和背光性。根不分节和节间，一般不生芽、叶和花。根主要有吸收、输导、固着、支持、合成、储藏和繁殖等生理功能。许多植物的根，如人参、党参、甘草、丹参、当归等可供药用。

一、根的形态和类型

（一）定根和不定根

1. 定根　有固定的生长部位，由胚根直接或间接生长出来的根，称为定根。其包括主根、侧根和纤维根，如人参、甘草、黄芪等的根。

(1) 主根：种子萌发时，首先突破种皮的是胚根。由胚根直接发育而成，并不断向下生长形成的根，称为主根。主根多呈圆柱形或圆锥形。

(2) 侧根：由主根侧面生出的分枝，称为侧根。侧根上还会生长出次一级侧根。

(3) 纤维根：在主根、各级侧根上生出的更细小分枝，称为纤维根。

2. 不定根　没有固定的生长部位，不是由胚根直接或间接形成，而是由茎、叶或其他部位生长出来的根，称为不定根。玉米在近地面的茎节上长出的根是不定根；柳、桑的枝条插入土中生出的根，以及秋海棠、落地生根的叶掉在地上长出的根，都是不定根。栽培上常利用植物产生不定根的特性来繁殖苗木，如扦插、压条等。

（二）直根系和须根系

根系是指一株植物地下所有根的总称。按其形态不同可分为直根系和须根系两类（图1-1）。

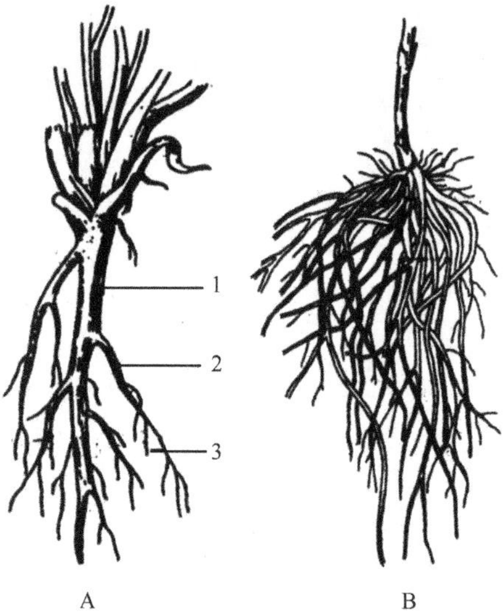

图 1-1　直根系和须根系

A. 直根系；B. 须根系

1. 主根；2. 侧根；3. 纤维根

1. 直根系　主根发达，主根与侧根的界限非常明显的根系，称为直根系，如党参、桔梗、蒲公英、棉花等双子叶植物的根系。

2. 须根系　主根不发达或早期枯萎，在茎基部的节上长出许多粗细相仿的不定根，密集呈胡须状，没有主、次之分，称为须根系，如葱、蒜、水稻、小麦等单子叶植物的根系。

二、变态根的类型

有些植物的根，在长期进化过程中，为了适应生活环境的变化，在形态、结构和生理功能等方面发生了特异变化，称为根的变态。根的这些变态特性形成后可代代遗传下去，成为遗传性状。常见的变态根包括地下变态根和地上变态根（图 1-2，图 1-3）。

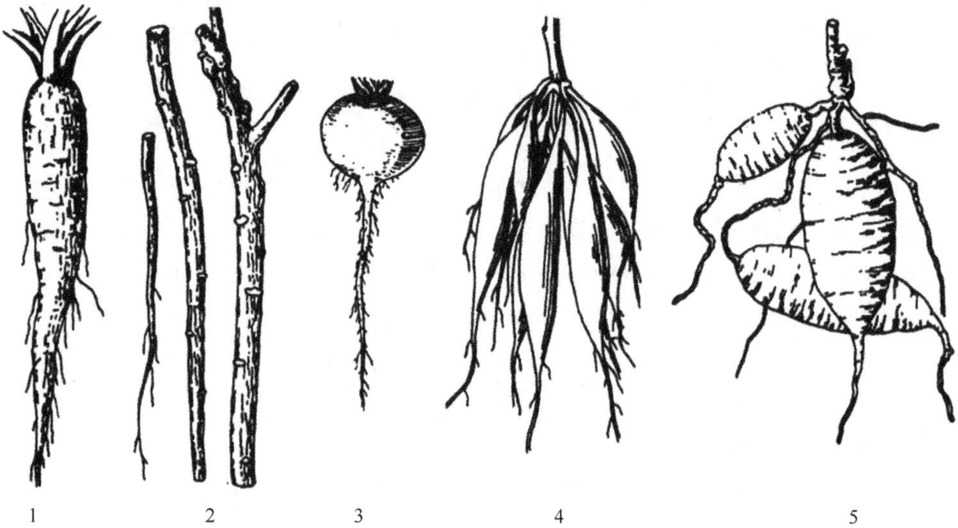

图 1-2　地下变态根

1. 圆锥根；2. 圆柱根；3. 圆球根；4. 块根（纺锤状）；5. 块根（块状）

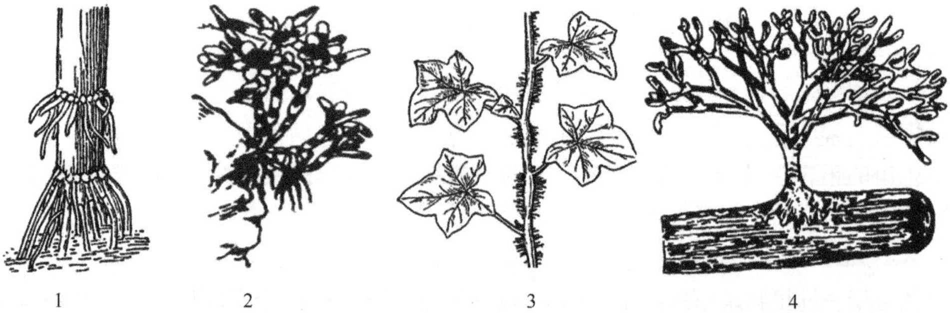

图 1-3　地上变态根

1. 支持根（玉米）；2. 气生根（石斛）；3. 攀援根（常春藤）；4. 寄生根（槲寄生）

（一）贮藏根

根的一部分或全部因储藏营养物质而呈肥大肉质状，这种根称为储藏根。储藏根依据形态和来源不同可分为肉质直根和块根。

1. 肉质直根　主要由主根肥大而成，一株植物上仅有一个肉质直根，其上部具有胚轴和节间很短的茎。依形状可分为：

(1) 圆锥根：主根肥大呈圆锥状，如胡萝卜、白芷、桔梗。

(2) 圆柱根：主根肥大呈圆柱状，如萝卜、菘蓝、丹参。

(3) 圆球根：主根肥大呈圆球状，如芜菁。

2. 块根　主要由侧根或不定根肥大而成，一株可形成多个块根。块根外形常不规则，而且在其彭大部分上端没有茎和胚轴，如甘薯、天门冬、何首乌等。

（二）支持根

有些植物在靠近地面的茎节上产生一些不定根深入土中，以增强茎干的支持作用，如玉米、高粱、薏苡等。

（三）气生根

自茎上产生的不伸入土中而暴露于空气中的不定根。气生根具有在潮湿空气中吸收和储藏水分的能力，多见于热带植物，如石斛、吊兰、榕树等。

（四）攀援根

攀援植物在其地上茎干上生出的不定根，以使植物能攀附于石壁、墙垣、树干或其他物体上，如薜荔、络石、凌霄等。

（五）水生根

水生植物的根呈须状垂直生于水中，纤细柔软并常带绿色，如浮萍、菱、睡莲等。

（六）寄生根

一些寄生植物产生的不定根不是插入土中，而是伸入寄主植物体内吸收水分和营养物质，以维持自身的生活。具有寄生根的植物称为寄生植物。寄生植物又分为全寄生植物和半寄生植物。全寄生植物不含叶绿素，不能自制养料，完全依靠吸收寄主体内的养分维持生活，如菟丝子、列当等。半寄生植物一方面由寄生根吸收寄主养分，同时自身含叶绿素，可以制造一部分养料，如槲寄生、桑寄生等。

第二节　茎

茎通常为植物地上部分，具有背地性、向光性和向上性。茎主要有支持、输导、储藏和繁殖等生理功能。植物的叶、花、果实，都是依靠茎给以支持；根吸收来的水分、无机盐及叶制造的有机物质，都由茎输送到植物体各部，供给植物生长需要。有些植物茎有储藏水分和营养物质的作用，如仙人掌的肉质茎储存大量的水分，甘蔗的茎储存蔗糖，半夏的块茎存淀粉。此外，有些植物的茎能产生不定根和不定芽，如柳、桑、甘薯、马铃薯等，所以常用茎来进行繁殖。许多植物的茎（或茎皮）可作药材，如麻黄、桂枝、杜仲、黄连等。

一、茎的形态

茎一般呈圆柱形，但也有一些植物的茎呈三角形，如莎草、荆三棱；有些呈方柱形，如益母草、薄荷；有些呈扁平形，如仙人掌、昙花。茎通常为实心，但亦有空心，如芹菜、南瓜等。禾本科植物如稻、麦、竹等的茎，有明显的节和节间，且节间中空，节部实心，这种茎特称为秆。

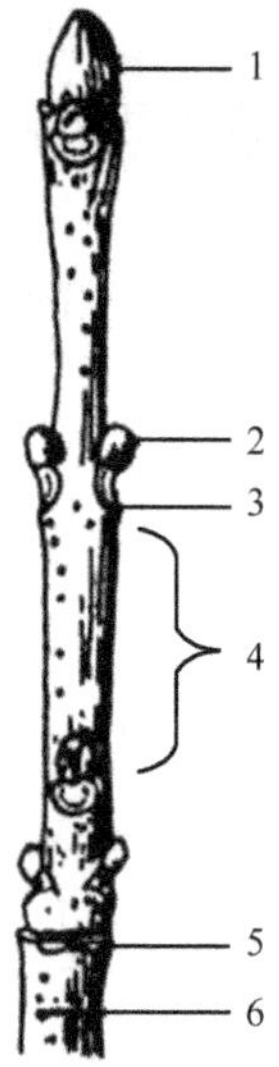

图 1-4 茎的外部形态

1. 顶芽；2. 腋芽；3. 叶痕；4. 节间；5. 芽鳞痕；6. 皮孔

茎的顶端有顶芽，叶腋有腋芽。茎上着生叶和腋芽的部位称节，节与节之间称节间。根无节和节间之分，也不生叶，这是根和茎在外形上的主要区别。叶柄和茎之间的夹角处称叶腋；叶从茎上脱落后留下的痕迹称叶痕；托叶脱落后留下的痕迹称托叶痕；包被芽的鳞片脱落后留下的痕迹称芽鳞痕；茎枝表面隆起呈裂隙状的小孔称皮孔，是茎与外界气体交换的通道。以上痕迹各种植物都有一定的特征，可作为鉴别植物种类、植物生长年龄等的依据（图 1-4）。

一般植物的茎节仅在叶着生处稍膨大，而有些植物茎节特别明显，呈环状膨大，如牛膝、石竹、玉米等；也有些植物茎节处特别细缩，如藕。各种植物节间的长短也很不一致，长的可达几十厘米，如竹、南瓜；短的还不到1mm，如蒲公英。

着生叶和芽的茎称为枝条。有些植物具有两种枝条，节间较长的称长枝，节间很短的称短枝。一般短枝着生在长枝上，能生花结果，所以又称果枝，如梨、苹果和银杏等。

二、茎的类型

（一）依茎的质地划分

1. 木质茎 茎质地坚硬，木质部发达。具木质茎的植物称木本植物。一般又分为下面几种类型：

(1) 乔木：植株高大，主干明显，5m 以上，下部分枝少，如厚朴、杜仲等。

(2) 灌木：植株矮小，主干不明显，5m 以下，在近基部处发出数个丛生的枝干，如夹竹桃、五加等。灌木中高度在 1m 以下的，称小灌木，如六月雪；若介于木本和草本之间，茎基部木质，上部草质，称亚灌木或半灌木，如草麻黄、牡丹等。

(3) 木质藤本：茎大多粗长，木质，常缠绕或攀援他物向上生长，如木通、鸡血藤等。

木本植物全为多年生植物，其叶在冬季或旱季脱落的，分别称为落叶乔木、落叶灌木、落叶藤本。反之，在冬季或旱季不落叶的分别称为常绿乔木、常绿灌木、常绿藤本。

2. 草质茎 茎质地柔软，木质部不发达。具草质茎的植物称草本植物。常见下面几种类型：

(1) 一年生草本：植物在一个季节年内完成生命周期，从种子萌发至开花结果后全株枯死，如红花、马齿苋等。

(2) 二年生草本（越年生草本）：指种子在第一个季节年萌发，第二个季节年开花结果，然后全株枯死，即植物生命周期需跨越 2 年，如菘蓝、萝卜等。

(3) 多年生草本：植物连续生存 2 个季节年以上，其生命周期超过 2 年。常见的有两种类型：一类是植物的地上部分每年都枯萎死亡，而地下部分则多年保持生存能力，第二年抽新苗，称宿根草本，如人参、桔梗等；一类是全株或地上部分多年不枯萎，而呈常绿，称多年生常绿草本，如万年青、沿阶草等。

(4) 草质藤本：植物体细长柔弱，草质，常缠绕或攀援他物向上生长，如牵牛、党参等。

3. 肉质茎 茎质地柔软多汁，肉质肥厚，如芦荟、仙人掌、垂盆草等。

（二）依茎的生长习性划分

1. 直立茎 茎直立地面生长，为常见的茎，如紫苏、黄柏等。

2. 攀缘茎 茎细长，不能直立，以卷须、不定根、吸盘或其他特有的攀附物攀援他物向上生长，如栝楼、葡萄等借助于枝条形成的卷须攀援他物；常春藤等借助于不定根攀援他物；爬山虎借助短枝形成的吸盘攀援他物。

3. 缠绕茎　茎细长，不能直立，依靠自身缠绕他物作螺旋状向上生长。其缠绕的方向也有不同，如五味子、葎草呈顺时针方向缠绕；牵牛、马兜铃呈逆时针方向缠绕；何首乌、猕猴桃则无一定规律。

4. 匍匐茎　茎细长平卧地面，沿地表蔓延生长，节上生有不定根，如甘薯、连钱草等。如果节上不产生不定根则称为平卧茎，如蒺藜、马齿苋等（图 1-5）。

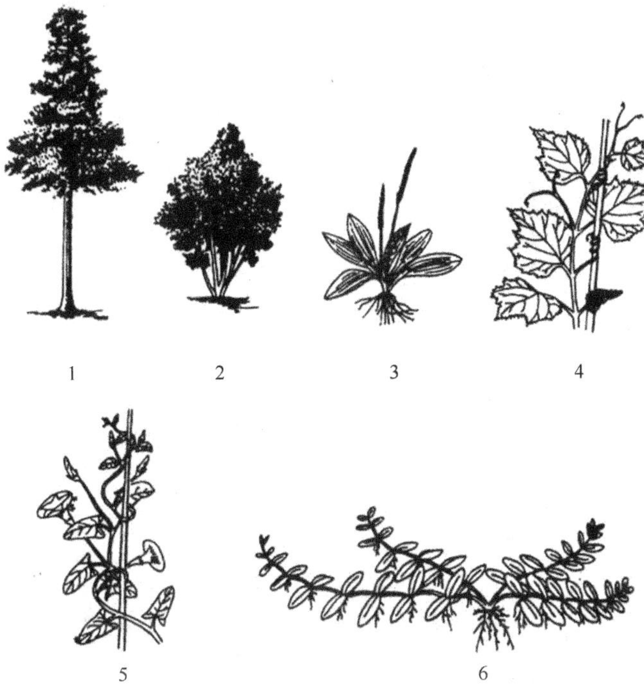

图 1-5　茎的类型

1. 乔木；2. 灌木；3. 草本；4. 攀援藤本；5. 缠绕藤本；6. 匍匐茎

三、变态茎的类型

有些植物由于长期适应不同的生活环境，其茎产生了一些变态。茎的变态种类很多，可分为地下变态茎和地上变态茎两大类（图 1-6，图 1-7）。

（一）地下变态茎

地下变态茎和根类似，但仍具有茎的一般特征，其上有节和节间，并具退化鳞叶及顶芽、侧芽、不定根等，可与根区别。地下茎多贮藏各种营养物质。

1. 根茎（根状茎）　常横卧地下，肉质膨大呈根状，有明显的节和节间，节上有退化的鳞片叶，先端有顶芽，节上有腋芽，向下常生不定根。根茎的形态及节间长短因植物种类而异，有的细长，如白茅、芦苇；有的粗肥肉质，如姜、玉竹；有的根茎还有明显的茎痕（地上茎枯死后留下的痕迹），如黄精等。

2. 球茎　肉质肥大呈球形或扁球形，具明显的节与缩短的节间，节上有较大的膜质鳞叶，顶芽发达，腋芽常生于上半部，基部具不定根，如慈菇、荸荠等。

3. 块茎　肉质肥大呈不规则块状，与块根相似，但有很短的节间，节上具芽及鳞片状退化叶或早期枯萎脱落，如天麻、半夏、马铃薯等。其中，马铃薯的表面凹陷处即为退化茎节所形成的芽眼，其中生芽。

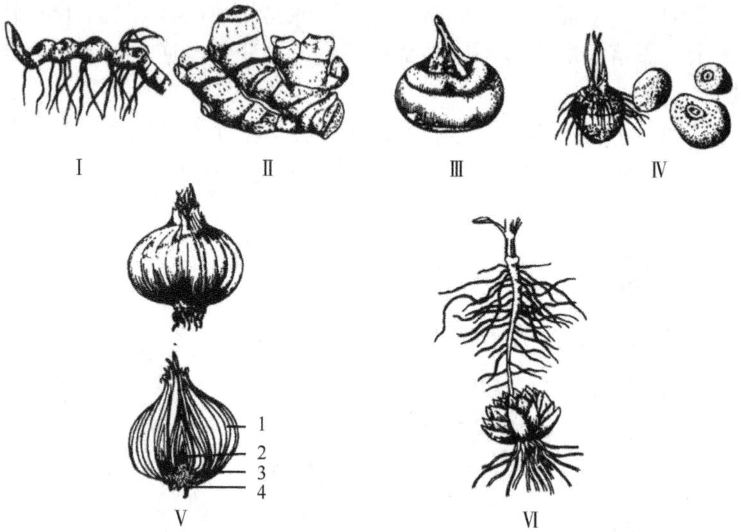

图 1-6　地下变态茎

Ⅰ. 根茎（玉竹）；Ⅱ. 根茎（姜）；Ⅲ. 球茎（荸荠）；Ⅳ. 块茎（半夏：左为新鲜品，右为除外皮的药材）；Ⅴ. 鳞茎（洋葱：1. 鳞片叶；2. 顶芽；3. 鳞茎盘；4. 不定根）；Ⅵ. 鳞茎（百合）

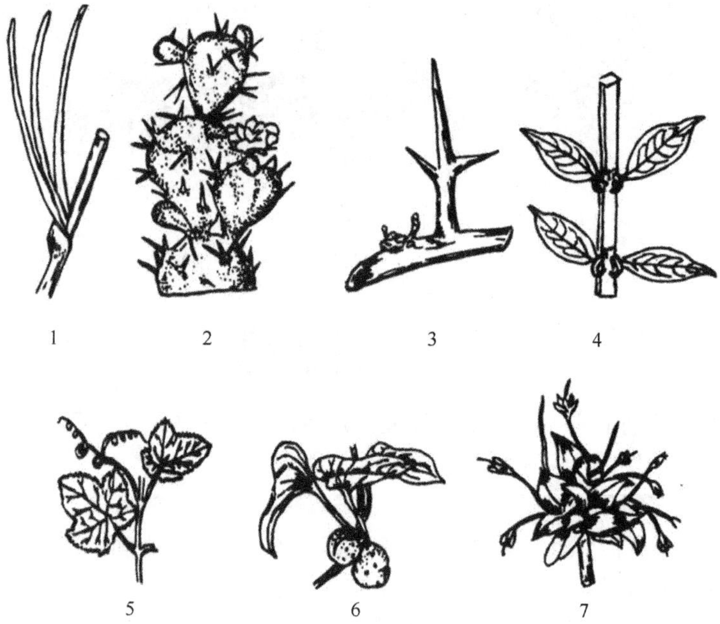

图 1-7　地上变态茎

1. 叶状枝（天门冬）；2. 叶状茎（仙人掌）；3. 刺状茎（皂荚）；4. 钩状茎（钩藤）；5. 茎卷须（葡萄）；6. 小块茎（山药的珠芽）；7. 小鳞茎（洋葱花序）

4. 鳞茎　呈球形或扁球形，茎极度缩短呈圆盘状（称鳞茎盘），盘上排列许多肉质肥厚的鳞片叶，鳞茎顶端生有顶芽，鳞片叶内生有腋芽，鳞茎盘基部生有不定根。鳞茎分为无被鳞茎和有被鳞茎，前者鳞叶狭，呈覆瓦状排列，外面无被覆盖，如百合、贝母等；后者鳞叶阔，内层被外层完全覆盖，如洋葱、大蒜等。

难点释疑

枝刺、叶刺、皮刺的区别

枝刺（棘刺）：生于叶腋。质地坚硬，呈木质，不易折断和剥落。在潮湿情况下，枝刺也能生叶。

叶刺：生于叶尖或叶缘。

皮刺：着生部位不固定，很容易剥去。

（二）地上变态茎

1. 叶状茎（叶状枝）　植物的一部分茎或枝变成绿色的扁平叶状，代替叶的作用，而真正的叶则退化为膜质鳞片状、线状或刺状，如竹节蓼、天门冬、仙人掌等。

2. 枝刺（棘刺）　植物的部分枝呈坚硬刺状。有的枝刺不分枝，如酸橙、山楂；有的枝刺分枝，如皂角、枸橘。枝刺因生于叶腋，可与皮刺、叶刺相区别。

3. 钩状茎　由茎的侧轴变态而成，通常弯曲呈钩状，粗短坚硬无分枝，位于叶腋；如钩藤。

4. 茎卷须　茎变成卷须状，柔软卷曲而常有分枝，用于攀援或缠绕他物向上生长，如葡萄、栝楼、丝瓜等。

5. 小块茎和小鳞茎　有些植物的腋芽常形成小块茎，如山药的零余子（珠芽），半夏叶柄上的不定芽也可形成小块茎。有些植物在叶腋或花序处由腋芽或花芽形成小鳞茎，如洋葱、大蒜等。小块茎和小鳞茎均有繁殖作用。

第三节　叶

叶着生于茎节上，一般为绿色、两侧对称的扁平体，具有向光性。叶主要有光合作用、蒸腾作用和气体交换作用。有些植物的叶还具有贮藏作用，如百合、贝母的肉质鳞片叶。尚有少数植物叶具有繁殖作用，如秋海棠、落地生根等。许多植物的叶可供药用，如番泻叶、侧柏叶、艾叶等。

一、叶的组成

叶由叶片、叶柄和托叶三部分组成（图 1-8）。这三部分都有的叶称完全叶，如梨、桑、柳等植物的叶。有些植物的叶只具有其中的一部分或两部分，称不完全叶。例如，女贞、山药只有叶片和叶柄，而无托叶；油菜、石竹仅有叶片，而无叶柄和托叶。

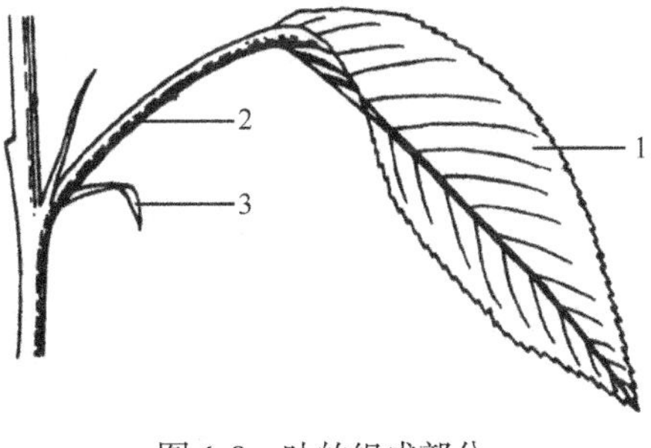

图 1-8　叶的组成部分

1. 叶片；2. 叶柄；3. 托叶

（一）叶片

叶片是叶的主要部分，一般为绿色而薄的扁平体，有上表面（腹面）和下表面（背面）之分。叶片全形称叶形，顶端称叶端或叶尖，周边称叶缘，基部称叶基。叶片表面常可看到许多清晰而隆起的叶脉。

（二）叶柄

叶柄是叶片和茎枝连接的部分，主要具有支持作用。叶柄一般呈圆柱形、半圆柱形或稍扁平，腹面多有沟槽。但随植物种类的不同和适应生活环境的需要，叶柄的形状有时产生变态，如菱、水浮莲等水生植物的叶柄上具膨胀的气囊，以支持叶片浮于水面。有的植物叶柄基部具膨大的关节称叶枕，能调节叶片的位置和休眠运动，如含羞草等。有些植物的叶柄或叶片基部膨大呈圆筒状包围茎的节间，此筒状部分称叶鞘（图 1-9）。白芷、当归等伞形科植物的叶鞘是由叶柄基部扩大形成的；淡竹叶、芦苇、小麦等禾本科植物的叶鞘是由相当于叶柄的部位扩大形成的。禾本科植物叶的特征除叶鞘外，在叶鞘与叶片相接处的腹面还有膜状突起物称叶舌，在叶舌两旁有一对从叶片基部边缘延伸出来的突起物称叶耳。叶耳、叶舌的有无、大小及形状常可作为鉴别禾本科植物种的依据之一。此外，有些无柄叶的叶片基部包围在茎上，称抱茎叶，如苦荬菜；有的无柄叶的叶片基部彼此愈合，并被茎所贯穿，称贯穿叶或穿茎叶，如元宝草。

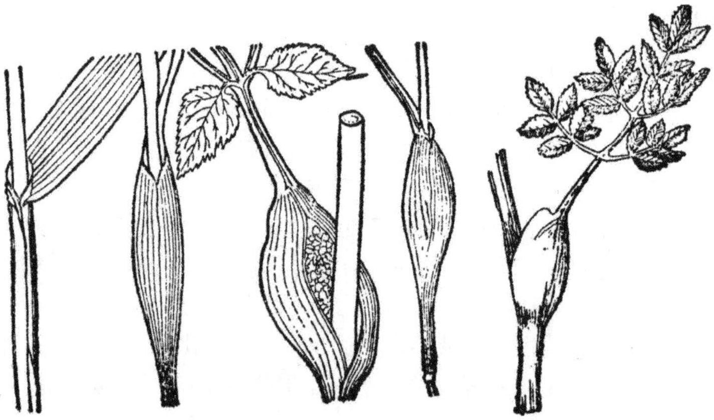

图 1-9　各种形态的叶鞘

（三）托叶

托叶常成对着生在叶柄基部的两侧，具有保护幼叶的作用。托叶形状多种多样，有的托叶很大，呈叶片状，如豌豆、贴梗海棠等；有的托叶与叶柄愈合成翅状，如金樱子、蔷薇等；有的托叶细小呈线状，如桑、梨等；有的托叶变成卷须，如菝葜等；有的托叶变成刺状，如刺槐等；有的托叶联合成鞘状，并包围于茎节的基部，称托叶鞘，如虎杖、何首乌等蓼科植物（图 1-10）。

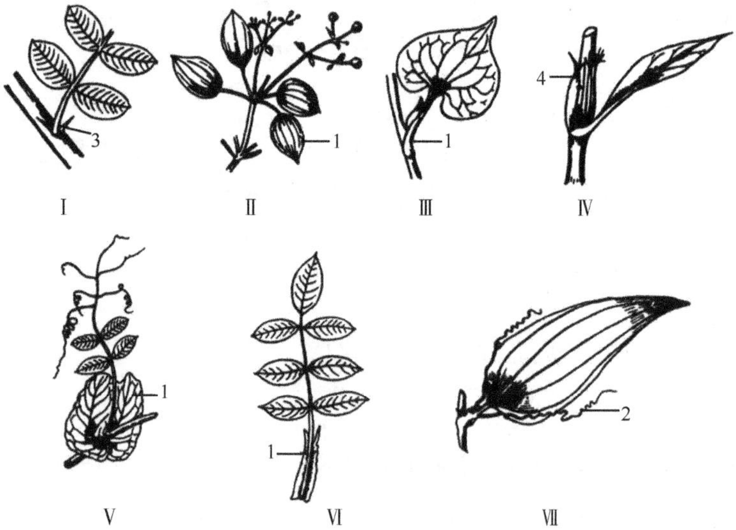

图 1-10　各种类型的托叶

Ⅰ. 刺槐；Ⅱ. 茜草；Ⅲ. 鱼腥草；Ⅳ. 辣蓼；Ⅴ. 豌豆；Ⅵ. 蔷薇；Ⅶ. 菝葜

1. 叶片状托叶；2. 托叶卷须；3. 托叶刺；4. 托叶鞘

二、叶的形态

（一）叶片全形

叶片的形状随植物种类而异，甚至在同一植株上，其形状也不一样。叶片的形状主要根据叶片的长、宽比例及最宽处的位置来确定。若叶片在发育过程中长度的生长量占绝对优势，则呈线性、剑形等；若长度与宽度的生长量接近，或略长一些，而且最宽处在叶片中部，则呈圆形、阔椭圆形或长椭圆形；若最宽处偏在叶片的基部，则呈卵形、阔卵形或披针形；若最宽处偏在叶片顶端，则呈倒卵形、倒阔卵形或倒披针形（图 1-11）。

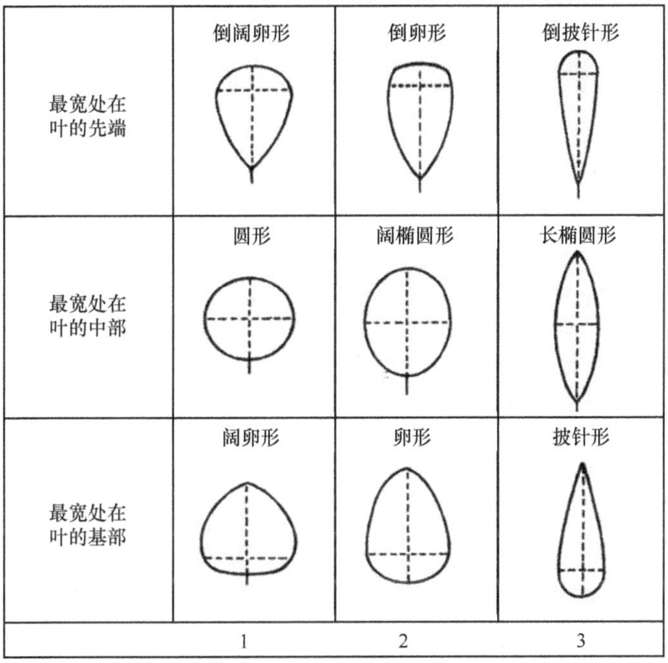

图 1-11　叶片的基本形状图解

以上是叶片的基本形状，其他常见的或较特殊的叶片形状还有：松树叶为针形，银杏叶为扇形，紫荆、细辛叶为心形，积雪草、连钱草叶为肾形，蝙蝠葛、莲叶为盾形，慈菇叶为箭形，菠菜、旋花叶为戟形，车前叶为匙形，菱叶为菱形，蓝桉的老叶为镰形，白英叶为提琴形，杠板归叶为三角形，侧柏叶为鳞形等（图 1-12）。

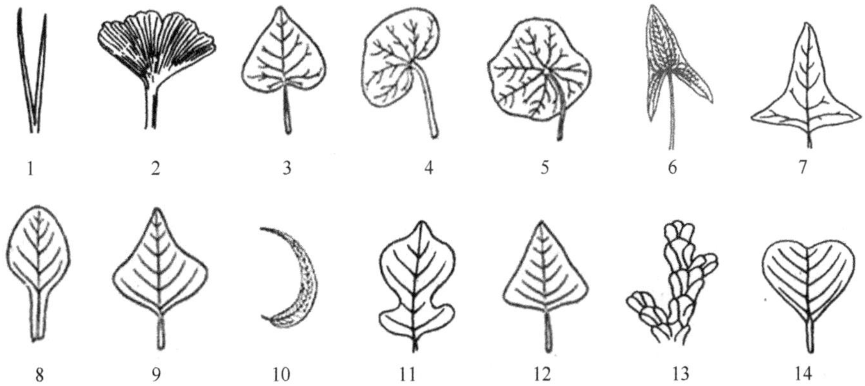

图 1-12　叶片的特殊形状

1. 针形；2. 扇形；3. 心形；4. 肾形；5. 盾形；6. 箭形；7. 戟形；8. 匙形；9. 菱形；10. 镰形；11. 提琴形；12. 三角形；13. 鳞形；14. 倒心形

（二）叶端形状

常见的叶端形状有：圆形、钝形、截形、急尖、渐尖、渐狭、尾状、芒尖、短尖、微凹、微缺、倒心形等（图 1-13）。

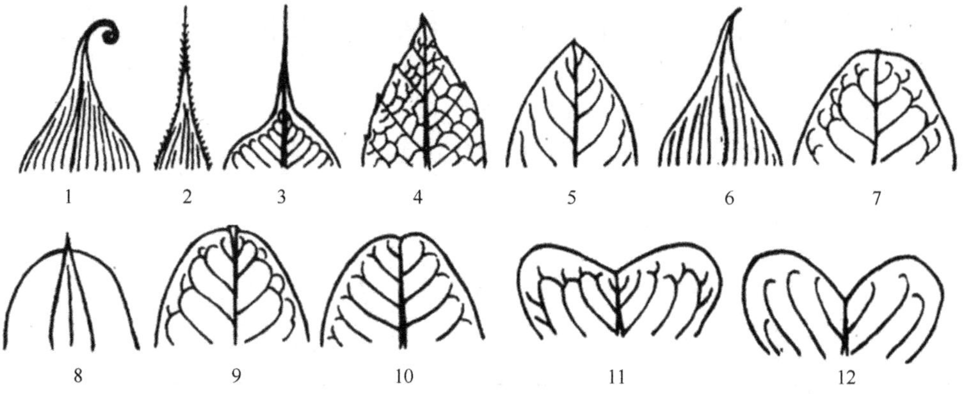

图 1-13　叶端的形状

1. 卷须状；2. 芒尖；3. 尾尖；4. 渐尖；5. 急尖；6. 骤尖；7. 钝形；8. 凸尖；9. 微凸；10. 微凹；11. 微缺；12. 倒心形

（三）叶基形状

常见的叶基形状有：楔形、钝形、圆形、心形、耳形、箭形、戟形、截形、渐狭、偏斜、盾形、穿茎、抱茎等（图 1-14）。

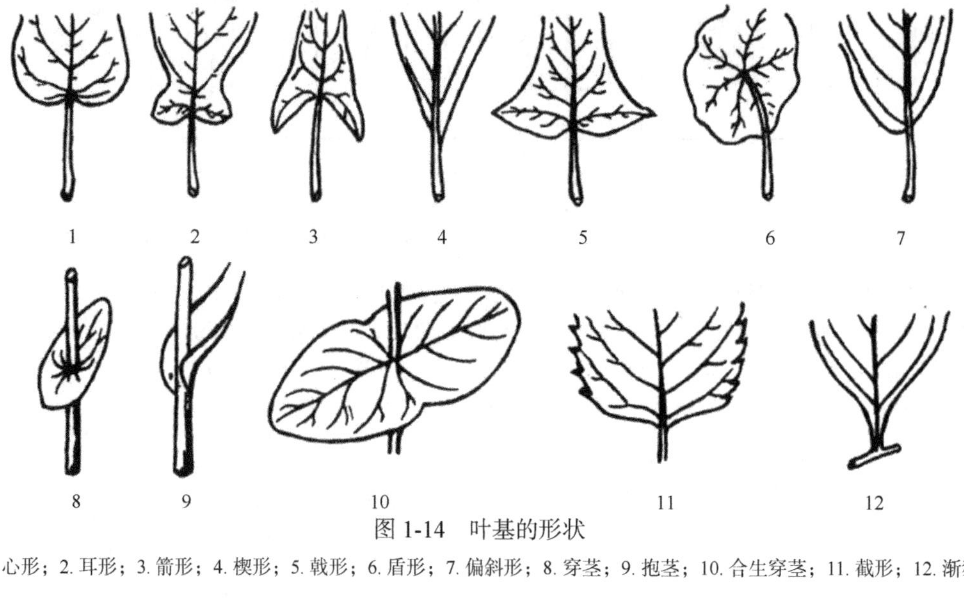

图 1-14　叶基的形状

1. 心形；2. 耳形；3. 箭形；4. 楔形；5. 戟形；6. 盾形；7. 偏斜形；8. 穿茎；9. 抱茎；10. 合生穿茎；11. 截形；12. 渐狭

（四）叶缘形状

常见的叶缘形状有：全缘、波状、锯齿状、重锯齿、牙齿状、圆齿状、缺刻状等（图 1-15）。

（五）叶片分裂

一般植物的叶片常是完整的或仅叶缘具齿或细小缺刻，但有些植物的叶片叶缘缺刻深而大，形成分裂状态，称为叶的分裂或缺刻，简称叶裂。常见的叶片分裂有羽状分裂、掌状分裂和三出分裂 3 种。依据叶片裂隙的深浅不同，又可分为浅裂、深裂和全裂（图 1-16）。

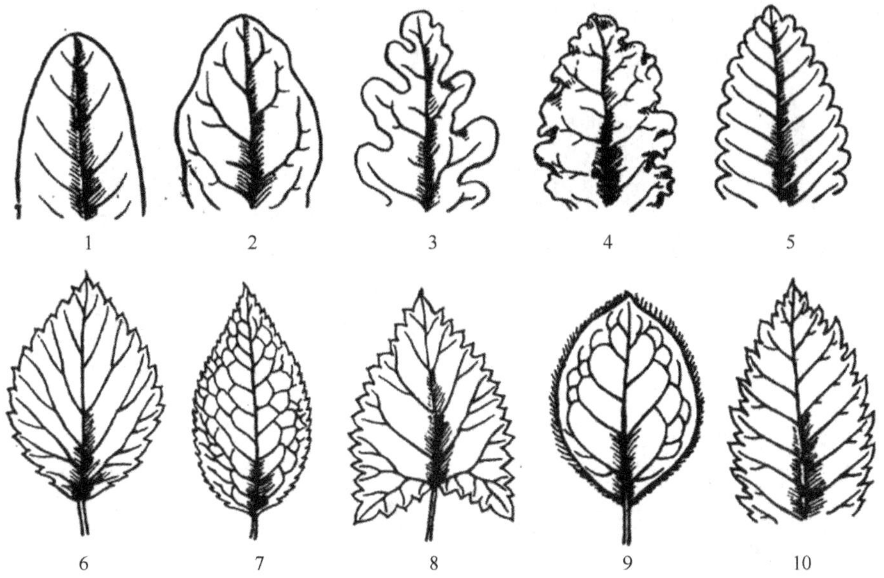

图 1-15　叶缘的形状

1. 全缘；2. 浅波状；3. 深波状；4. 皱波状；5. 圆齿状；6. 锯齿状；7. 细锯齿状；8. 牙齿状 ；9. 睫毛状；10. 重锯齿状

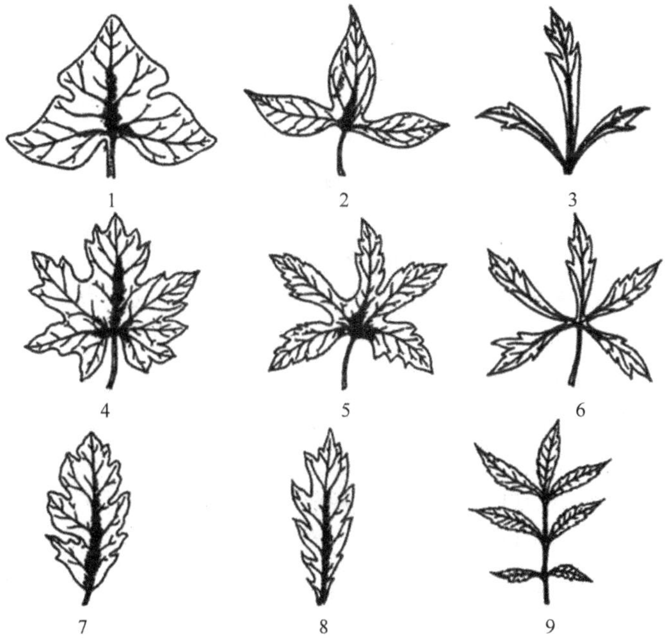

图 1-16　叶片的分裂

1. 三出浅裂；2. 三出深裂；3. 三出全裂；4. 掌状浅裂；5. 掌状深裂；6. 掌状全裂；7. 羽状浅裂；8. 羽状深裂；9. 羽状全裂

1. 浅裂　叶裂深度不超过或接近叶片宽度的 1/4。

2. 深裂　叶裂深度一般超过叶片宽度的 1/4。

3. 全裂　叶裂几乎达到叶的主脉基部或两侧，形成数个全裂片。

（六）叶脉及脉序

叶脉是贯穿在叶肉内的维管束，是叶内的输导和支持结构。其中，最粗大的为主脉，主脉的分枝为侧脉，侧脉的分枝为细脉。许多植物的叶脉通常在背面隆起。叶脉在叶片中的分布形式称脉序，脉序主要有以下三种类型（图 1-17）。

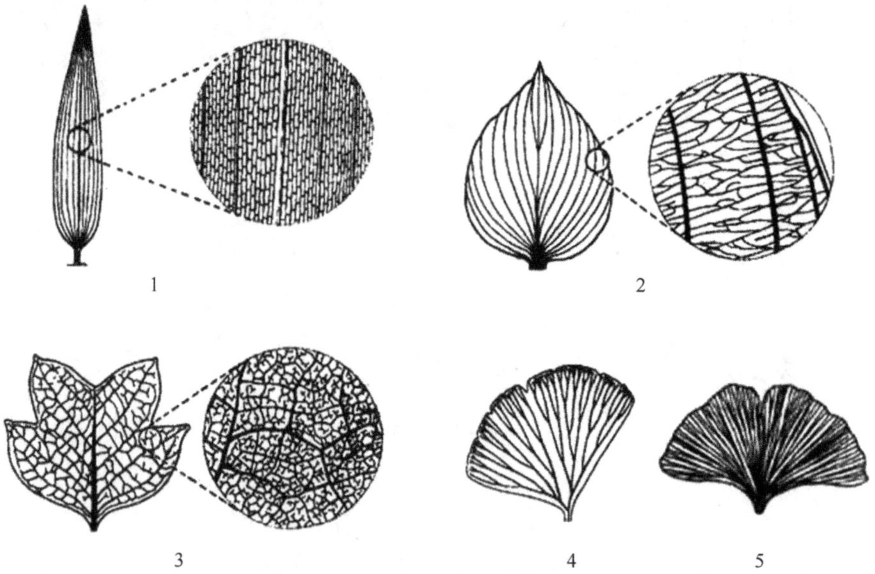

图 1-17 脉序的类型

1. 平行脉序；2. 弧形脉序；3. 网状脉序；4、5. 叉状脉序

1. 网状脉序 主脉明显粗大，有主脉分出许多侧脉，侧脉再分细脉，彼此连接成网状，是双子叶植物叶脉的特征。网状脉序又因主脉分出侧脉的不同而有 3 种形式：

(1) 羽状网脉：叶具有一条明显的主脉，两侧分出许多大小几乎相等并作羽状排列的侧脉，侧脉再分出细脉交织成网状，如玉兰、枇杷等。

(2) 掌状网脉：叶的主脉数条，由叶基辐射状发出伸向叶缘，并由侧脉及细脉交织成网状，如南瓜、葡萄等。有的掌状网脉的主脉是从叶片中央向四周辐射伸出的，如莲、蓖麻等。

(3) 离基三出脉：叶脉由基部以上分出，呈三出状，如樟树、肉桂等。

2. 平行脉序 叶脉平行或近平行排列，是多数单子叶植物叶脉的特征。常见的平行脉可分为四种形式：

(1) 射出平行脉：各叶脉从叶基向叶端呈辐射状伸出，如棕榈、蒲葵等。

(2) 直出平行脉：各叶脉从叶基发出，平行直达叶端，如淡竹叶、麦冬等。

(3) 横出平行脉：中央主脉明显，侧脉垂直于主脉，彼此平行，直达叶缘，如芭蕉、美人蕉等。

(4) 弧形脉：叶脉从叶基发出伸向叶端，中部弯曲成弧形，如玉竹、黄精等。

3. 二叉脉序 每条叶脉均呈多级二叉状分枝，是比较原始的脉序，常见于蕨类植物，裸子植物中的银杏也具有同样的脉序。

（七）叶片质地

1. 草质 薄而柔软，如薄荷、藿香。

2. 革质 质地坚韧而较厚，略似皮革，如枇杷、夹竹桃。

3. 肉质 叶片肥厚多汁，如芦荟、马齿苋。

4. 膜质 薄而半透明，如半夏。

三、叶的类型

（一）单叶

一个叶柄上只着生一枚叶片称单叶，如厚朴、女贞、枇杷等。

（二）复叶

一个叶柄上生有两个以上叶片的叶称复叶。从来源上看，复叶是由单叶的叶片分裂而成的，即当叶裂片深达主脉或叶基并具有小叶柄时，便形成了复叶。复叶的叶柄称总叶柄，其上着生叶片的部分称叶轴，叶轴上着生的叶片称小叶，小叶的柄称小叶柄。复叶常与生有单叶的小枝相混淆，识别要点是弄清叶轴和小枝的区别：叶轴先端无顶芽，小枝先端有顶芽；小叶叶腋内无腋芽，仅总叶柄叶腋处有腋芽，而小枝每一单叶的叶腋内均具腋芽；复叶的小叶在叶轴上排在同一平面，小枝与其单叶常成一定角度；复叶脱落是整个脱落或小叶先落，然后叶轴连同总叶柄一起脱落，而小枝一般不脱落，只有叶脱落。

根据复叶的小叶数目和在叶轴上排列的方式不同，复叶又可分为 4 种类型（图 1-18）。

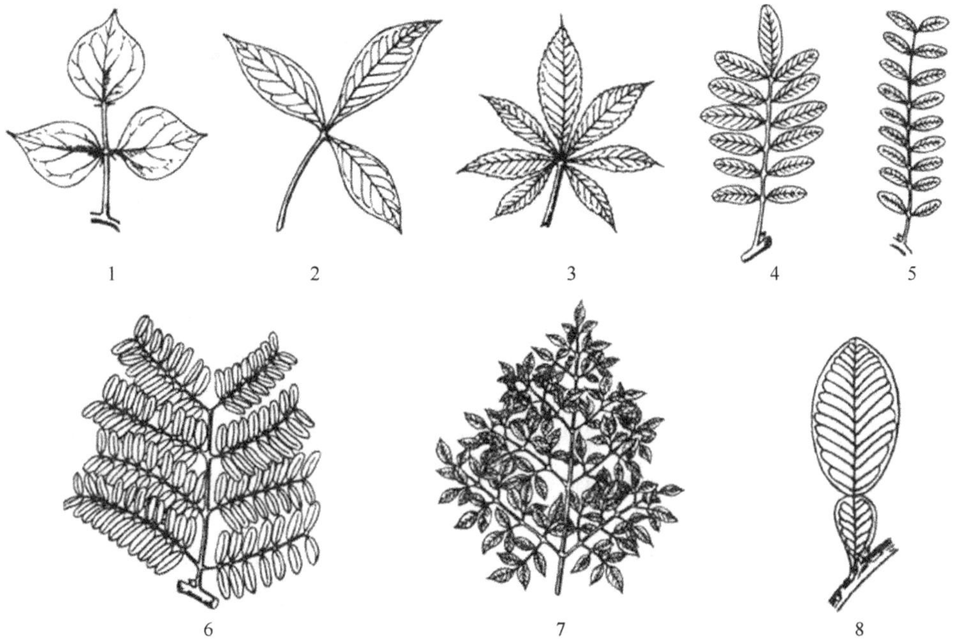

图 1-18 复叶的类型

1. 羽状三出复叶；2. 掌状三出复叶；3. 掌状复叶；4. 单数羽状复叶；5. 双数羽状复叶；6. 二回羽状复叶；7. 三回羽状复叶；8. 单身复叶

1. 三出复叶 叶轴上着生有 3 片小叶的复叶。若顶生小叶有柄，称羽状三出复叶，如大豆。若顶生小叶无柄，称掌状三出复叶，如半夏。

2. 掌状复叶 叶轴短缩，在其顶端集生 3 片以上小叶，呈掌状展开，如五加、人参。

3. 羽状复叶 叶轴长，小叶片在叶轴两侧排成羽毛状。羽状复叶又分为：

(1) 单（奇）数羽状复叶：羽状复叶的顶端小叶 1 片，如苦参。

(2) 双（偶）数羽状复叶：羽状复叶的顶端小叶 2 片，如决明子。

(3) 二回羽状复叶：叶轴作一次羽状分枝，在每一分枝上又形成羽状复叶，如合欢。

(4) 三回羽状复叶：羽状复叶的叶轴作二次羽状分枝，最后一次分枝上又形成羽状复叶，如苦楝。

4. 单身复叶 叶轴顶端具1片发达的小叶，两侧小叶退化并与总叶柄合生成翼叶，顶生小叶与翼叶间有关节连接。单身复叶外形似单叶。此种复叶常见于芸香科柑橘属植物。

四、叶　　序

叶在茎枝上的排列方式称叶序。叶序常见有下列几种（图1-19）：

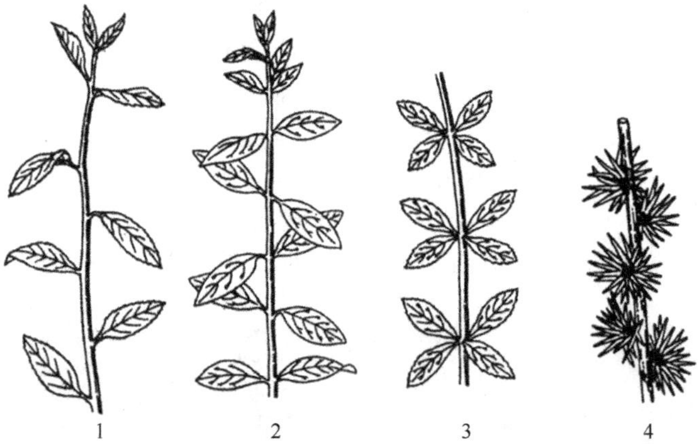

图1-19　叶序

1. 互生；2. 对生；3. 轮生；4. 簇生

1. 互生 每茎节上只生1片叶子，各叶交互着生，常沿茎枝作螺旋状排列，如桑、桃、柳等。

2. 对生 茎枝每个节上相对着生2片叶子。相邻两对叶片呈十字形排列称交互对生，如薄荷、忍冬、龙胆等。有的对生叶排列于茎的两侧，称二列对生，如小叶女贞、水杉等。

3. 轮生 每个节上生3片或3片以上的叶子，如夹竹桃、轮叶沙参等。

4. 簇生 2片或2片以上的叶子着生在茎节极度缩短的茎枝上，密集呈簇，如银杏、落叶松等。有些植物茎极度缩短，节间不明显，其叶如从根上生出而呈莲座状，称基生叶，如蒲公英、车前等。

叶在茎枝上的排列无论是哪一种方式，其相邻两节的叶片都不重叠，总是从相当的角度而彼此镶嵌着生，称叶镶嵌，如常春藤、爬山虎等。叶镶嵌使叶片不至于相互遮盖，有利于充分接受阳光而进行光合作用。另外，叶的均匀排列也使茎的各侧受力均衡。

五、变态叶的类型

叶容易受环境条件的影响和生理功能的变化而发生变异。常见的变态叶有下列几种（图1-20）。

1. 苞片 生于花序或花柄下面的变态叶称苞片。其中生于花序外围或下面的苞片称总苞片；花序中每朵小花的苞片称小苞片。半夏、天南星等天南星科植物的花序外面，常有1片大型的总苞片，称佛焰苞。

2. 鳞叶 叶特化或退化成鳞片状，称鳞叶。膜质鳞叶菲薄，一般不含叶绿素，如麻黄等；肉质鳞叶肥厚，能储藏营养物质，如百合、洋葱等。

3. 刺状叶 由叶片或托叶变态成坚硬的刺状，起保护作用或适应干旱环境。红花、枸骨上的刺是由叶尖、叶缘形成；刺槐、酸枣的刺是由托叶变成；仙人掌、小檗的刺是叶退化而成。

4. 叶卷须　叶全部或一部分变为卷须，借以攀援他物，如豌豆的卷须是由复叶顶端的小叶变成，菝葜的卷须是由托叶变成。

5. 捕虫叶　食虫植物的叶，常变态成囊状、盘状或瓶状等捕虫结构，当昆虫触及时立即能自动闭合而将昆虫捕获，后被腺毛或腺体的消化液所消化，如猪笼草、捕蝇草等。

图 1-20　叶的变态示捕虫草

1. 猪笼草；2. 捕蝇草

知识链接　　　　食肉的植物

猪笼草的叶变态成适于捕捉、消化昆虫的捕虫叶。捕虫叶的捕虫囊内有蜜腺，能分泌蜜汁引诱昆虫。捕虫囊的囊盖在昆虫进入捕虫囊后并不像人们想象的那样关上，捕虫囊的囊口内侧囊壁很光滑，能防止昆虫爬出。囊盖的主要用途是引诱昆虫。囊中经常有半囊水，水过多时卷须无法承重还会自动倾斜倒去一部分水。

第四节　花

花是种子植物所特有的繁殖器官。种子植物通过开花、传粉、受精形成果实，产生种子，繁衍后代。花是节间缩短、适应生殖的一种变态枝。花的形态结构特征比较稳定，变异较小，因此掌握花的形态特征，对研究植物分类、药材的原植物鉴别及花类药材的鉴别等有着重要的意义。许多植物的花可供药用，如菊花、红花、丁香、槐花、金银花等。

一、花的组成和形态

花通常由花梗、花托、花被、雄蕊群、雌蕊群 5 部分组成（图 1-21）。

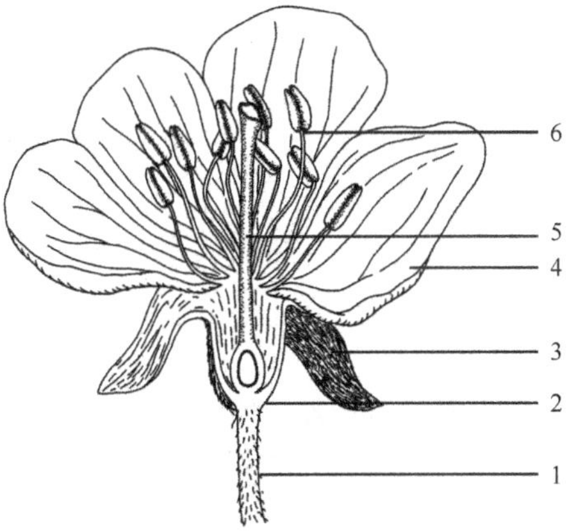

图 1-21　花的组成

1. 花梗；2. 花托；3. 花萼；4. 花冠；5. 雌蕊群；6. 雄蕊群

（一）花梗

花梗又称花柄，是花与茎的连接部分，粗细长短因植物种类而异，有的花无花柄。果实形成时，花梗成为果柄。

（二）花托

花托是花梗顶端稍膨大的部分，花被、雄蕊群、雌蕊群均着生其上。植物种类不同，花托的形状不同，有圆柱状、圆锥状、圆头状、平顶状、盘状、杯状等。

（三）花被

花被是花萼和花冠的总称，当花萼、花冠形态相似不易区分时统称为花被。花被具有保护花蕾和引诱昆虫传粉的作用。

1. 花萼 位于花的最外轮，由绿色叶片状的萼片组成，是一朵花中所有萼片的总称。有的萼片彼此分离，称离生萼，如油菜、毛茛等；有的萼片相互连合或部分连合，称合生萼，如牵牛、桔梗等；合生萼下部的连合部分称萼筒，上部的分离部分称萼齿。多数植物的花萼随着花的凋谢而枯萎或脱落，但有些花萼在花开前就脱落，称早落萼，如延胡索、虞美人等；有些花萼在花后不脱落或随着果实发育而增大，称宿存萼，如柿、枸杞等。花萼一般为1轮，但蜀葵、草莓等植物的花萼下方另有1轮萼片样的苞片，称副萼。

2. 花冠 位于花萼的内侧，由颜色鲜艳的花瓣组成，是一朵花中所有花瓣的总称。有的花瓣彼此分离，称离生花冠，具有离生花冠的花称离瓣花，如桃、野葛等。有的花瓣相互连合或部分连合，称合生花冠，具有合生花冠的花称合瓣花，如牵牛、益母草等。合生花冠下部的连合部分称花冠筒（管），上部的分离部分称花冠裂片。花瓣通常呈1轮排列，也有些花的花瓣排列为2至数轮，称重瓣花。

花瓣的形状、颜色、大小、排列方式、离合程度随植物种类而异，形成多种花冠类型，成为某类植物的重要特征。常见的花冠类型有以下几种（图1-22）。

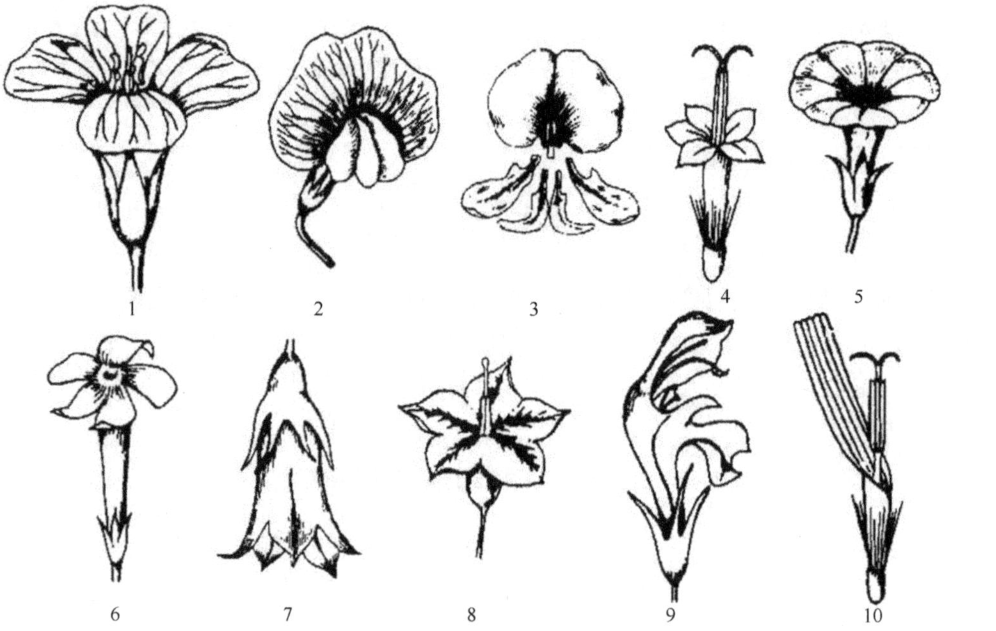

图1-22 常见的花冠类型

1. 十字形花冠；2. 蝶形花冠；3. 蝶形花冠解剖；4. 管状花冠；5. 漏斗状花冠；6. 高脚碟状花冠；7. 钟形花冠；8. 辐状花冠；9. 唇形花冠；10. 舌状花冠

(1) 十字形花冠：花瓣4枚，分离，上部外展呈十字形，如油菜、菘蓝等十字花科植物的花冠。

(2) 蝶形花冠：花瓣5枚，分离，呈蝶形排列，上面一片最大称旗瓣，侧面两片较小称翼瓣，最下面两片最小，弯曲成龙骨状，称龙骨瓣，如大豆、槐、甘草等豆科植物的花冠。

(3) 唇形花冠：花瓣下部相互连合呈筒状，上部分为2部分，呈二唇形，通常上唇二裂，下唇三裂，如丹参、薄荷等唇形科植物的花冠。

(4) 漏斗状花冠：花冠筒长，由基部向上逐渐扩大状如漏斗，如牵牛等旋花科和曼陀罗等部分茄科植物的花冠。

(5) 管状花冠：花冠合生，花冠管细长，如向日葵、红花、菊花等菊科植的花冠。

(6) 舌状花冠：花冠基部相互连合成一短筒，上部向一侧延伸呈扁平舌状，如蒲公英、向日葵等菊科植物的花冠。

(7) 钟形花冠：花冠筒较短而宽，上部扩大呈钟状，如党参、桔梗等桔梗科的花冠。

(8) 高脚碟状花冠：花冠下部细长管状，上部水平展开呈碟状，形似高脚碟子，如长春花、水仙花等。

(9) 辐状花冠：花瓣下部连合成短而广展的筒状，裂片由基部向四周扩展呈车轮状，如龙葵、辣椒等茄科植物的花冠。

3. 花被卷迭式　指花被各片之间的排列形式及关系，其在花蕾即将绽开时特别明显。常见的有镊合状、旋转状、覆瓦状、重覆瓦状（图 1-23）。

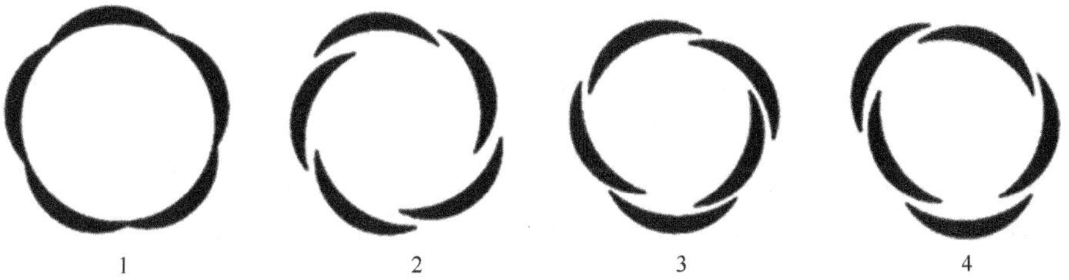

图 1-23　花被卷迭式

1. 镊合状；2. 旋转状；3. 覆瓦状；4. 重覆瓦状

（四）雄蕊群

雄蕊群位于花被内侧，着生于花托或花冠筒上，是一朵花中所有雄蕊的总称。

1. 雄蕊的组成　典型的雄蕊由花丝和花药两部分组成。植物不同雄蕊数目不同，多与花瓣同数或为其倍数，数目超过 10 个称雄蕊多数，亦有一朵花只有一个雄蕊的，如白及、姜等。

(1) 花丝：为细长的丝状部分，着生于花托或花被基部，支持花药。花丝的有无、长短、粗细随植物种类不同而异。有些植物雄蕊的花丝较为特殊，如莲的花丝扁平如带状，栀子的花丝完全消失，美人蕉的花丝常变态成为花瓣状。

(2) 花药：花丝顶端的膨大囊状体，由 4 个或 2 个花粉囊组成，分为左右两半，中间以药隔相连。雄蕊成熟时，花粉囊裂开，散发出花粉粒。花药开裂的方式因植物种类不同而异，常见的有瓣裂、纵裂、孔裂、横裂等。花药在花丝上的着生方式也各不相同，常见的有全着药、基着药、背着药、丁字着药、个字着药、广歧着药（或平着药）（图 1-24）。

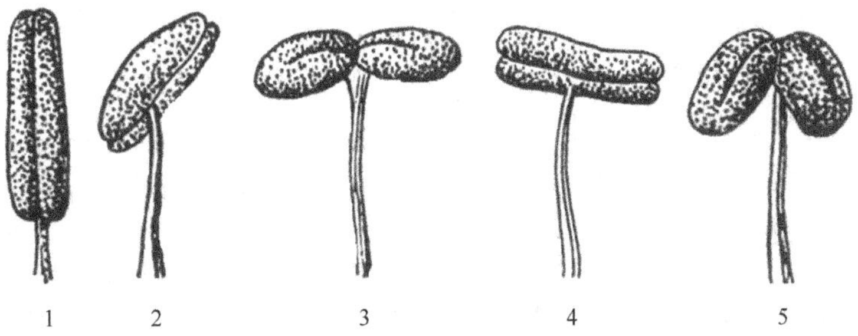

图 1-24　常见花药着生方式和开裂方式

1. 基着；2. 背着；3. 平着；4. 丁字着；5. 个字着

知识链接 花粉粒的形态特征

花粉粒的表面光滑或具有各种突起或雕纹，如呈刺突、瘤状、颗粒状、凹穴、网纹等。花粉粒外壁上还有一定数目的空隙或沟槽，以后花粉萌发时，花粉管就从这些孔沟处向外突出生长，所以称萌发孔（沟）。花粉粒有圆球形、三角形、多角形等多种形状。不同种类植物的花粉有黄、绿、青、褐等不同颜色。这些特征，对鉴定花类药材有重要意义。

由于花粉粒的外壁具抗酸、碱和抗分解的特性，在自然界中花粉壁可保持数万年不腐败，可为地质找矿和考古提供科学依据。

2. 雄蕊的类型 根据雄蕊的花丝或花药连合与否，雄蕊群可分为以下几种类型（图 1-25）。

(1) 单体雄蕊：花丝连合为 1 束，花药彼此分离，如木槿、蜀葵等锦葵科植物的雄蕊。

(2) 二体雄蕊：花丝连合成 2 束，花药彼此分离，如野葛、黄芪、甘草等豆科植物的雄蕊。

(3) 多体雄蕊：雄蕊多数，花丝分别连合成数束，花药彼此分离，如金丝桃等藤黄科植物花的雄蕊为 5 束，橘等部分芸香科植物花的雄蕊为多束。

(4) 聚药雄蕊：雄蕊的花药连合为筒状，花丝彼此分离，如菊、蒲公英等菊科植物的雄蕊。

(5) 二强雄蕊：雄蕊 4 枚，2 长 2 短，如薄荷、紫苏等唇形科植物和玄参、地黄等玄参科植物的雄蕊。

(6) 四强雄蕊：雄蕊 6 枚，4 长 2 短，如油菜、菘蓝等十字花科植物的雄蕊。

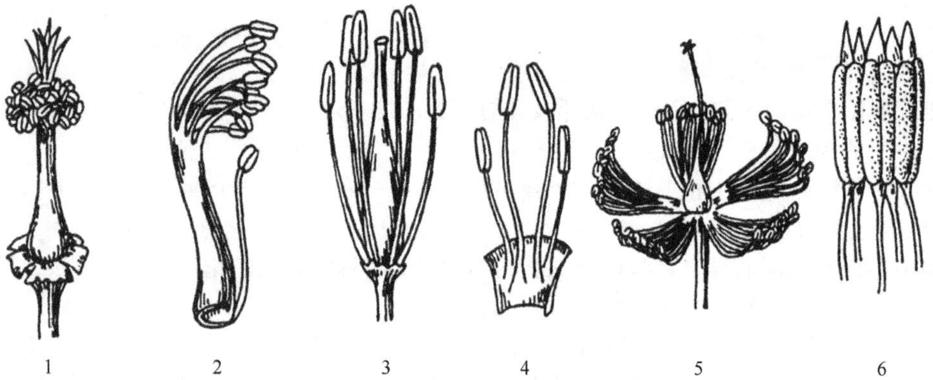

图 1-25 常见雄蕊类型

1. 单体雄蕊；2. 二体雄蕊；3. 四强雄蕊；4. 二强雄蕊；5. 多体雄蕊；6. 聚药雄蕊

（五）雌蕊群

雌蕊群位于花的中央，是一朵花中所有雌蕊的总称。

1. 雌蕊的组成 雌蕊外形似瓶状，由子房、花柱、柱头三部分组成。子房是雌蕊基部膨大的部分，内含胚珠，是雌蕊最重要的部分。花柱位于子房顶部，与柱头相连，也是花粉进入子房的通道，其粗细长短因植物而异，个别植物无花柱，如罂粟。此外，唇形科植物的花柱插生于子房基部，称花柱基生。兰科和萝藦科植物的花柱与雄蕊合生成柱状体，称合蕊柱。柱头位于花柱的顶端，其形态变化较大，有圆盘状、羽毛状、头状及分枝状等，有的能分泌黏液等物质，有利于花粉的附着，并促使花粉萌发。

2. 雌蕊的类型 雌蕊由心皮构成，心皮是适应生殖的变态叶。心皮的边缘相当于叶缘部分，当心皮卷合时，其边缘的合缝线称腹缝线，心皮的背部相当于中脉部分称背缝线。胚珠常着生在腹缝线上。根据组成雌蕊的心皮数不同，雌蕊群可分为以下三种（图 1-26）。

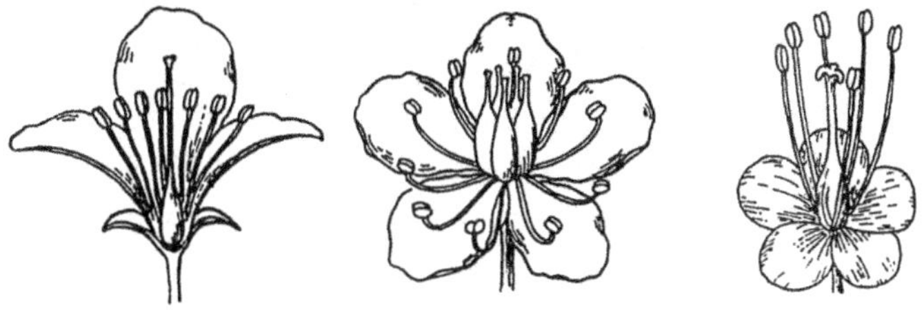

图 1-26　雌蕊群的类型

1. 单雌蕊；2. 离生心皮雌蕊；3. 复雌蕊

（1）单雌蕊：由 1 个心皮构成的一个雌蕊，如甘草、桃等。

（2）复雌蕊：是由一朵花内 2 个以上心皮彼此连合构成一个雌蕊，又称合生心皮雌蕊，如丹参（2 心皮）、百合（3 心皮）、桔梗（5 心皮）等的雌蕊。组成雌蕊的心皮数，可通过柱头和花柱的分裂数、子房上的主脉数及子房的室数来判断。

（3）离生心皮雌蕊：是由一朵花内多数离生心皮构成的雌蕊，其中每个雌蕊均由 1 个心皮组成，如毛茛、八角茴香、五味子等植物的雌蕊。

3. 子房的位置　子房常以基部着生在花托上，由于花托的形状不同，花的其他部分与子房之间具有不同的位置关系，因此形成不同的子房位置（图 1-27）。

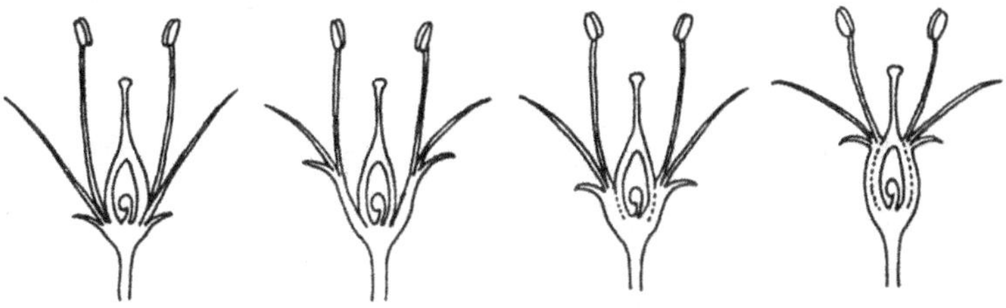

图 1-27　子房着生的位置

1、2. 子房上位；3. 子房半下位；4. 子房下位

（1）子房上位：子房仅基部着生在花托上。如果花托平坦或稍隆起，花被和雄蕊群着生于子房下方的花托上，称子房上位下位花，如油菜、大豆、金丝桃等；如果花托凹陷不与子房愈合，花被和雄蕊群着生于花托上缘的子房周围，称子房上位周位花，如桃、李等。

（2）子房下位：子房着生在凹陷的花托内并与花托完全愈合，花被和雄蕊群着生于子房的周围，称子房下位上位花，如南瓜、枇杷、木瓜等。

（3）子房半下位：子房下半部与凹陷花托愈合，上半部外露，花被和雄蕊群着生于花托的上缘，位置在子房的周围，称子房半下位周位花，如桔梗、马齿苋等。

4. 胎座的类型　胎座是子房内壁上着生胚珠的部位，常为肉质突起。常见的胎座有下列几种类型（图 1-28）。

图 1-28 胎座的类型

1. 边缘胎座；2. 侧膜胎座；3. 中轴胎座；4. 特立中央胎座；5. 基生胎座

(1) 边缘胎座：子房 1 室，由单心皮雌蕊构成，胚珠沿腹缝线的边缘着生，如大豆、野葛等。

(2) 侧膜胎座：子房 1 室，由合生心皮雌蕊构成，胚珠着生在子房内壁的各条腹缝线上，如南瓜、罂粟等。

(3) 中轴胎座：子房多室，由合生心皮雌蕊构成，胚珠着生于心皮边缘向子房中央愈合的中轴上，如柑橘、木瓜等。中轴胎座的子房室数往往与心皮数相同。

(4) 特立中央胎座：子房 1 室，由合生心皮雌蕊构成，胚珠着生于游离的柱状突起上，如太子参、瞿麦等。

(5) 基生胎座：子房 1 室，由 1 个至多个心皮合生而成，胚珠着生于子房室基部，如向日葵、苍术、何首乌等。

(6) 顶生胎座：子房 1 室，由 1 个至多个心皮合生而成，胚珠着生于子房室顶部，如桑、构树等。

5. 胚珠及其类型 胚珠着生于子房的胎座上，其数目因植物种类不同而异，受精后发育成种子。珠心是胚珠的重要部分，中央发育成胚囊。成熟的胚囊有 8 个细胞，靠近珠孔有一个卵细胞和两个助细胞；另一端有 3 个反足细胞，中央有 2 个极核细胞。珠心外面由珠被包围，多数植物的珠被分为外珠被和内珠被。珠被的顶端未完全连合而留下一个小孔称珠孔。连接胚珠和胎座的部分称珠柄。珠被、珠心基部和珠柄汇合处称合点，是维管束进入胚囊的通道。

由于珠柄、珠被和珠心各部分的生长速度不同，胚珠常形成以下几种类型（图 1-29）。

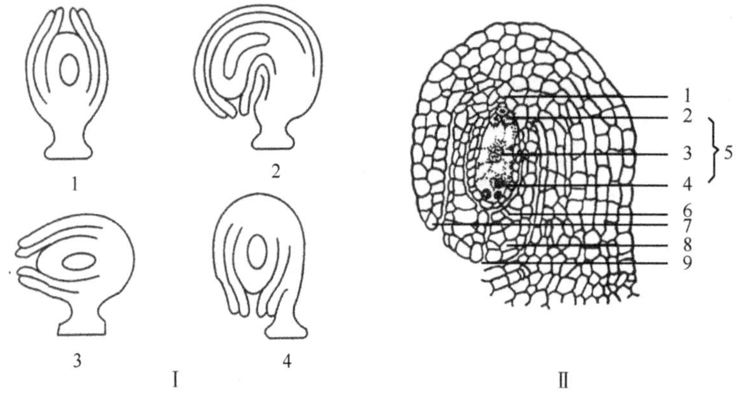

图 1-29 胚珠的类型及结构

Ⅰ. 胚珠类型（1. 直生胚珠；2. 弯生胚珠；3. 横生胚珠；4. 倒生胚珠）；Ⅱ. 胚珠结构（1. 合点；2. 反足细胞；3. 极核；4. 卵；5. 胚囊；6. 珠心点；7. 外珠被；8. 内珠被；9. 珠孔）

(1) 直生胚珠：胚珠各部分生长速度均匀，胚珠直立，珠孔在上，合点、珠柄在下，三者长在一条直线上，如蓼科、胡椒科等植物的胚珠。

(2) 横生胚珠：胚珠一侧生长快，另一侧生长慢，胚珠横向弯曲，合点、珠心、珠孔三者形成一直线与珠柄垂直，如毛茛科、锦葵科等植物的胚珠。

(3) 弯生胚珠：胚珠弯曲呈肾形，珠被、珠心生长不均匀，珠柄、合点、珠孔不在一条直线上，珠孔弯向珠柄，如十字花科、豆科部分植物的胚珠。

(4) 倒生胚珠：珠孔一侧生长快，另一侧生长慢，使胚珠倒置，合点在上，珠孔在下靠近珠柄，珠柄长并与珠被愈合，形成一条明显的纵脊，称珠脊。倒生胚珠是多数被子植物的胚珠类型。

二、花的类型

（一）完全花与不完全花

花萼、花冠、雄蕊群、雌蕊群四部分均具备的花称完全花，如油菜、紫藤的花。缺少其中一部分或几部分的花称不完全花，如浙贝母、大戟的花。

（二）重被花、单被花、无被花

花萼、花冠都具备的花称重被花，如桃、党参的花。只有花萼而无花冠，或花萼与花冠不易区分的花称单被花。多数单被花的花被片（萼片）常具有鲜艳的色彩而类似花瓣，如玉兰、百合的花。无花被的花称为无被花，这种花常具有苞片，如鱼腥草、大戟的花。

（三）两性花、单性花、无性花

一朵花中既有雌蕊群又有雄蕊群的花，称两性花，如油菜、桃的花。一朵花中仅有雄蕊群或仅有雌蕊群的花，称单性花。只有雄蕊群的花称雄花，只有雌蕊群的花称雌花。雄花和雌花在同一株植物上的称雌雄同株，如南瓜、半夏等；雄花和雌花分别在不同植株上，称雌雄异株，如银杏、桑、栝楼等。若雄蕊群和雌蕊群均退化或发育不全，称无性花，如绣球等。

（四）辐射对称花、两侧对称花、不对称花

通过花的中心可以作出两个以上对称面的花，称为辐射对称花，如油菜、桔梗的花；通过花的中心只能作出一个对称面的花，称两侧对称花，如丹参、豌豆的花；极少数通过中心不能作出对称面的花称不对称花，如美人蕉的花。

三、花　程　式

花程式是采用字母、数字和一定的符号表示花各部分的组成、数目、排列位置和相互关系的公式。

1. 以字母代表花的各部　一般用花的各部拉丁词的第一个字母大写表示：P 表示花被（perianthium），K 表示花萼（kelch，德文），C 表示花冠（corolla），A 表示雄蕊群（androecium），G 表示雌蕊群（gynoecium，拉丁文）。

2. 以数字表示花各部的数目　数字写在代表字母的右下方，若超过 10 个以上或数目不定用“∞”表示，如某部分缺少或退化以“0”表示，雌蕊群右下角有三个数字，分别表示心皮数、子房室数、每室胚珠数，数字间用“：”相连。

3. 以符号表示花的情况　“*”表示辐射对称花，“↑”表示两侧对称花；“♂”表示雄花，“♀”表示雌花，“⚥”或不写表示两性花；“（　）”表示该部分相互连合，相互分离者不作记号；“+”表示花部排列的轮数关系；“-”表示子房的位置，“$\underline{G}$”、“$\overline{G}$”和“$\overline{\underline{G}}$”分别表示子房上位、子房下位和子房半下位。

举例如下：

桑花：♂ P_4A_4；♀ $P_4\,\underline{G}_{(2:1:1)}$

表示桑花为单性花；雄花花被片 4 枚，分离，雄蕊 4 枚，分离；雌花花被片 4 枚，分离，雌蕊子房上位，2 心皮合生，子房 1 室，每室胚珠 1 枚。

玉兰花：⚥ $*P_{3+3+3}A_{\infty}\underline{G}_{\infty:1:2}$

表示玉兰花为两性花；辐射对称；单被花，花被片 3 轮，每轮 3 枚，分离；雄蕊多数，分离；

雌蕊子房上位，心皮多数，分离，每室 2 枚胚珠。

紫藤花：⚥ ↑ $K_{(5)}C_5A_{(9)+1}\underline{G}_{(1:1:\infty)}$

表示紫藤花为两性花；两侧对称；花萼 5 枚，连合；花冠 5 枚，分离；雄蕊 10 枚，9 枚连合，1 枚分离，形成二体雄蕊；雌蕊子房上位，1 心皮，子房 1 室，胚珠多数。

桔梗花：⚥ $*K_{(5)}C_{(5)}A_5\overline{\underline{G}}_{(5:5:\infty)}$

表示桔梗花为两性花；辐射对称；花萼 5 枚，连合；花冠 5 枚，连合；雄蕊 5 枚，分离；雌蕊子房半下位，5 心皮合生，子房 5 室，每室胚珠多数。

贴梗海棠花：⚥ $*K_{(5)}C_5A_{\infty}\overline{G}_{(5:5:\infty)}$

表示贴梗海棠花为两性花；辐射对称；花萼 5 枚，连合；花冠 5 枚，分离；雄蕊多数，分离；雌蕊子房下位，由 5 心皮合生，子房 5 室，每室胚珠多数。

四、花　　序

被子植物的花，有的单生于茎枝的顶端或叶腋，称为单生花，如玉兰、牡丹、桃等。但大多数植物的花，密集或稀疏地按一定方式有规律地着生在花枝上。花在花枝或花轴上的排列方式和开放的顺序，称为花序。花序下部的梗称总花梗，总花梗向上延伸成为花轴，花轴可以不分枝或再分枝。花序上的花称小花，小花的梗称小花梗。小花梗及总花梗下面常有小型的变态叶，分别称小苞片和总苞片。无叶的总花梗称花葶。

根据花在花序轴上的排列方式和开放顺序，花序一般可分为无限花序和有限花序。

（一）无限花序（总状花序类）

在开花期间，花序轴的顶端继续向上生长，并不断产生新的花蕾，花的开放顺序是由花序轴下部依次向上开放，或花序轴缩短膨大，花由边缘向中心开放，这种花序称为无限花序（图 1-30）。

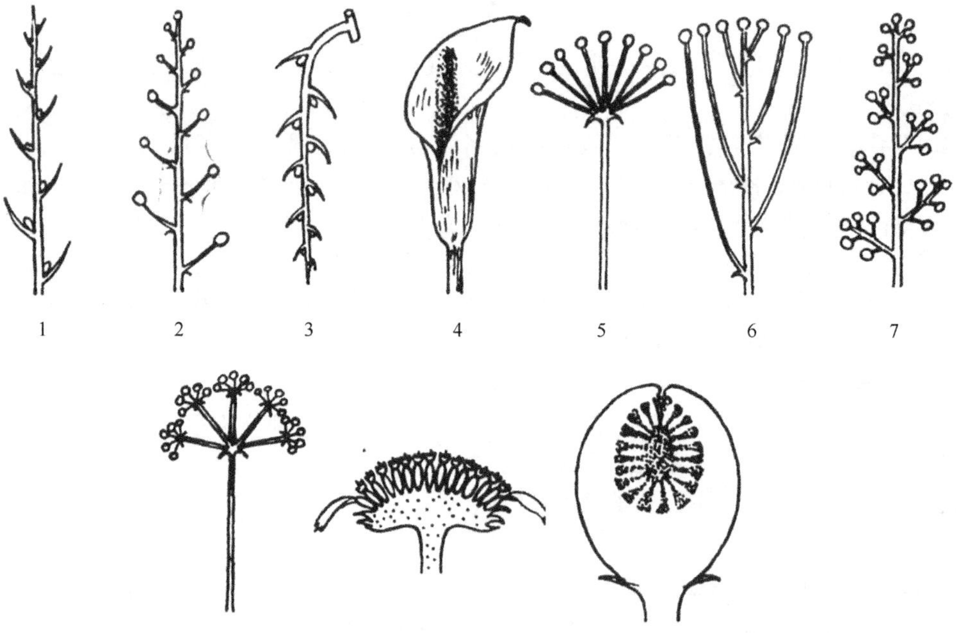

图 1-30　无限花序的类型

1. 穗状花序；2. 总状花序；3. 葇荑花序；4. 肉穗花序；5. 伞形花序；6. 伞房花序；7. 复总状花序；8. 复伞形花序；9. 头状花序；10. 隐头花序

1. 总状花序 花序轴细长单一且直立，其上着生许多花柄近等长的小花，如油菜、紫藤等。

2. 穗状花序 与总状花序相似，但小花具极短的柄或无柄，如牛膝、车前等。

3. 葇荑花序 花序轴柔软下垂，其上着生许多无柄的单性小花，花后整个花序脱落，如柳、杨等。

4. 肉穗花序 似穗状花序，但花序轴肉质粗大呈棒状，上面密生许多无柄的单性小花，如玉米等；有些植物的肉穗花序外面常形成一大型的总苞，称佛焰苞，是天南星科植物的主要特征，如天南星、半夏、马蹄莲等。

5. 伞房花序 似总状花序，但小花柄不等长，下部的长，向上逐渐缩短，整个花序的小花几乎排列在同一平面上，如苹果、山楂等。

6. 伞形花序 花序轴缩短，其顶端着生许多花柄近等长的小花，排列呈张开的伞状，如五加、人参、三七等。

7. 头状花序 花序轴极度缩短且膨大呈头状或盘状，其上密生许多无花柄的小花，如含羞草、枫香和菊科植物的花序。菊科植物的头状花序下常有1至数层苞片组成的总苞。

8. 隐头花序 花序轴肉质肥大且凹陷，仅在顶部留下1小孔，许多无花柄的单性小花着生在凹陷的内壁上，几乎隐没不见，如无花果、榕树等。

9. 复总状花序 花序轴作总状分枝，每一分枝上均形成总状花序，整个花序呈圆锥状，又称圆锥花序，如女贞、槐、南天竹等。

10. 复伞形花序 花序轴作伞状分枝，每一分枝上均形成伞形花序，如野胡萝卜、前胡、柴胡等伞形科植物。

11. 复穗状花序 花序轴每一分枝为一穗状花序，如小麦、香附等。

12. 复伞房花序 花序轴上的分枝呈伞房状排列，每一分枝又形成伞房花序，如花楸。

13. 复头状花序 由许多小头状花序组成头状花序，如蓝刺头等。

（二）有限花序（聚伞花序类）

开花期间，花序轴顶端或中心的花先开，使花序轴不能继续生长，而由顶花下部产生分枝，形成新的花蕾，开花顺序由上向下、由内而外，这种花序称有限花序或聚伞花序（图1-31）。

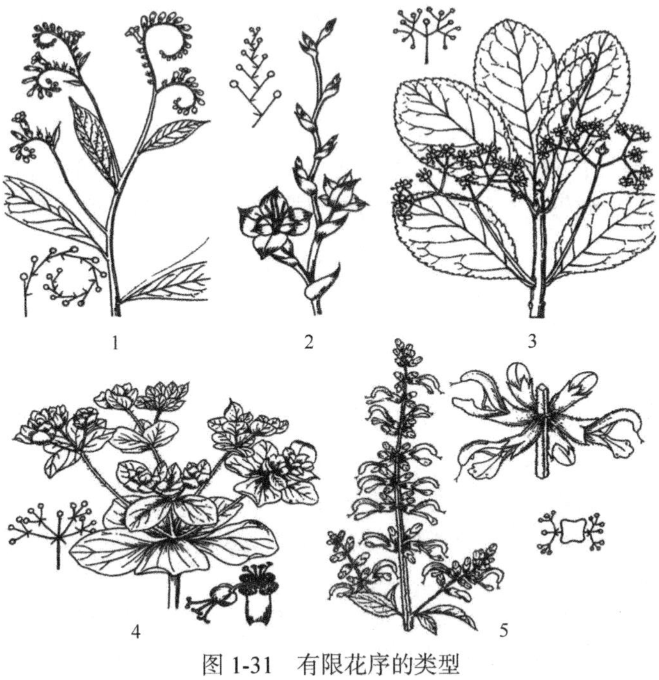

图1-31 有限花序的类型

1. 螺旋状聚伞花序；2. 蝎尾状聚伞花序；3. 二歧聚伞花序；4. 多歧聚伞花序；5. 轮伞花序

1. 单歧聚伞花序 花序轴顶花先开，顶花下方形成一侧枝，侧枝顶端再生一花，再如此反复，形成整个花序，称为单歧聚伞花序。若各次级分枝均向同一方向生长，称螺旋状聚伞花序，如紫草的花序；若各次级分枝左右交互生出，称蝎尾状聚伞花序，如姜、射干的花序。

2. 二歧聚伞花序 花序轴顶花先开，后在其下方两侧同时产生两个等长的分枝，每分枝以相同的方式继续开花和分枝，如石竹、大叶黄杨的花序。

3. 多歧聚伞花序 花序轴顶花先开，后在其下方同时产生数个比主轴长的侧轴，顶端各生一花。各侧轴又以同样的方式分枝开花，称多歧聚伞花序。大戟属植物花序的最末一次聚伞花序下形成一杯状总苞，称杯状聚伞花序，为大戟属植物所特有。

4. 轮伞花序 聚伞花序聚生于对生叶的叶腋而呈轮状，称轮伞花序，如益母草、薄荷等唇形科植物。

此外，有些植物在花轴上生有两种不同类型的花序，称为混合花序，如葡萄、紫丁香为圆锥状聚伞花序。

第五节 果 实

果实是被子植物特有的繁殖器官，是花受精后由雌蕊的子房发育而成。经过传粉与受精以后，花的各部分变化很大，花萼、花冠一般脱落，雄蕊和雌蕊的柱头、花柱先后枯萎，子房逐渐膨大发育成果实，胚珠发育成种子。果实由果皮和种子两部分构成。果皮包被着种子，具有保护和散布种子的作用。

大部分果实的形成，需要经过传粉和受精的作用，但有些植物只经过传粉而未经过受精作用，也能发育成果实，这种果实无种子，称单性结实。若单性结实是自发形成的，称自发单性结实，如无籽葡萄、香蕉、无籽柑橘类等一些植物的果实。若是通过人为诱导，使一些具有食用价值的植物形成无籽果实，称诱导单性结实，如园艺上使瓜类通过诱导，达到单性结实。许多植物的果实可供药用，如木瓜、枸杞、五味子、连翘、山楂等。

一、果实的组成

大多数植物的果实完全由子房发育形成，称为真果，如枸杞、桃、连翘等。有些植物除了子房，花的其他部分如花被、花托、花轴等也参与果实的形成，称为假果，如黄瓜、苹果等。真果的果皮由子房壁发育而成，可分为外果皮、中果皮、内果皮三部分。有的果实可明显观察到 3 层果皮，如桃、橘等；有些果实的果皮分层不明显，如向日葵、扁豆等。

二、果实的类型

果实根据来源的不同，可分为单果、聚合果和聚花果三大类。

（一）单果

一朵花中只有一个雌蕊（单雌蕊或复雌蕊），以后形成一个果实的称单果。根据果皮质地的不同，单果分为肉果和干果两类。

1. 肉果 果实成熟时果皮肉质多浆，不开裂（图 1-32）。

⑴ 浆果：由单心皮或合生心皮雌蕊发育而成的果实，外果皮薄，中果皮和内果皮肉质多汁，内有种子 1 至多枚，如番茄、葡萄、枸杞的果实。

⑵ 核果：由单心皮雌蕊发育而成的果实，外果皮薄，中果皮肉质肥厚，内果皮木质化，形成坚硬的果核，内含种子 1 枚，如桃、李、梅的果实。核果有时也泛指有坚硬果核的果实，

如人参、三七、胡桃的果实。

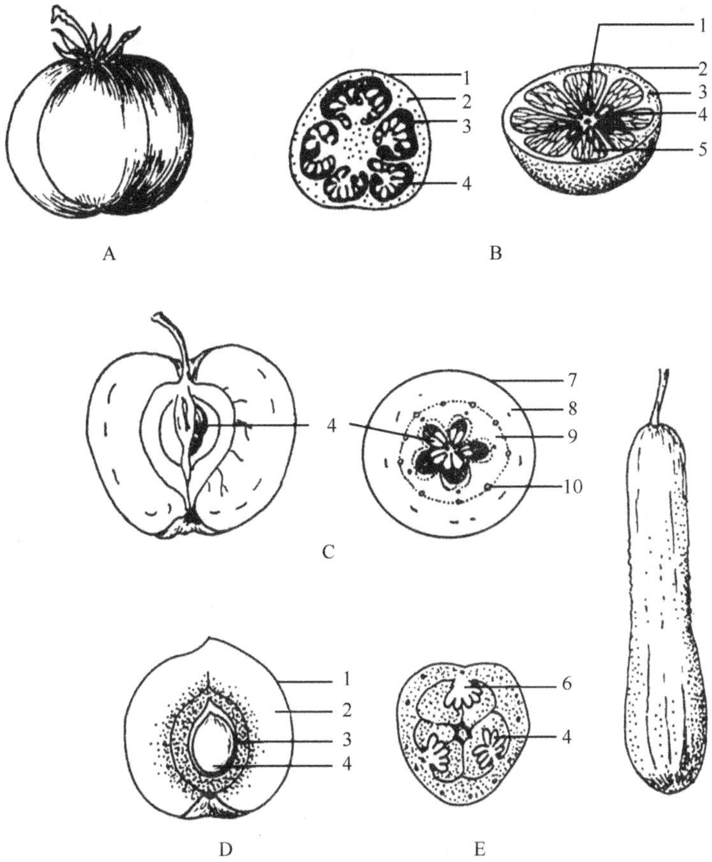

图 1-32 肉果的类型

A. 浆果；B. 柑果；C. 梨果；D. 核果；E. 瓠果

1. 外果皮；2. 中果皮；3. 内果皮；4. 种子；5. 毛囊；6. 胎座；7. 花筒；8. 心皮维管束；9. 果皮；10. 花筒维管束

(3) 柑果：由多心皮合生雌蕊发育而成的果实，外果皮较厚，革质，内含多数油室；中果皮与外果皮结合，界线不明显，常疏松呈海绵状，内有多数分支状的维管束（称橘络）；内果皮膜质，分隔为多室，内壁上生有许多肉质多汁的囊状毛，为可食部分，是芸香科柑橘属植物所特有的果实，如橙、橘、柚、柑的果实。

(4) 梨果：由 5 心皮复雌蕊的下位子房与花被筒共同发育而成的假果，肉质可食部分主要由花被筒和花托发育而来，外果皮、中果皮的界线不明显，内果皮坚韧，革质或木质，常分为5室，每室含 2 枚种子，是蔷薇科梨亚科特有的果实，如苹果、梨、山楂、枇杷的果实。

(5) 瓠果：由 3 心皮复雌蕊、具侧膜胎座的下位子房与花托共同发育而成的假果，花托与外果皮形成坚韧的果实外层，中果皮、内果皮及胎座肉质，为果实的可食部分，是葫芦科植物所特有的果实，如黄瓜、西瓜、栝楼的果实。

2. 干果 果实成熟时，果皮干燥。根据果实成熟时开裂与否，分为裂果与不裂果（图 1-33）。

(1) 裂果：果实成熟后果皮自行开裂。根据开裂方式不同分为以下类型：

1) 蓇葖果：由 1 心皮单雌蕊发育而成，成熟时沿腹缝线或背缝线一侧开裂，如淫羊藿的果实。

2）荚果：由1心皮单雌蕊发育而成，成熟时沿背缝线和腹缝线两侧同时开裂，是豆科植物特有的果实，如大豆、扁豆、野葛的果实。少数荚果成熟时不开裂，如紫荆、落花生的果实；有的荚果成熟时在种子间呈节节断裂，每节含1种子，不开裂，如含羞草、山蚂蟥的果实；有的荚果在种子间缢缩成串珠状，如槐的果实。

3）角果：由2心皮上位子房发育而成，由心皮边缘结合处向中央生出假隔膜，将子房分隔成2室。果实成熟时沿两侧腹缝线开裂，呈2片脱落，仅留下假隔膜，种子附于假隔膜上，是十字花科植物特有的果实。其中果形细长的称长角果，如萝卜、印度蔊菜的果实；果形短而宽的称短角果，如菘蓝、荠菜的果实。

4）蒴果：由合生心皮复雌蕊发育而成，子房1至多室，每室含种子多数，成熟后有多种开裂方式。常分为：

A. 纵裂：果实成熟时沿心皮纵轴开裂。其中沿背缝线开裂的称室背开裂，如百合、鸢尾的蒴果；沿腹缝线开裂的称室间开裂，如马兜铃、蓖麻的蒴果；沿背、腹缝线同时开裂，但子房间隔膜仍与中轴相连的称室轴开裂，如牵牛、曼陀罗的蒴果。

B. 孔裂：果实成熟时顶端呈小孔状开裂，种子由小孔散出，如罂粟、虞美人、桔梗的蒴果。

C. 盖裂：果实成熟时中部环状横裂，上部果皮呈帽状脱落，如车前、马齿苋、莨菪的蒴果。

D. 齿裂：果实顶端呈齿状开裂，如石竹、王不留行的蒴果。

(2) 不裂果：果实成熟后，果皮干燥而不开裂，或分离成几部分，但种子仍被果皮包被。常分为以下几种（图1-33）：

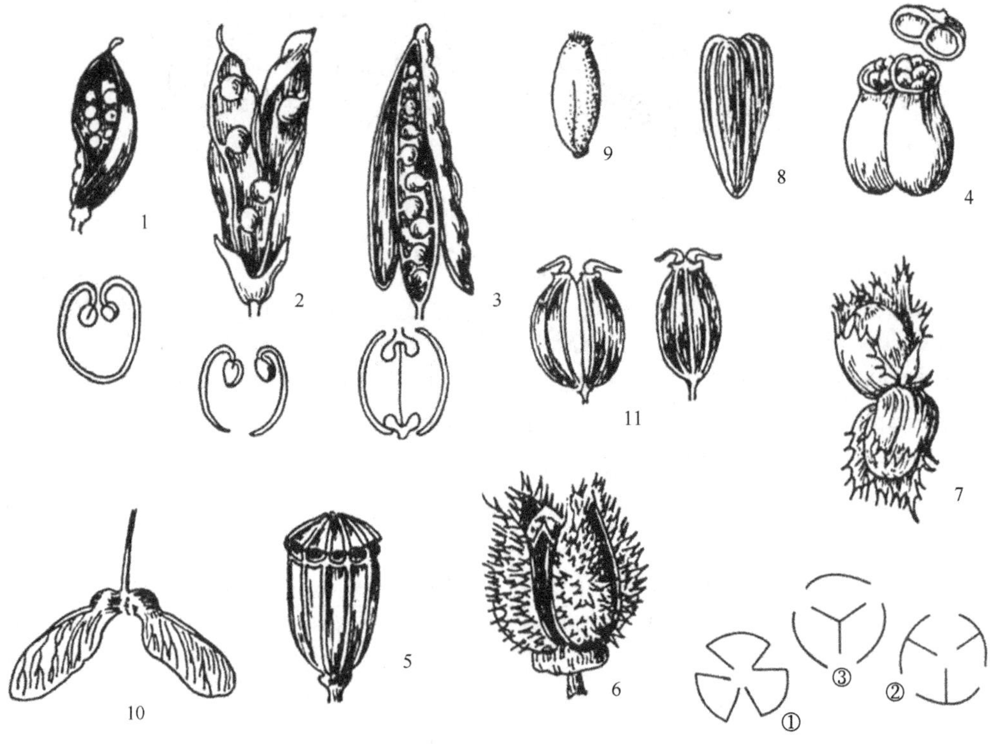

图1-33 干果的类型

1. 蓇葖果；2. 荚果；3. 长角果；4. 蒴果（盖裂）；5. 蒴果（孔裂）；6. 蒴果（纵裂）：①室间开裂；②室背开裂；③室轴开裂；7. 坚果；8. 瘦果；9. 颖果；10. 翅果；11. 双悬果

1）瘦果：果皮薄而坚韧，内含1粒种子，成熟时果皮与种皮易分离，如何首乌、虎杖和菊科的果实。菊科植物的瘦果由2心皮下位子房与花萼筒共同形成，特称连萼瘦果，如蒲公英、向日葵的果实。

2）颖果：果实内含1粒种子，果皮与种皮愈合不易分开，是禾本科植物特有的果实，如小麦、玉米、薏苡的果实。农业生产上习惯将禾本科植物的颖果称为“种子”。

3）坚果：果皮坚硬，内含1粒种子，成熟时果皮与种子分离。其果皮外常有花序的总苞发育成壳斗附于基部，如板栗、栎等壳斗科植物。有的坚果特小，无壳斗包围称小坚果，如紫苏、益母草、薄荷等。

4）翅果：果实内含1粒种子，果皮一端或周边向外延伸成翅状，如杜仲、榆的果实。

5）胞果：也称囊果，果皮薄，膨胀疏松地包围种子，与种皮极易分离，如藜、青葙的果实。

6）双悬果：由2心皮合生的雌蕊发育而成，果实成熟后分离成2个分果，悬挂在心皮柄上端，心皮柄基部与果柄相连，每个分果含种子1粒，是伞形科特有的果实，如当归、小茴香的果实。

（二）聚合果

由1朵花中的离生心皮雌蕊发育而成的果实，每个雌蕊发育成1个果实，聚生在同一花托上，称聚合果（图1-34）。根据聚合果的单果类型不同而分为聚合蓇葖果，如八角茴香、芍药的果实；聚合瘦果，如毛茛、白头翁的果实；聚合核果，如悬钩子的果实；聚合坚果，如莲的果实；聚合浆果，如五味子的果实。

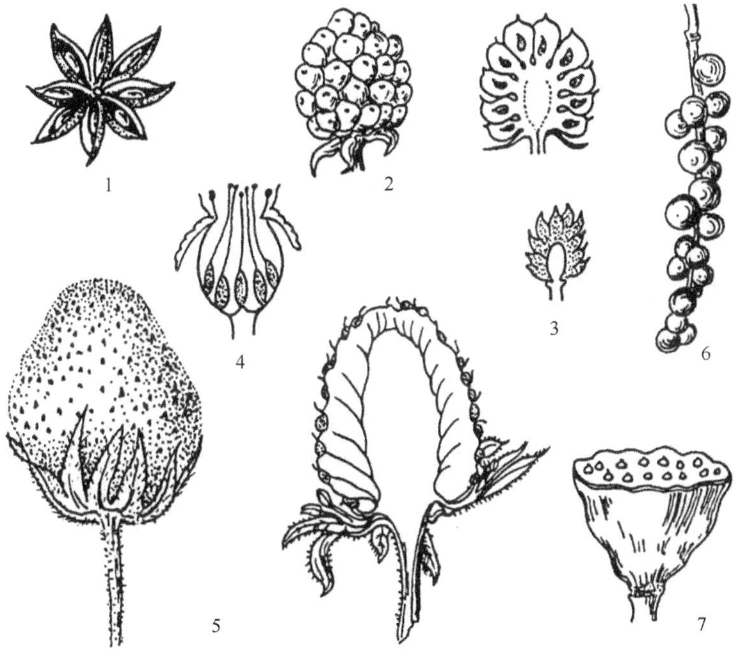

图1-34　聚合果

1. 聚合蓇葖果；2. 聚合核果；3～5. 聚合瘦果；6. 聚合浆果；7. 聚合坚果

（三）聚花果

聚花果（又称复果）是由整个花序发育而成的果实。花序上的每一朵花形成一个小果，许多小果聚生在花序轴上，花序轴参与果实的形成，成熟后整个果序自母株上脱落。例如，无花果由隐头花序发育而成，称为隐花果，其花序轴肉质内陷成囊，囊的内壁上着生许多小瘦果，肉质花序轴为可食部分；桑椹由雌花序发育而成，每朵花的子房各发育成一个小瘦果，包藏于肥厚多汁的肉质花被中；凤梨由多数不孕的花着生于肥大肉质的花序轴上，肉质多汁的花序轴为可食部分（图 1-35）。

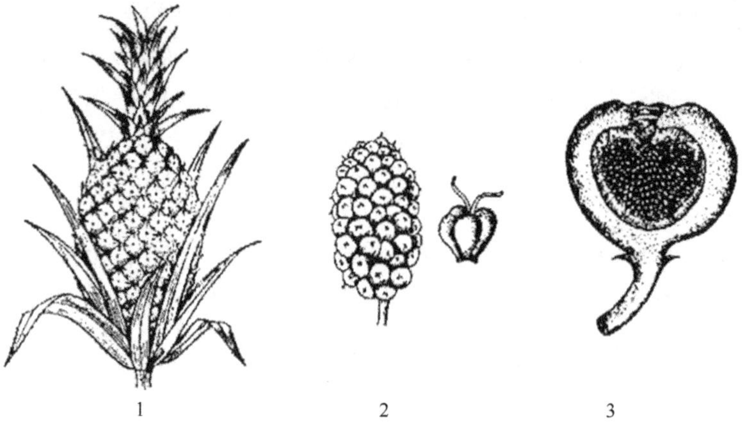

图 1-35　聚花果

1. 凤梨；2. 桑椹；3. 无花果

第六节　种　　子

种子由胚珠受精后发育而来，是种子植物特有的繁殖器官，多呈圆形、椭圆形、肾形、卵形、圆锥形、多角形等。种子的形状、大小、色泽、表面纹理等随植物种类不同而异，常为植物鉴定的重要依据。许多植物的种子可供药用，如槟榔、胖大海、肉豆蔻、苦杏仁等。

一、种子的组成

种子由种皮、胚和胚乳三部分组成。

（一）种皮

种皮由胚珠的珠被发育而来，包被于种子的外面，起保护作用。种皮通常分为外种皮和内种皮两层，外种皮坚韧，内种皮较薄。种皮上常可看到以下结构：

1. 种脐　种子成熟后从种柄或胎座上脱落后留下的瘢痕，通常呈圆形或椭圆形。

2. 种孔　由胚珠上的珠孔发育而成，是种子萌发时吸收水分和胚根伸出的部位。

3. 合点　是种皮上的维管束的汇合点。

4. 种脊　种脐至合点之间的隆起线，内含维管束，由珠脊发育而成。倒生胚珠的种脊较长，横生胚珠和弯生胚珠的种脊较短，而直生胚珠无种脊。

5. 种阜　有些植物的外种皮，在珠孔处由珠被扩展成海绵状突起物，称种阜。种阜掩盖种孔，帮助吸收水分，有利于种子萌发，如蓖麻、巴豆的种子。

此外，少数植物的种子具有假种皮，由珠柄或胎座的组织延伸发育而成，位于种皮的外面。假种皮有的为肉质，如龙眼、荔枝、苦瓜等；也有的呈菲薄的膜质，如豆蔻、砂仁、益智等。

（二）胚

胚由受精后的卵细胞发育而来，是种子中尚未发育的幼小植物体。种子成熟时，胚分化成胚根、胚茎、胚芽和子叶 4 部分。胚根正对着种孔，将来发育成主根；胚轴向上延伸，成为根与茎的连接部分；胚芽发育成地上的茎和叶；子叶展开后变为绿色，通常在真叶长出后枯萎。单子叶植物具 1 枚子叶，如百合、小麦等；双子叶植物具 2 枚子叶，如蚕豆、南瓜等；裸子植物具 2 至多枚子叶，如银杏、松等。

（三）胚乳

胚乳由受精极核发育而来，位于胚的周围，呈白色，细胞中含有淀粉、蛋白质、脂肪等丰富的营养物质，一般较胚发育早，供胚发育时所需要的养料。少数植物种子的珠心或珠被，在种子发育过程中未被完全吸收而形成营养组织包围在胚乳和胚的外部，称外胚乳，如肉豆蔻、槟榔、胡椒的种子。

二、种子的类型

被子植物的种子依据胚乳的有无分为两类：

（一）有胚乳种子

种子成熟时仍有发达的胚乳，而胚占较小体积，子叶较薄，如蓖麻、小麦、玉米的种子（图 1-36）。

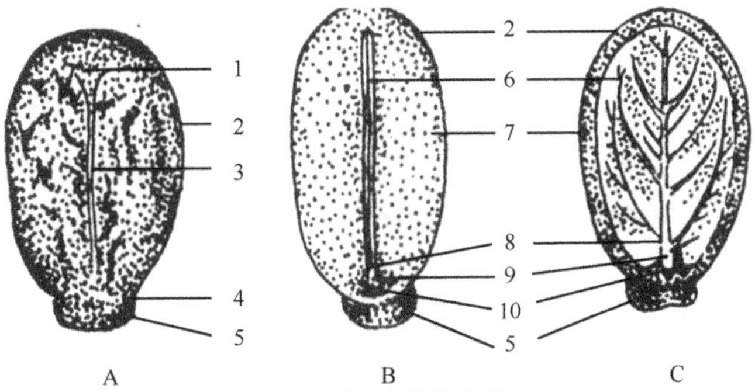

图 1-36 有胚乳种子（蓖麻）

1. 合点；2. 种皮；3. 种脊；4. 种脐；5. 种阜；6. 子叶；7. 胚乳；8. 胚芽；9. 胚轴；10. 胚根

（二）无胚乳种子

胚乳的营养物质在发育过程中全部被胚吸收，并被储存在肥厚的子叶中，种子成熟后无胚乳或仅残留一薄层，如大豆、泽泻、南瓜的种子（图 1-37）。

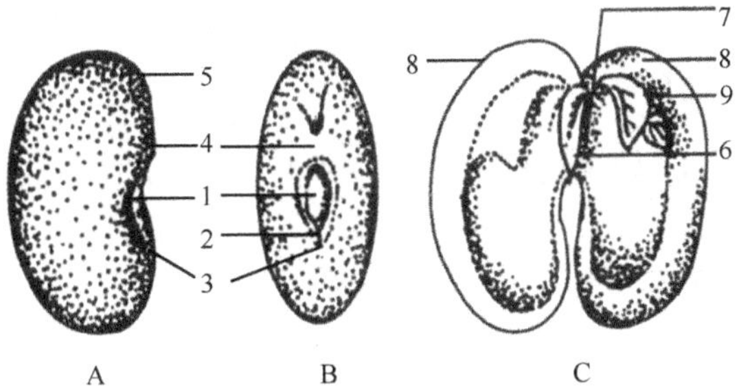

图 1-37 无胚乳种子（菜豆）

1. 种脐；2. 种脊；3. 合点；4. 种孔；5. 种皮；6. 胚根；7. 胚轴；8. 子叶；9. 胚芽

目标检测

一、选择题

（一）A 型题（最佳选择题）

1. 主根是由 ____ 发育而来（ ）

A. 胚芽 B. 胚

C. 定根 D. 胚根

2. 下列哪项属于肉质直根（ ）

A. 圆锥根　　B. 块根
C. 气生根　　D. 支持根

3. 仙人掌的刺状物是（　　）
A. 根的变态　　B. 地上茎的变态
C. 托叶的变态　　D. 叶的变态

4. 草麻黄和牡丹为（　　）
A. 草本　　B. 乔木
C. 灌木　　D. 亚灌木

5. 葡萄的茎卷须来源于（　　）
A. 侧枝　　B. 顶芽
C. 腋芽　　D. 叶

6. 山楂、皂荚等植物的刺是（　　）
A. 花的变态　　B. 茎的变态
C. 叶的变态　　D. 托叶的变态

7. 半夏叶柄上的不定芽形成（　　）
A. 叶　　B. 花
C. 小鳞茎　　D. 小块茎

8. 种子中最重要的部分相当于新植物体的幼体的是（　　）
A. 胚　　B. 胚芽
C. 胚轴　　D. 胚根

9. 瓠果是（　　）的主要特征。
A. 桔梗科　　B. 葫芦科
C. 忍冬科　　D. 菊科

10. 雌蕊的组成（　　）
A. 花丝和花药　　B. 柱头、花柱和子房
C. 柱头和花丝　　D. 柱头和花药

11. 雄蕊的组成（　　）
A. 花丝和花药　　B. 柱头、花柱和子房
C. 柱头和花丝　　D. 柱头和花药

12. 字母 G 表示（　　）
A. 雌蕊群　　B. 雄蕊群
C. 花冠　　D. 花萼

13. 发育成花和花序的芽称为（　　）
A. 花芽　　B. 叶芽
C. 混合芽　　D. 不定芽

14. 花中雄蕊的花丝联合成两束，为（　　）
A. 二强雄蕊　　B. 单体雄蕊
C. 二体雄蕊　　D. 聚药雄蕊

15. 花冠合生，花冠筒长，自基部向上逐渐扩大，状如漏斗，称（　　）
A. 管状花　　B. 唇形花
C. 舌状花　　D. 漏斗状花

16. 雄蕊 4 枚，其中 2 枚较长，2 枚较短的是（　　）
A. 二强雄蕊　　B. 四强雄蕊
C. 二体雄蕊　　D. 多体雄蕊

17. 花轴细长而不分枝，上面着生许多花梗近于等长的小花称（　　）
A. 总状花序　　B. 穗状花序
C. 葇荑花序　　D. 肉穗花序

18. 一朵花中既有雄蕊又有雌蕊，属于（　　）
A. 单性花　　B. 两性花
C. 无性花　　D. 单被花

19. 伞房花序是指（　　）
A. 花轴不分枝，下部的花柄长，向上渐短
B. 花轴上生有花柄等长的花，排列成伞形
C. 花轴不分枝，着生有花柄等长的小花
D. 花轴不分枝，着生有无花柄的小花

20. 真果是由 ____ 发育而来（　）
A. 花被　　B. 子房
C. 花轴　　D. 花托

21. 果实成熟时不开裂是（　　）
A. 颖果　　B. 角果
C. 蒴果　　D. 荚果

22. 双子叶植物的种子有（　　）
A. 1 枚子叶　　B. 2 枚子叶
C. 3 枚子叶　　D. 多枚子叶

23. 单纯由子房发育形成的果实称为（　　）
A. 假果　　B. 真果
C. 单果　　D. 聚合果

24. 由一个心皮发育而成，成熟后仅沿腹缝线或背缝成一侧裂开的果实称为（　　）
A. 蓇葖果　　B. 荚果
C. 角果　　D. 蒴果

25 葫芦科植物所特有的果实是哪一种果实（　　）
A. 浆果　　B. 瓠果
C. 柑果　　D. 瘦果

26. 大豆的果实是（　　）
A. 蒴果　　B. 瘦果
C. 荚果　　D. 角果

27. 唇形科植物的花冠为（　　）
A. 十字花冠　　B. 蝶形花冠

C. 钟形花冠　　D. 唇形花冠

（二）X 型题（多项选择题）

28．根上通常不形成（　　）

A. 侧根　　B. 叶

C. 花　　D. 芽

E. 茎痕

29．由胚根直接或间接发育而来的根是（　　）

A. 定根　　B. 不定根

C. 须根　　D. 侧根

E. 支持根

30．属于变态根的是（　　）

A. 定根　　B. 贮藏根

C. 支持根　　D. 侧根

E. 须根

31. 茎在外形上区别于根的特征有（　　）

A. 具有节　　B. 具有节间

C. 有芽　　D. 生叶

E. 圆柱形

32. 完全叶具有（　　）

A. 叶片　　B. 叶柄

C. 叶鞘　　D. 托叶

E. 叶舌

33. 复叶与生有单叶的小枝的主要区别是（　　）

A. 复叶的叶多

B. 叶轴顶端无顶芽

C. 小叶叶腋无腋芽

D. 复叶的小叶排在一个平面上

E. 整个复叶一起脱落

34. 下列花冠类型属于离瓣花的是（　　）

A. 十字形花冠　　B. 唇形花冠

C. 蝶形花冠　　D. 舌状花冠

E. 高脚碟状花冠

35. 属于无限花序的是（　　）

A. 穗状花序　　B. 肉穗花序

C. 轮伞花序　　D. 伞房花序

E. 伞形花序

36. 苹果的果实属于（　　）

A. 假果　　B. 梨果

C. 肉果　　D. 单果

E. 聚合果

37. 大多数种子的组成包括（　　）

A. 种皮　　B. 种孔

C. 胚　　D. 子叶

E. 胚乳

38. 由单雌蕊发育形成的果实有（　　）

A. 核果　　B. 梨果

C. 蓇葖果　　D. 荚果

E. 蒴果

39. 下列选项中，属于聚花果的有（　　）

A. 无花果　　B. 凤梨

C. 葡萄　　D. 八角茴香

E. 桑椹

二、填空题

1. 主根是由__________发育而来。

2. 直根系为有明显的________和________区别的根系。

3. 被子植物的器官一般可分为_____、_____、_____、_____、_____、_____六个部分。

4. 被子植物器官依据它们的生理功能，分为________和_____两大类。

5. 根系按形态的不同分为_____和_____。

6. 根就其发生起源可分为_____和_____两类。

7. 依茎的生长习性可分为________、_______、________和________四个类型。

8. 茎在外部形态上常有_____、_____、_____、_____、_____等。

9. 木本植物常有_____、_____和_____三种类型。

10. 草本植物常有_____、_____和_____三种类型。

11. 地上茎变态常见的有_____、_____、_____、_____、_____、_____等。

12. 完全叶具有________、__________和________三部分。

13. 叶的变态有______、_____、______和________四类。

14. 被子植物的花一般由_____、_____、_____、_____、_____、_____几部分构成。

15. 雌蕊是由_____、_____和_____三部分组成。

16. 花被是______和______的总称。

17. 果实依据来源和结构不同分为_____、_____、_____三大类。

18. 种子可分为_______和________两种类型。

三、名词解释

1. 营养器官　2. 繁殖器官　3. 单身复叶

4. 完全花　5. 总状花序　6. 假果　7. 单果

四、简答题

1. 如何从外形上区别根与根茎？
2. 如何从外形上区别块根与块茎？
3. 分叉脉序、平行脉序、网状脉序主要分布于何类植物的叶片中？
4. 如何区别单叶与复叶？
5. 简述无限花序类型和有限花序类型特征。
6. 如何判断组成雌蕊的心皮数？
7. 列出干果的类型并举例。

第二章　植物分类概述

学习目标

1. 掌握：植物分类的等级。
2. 熟悉：植物的命名；植物界的分门别类。
3. 了解：植物分类检索表。

植物分类学（plant taxonomy）是研究整个植物界不同类群的起源、亲缘关系和演化发展规律的学科。将植物分类学的原理和方法运用到药用植物领域，就可以将自然界各种各样的药用植物进行鉴定、分群归类、命名并按系统排列起来，便于认识、研究和利用。掌握了药用植物分类知识，首先可以准确鉴定药材原植物种类，保证药材生产、研究的科学性和用药的安全性；其次可以利用植物之间的亲缘关系，探寻紧缺药材的代用品和新的药用植物资源；同时为药用植物资源调查、开发利用、保护和栽培提供依据，并有助于进行国际间的学术交流。

第一节　植物分类的等级

植物分类设立了各种等级，又称为分类单位。分类等级的高低常以植物之间亲缘关系的远近、形态相似性和构造的简繁程度来确定。

一、植物的分类等级

植物界的分类等级从大到小主要有：门、纲、目、科、属、种。门是植物界中最大的分类等级，种是植物分类的基本等级或基本单位。门下分纲，纲下分目，目下分科，科下有属，属下为种。在各分类等级之间，有时因范围过大，还增设一些等级，如亚门、亚纲、亚目、亚科、亚属、亚种等。

植物分类的各种等级，均用拉丁词表示，有的有特定的词尾。门的拉丁名词尾一般加 -phyta，如蕨类植物门（Pteridophyta）；纲的拉丁名词尾一般加 -opsida，如百合纲（Liliopsida）；目的拉丁名词尾加 -ales，如芍药目（Paeoniales）；科的拉丁名词尾加 -aceae，如龙胆科（Gentianaceae）；亚科的拉丁名词尾加 -oideae，如蔷薇亚科（Rosoideae）等。

某些等级的拉丁名词尾与上述规定不同，但现在仍在使用，原因是习用已久，国际植物学会决定将其作为保留名。例如，双子叶植物纲（Dicotyledoneae）和单子叶植物纲（Monocotyledoneae）的词尾未用 -opsida；十字花科（Cruciferae）、豆科（Leguminosae）、藤黄科（Guttiferae）、伞形科（Umbelliferae）、唇形科（Labiatae）、菊科（Compositae）、棕榈科（Palmae）、禾本科（Gramineae）等科的词尾未用 -aceae。

二、种及种下分类等级

种（species）是分类的基本等级或基本单位，具有一定的自然分布区和一定的生理、形态特征的生物群。种内个体间具有相同的遗传性状并可彼此交配产生后代，种间存在生殖隔离。

随着环境因素和遗传基因的变化，种内各居群会产生比较大的变异，因此人们又进行一些种下等级的划分。

亚种（subspecies，缩写为 subsp. 或 ssp.）是一个种内的居群在形态上多少有变异，并具有地理分布、生态或季节上的隔离，这样的居群即是亚种。

变种（varietas，缩写为 var.）是一个种内的居群在形态上多少有变异，变异比较稳定，它的分布范围（或地区）比亚种小，并与种内其他变种有共同的分布区。

变型（forma，缩写为 f.）是一个种内有细小变异，但无一定分布区的居群。变型是植物最小的分类等级。

品种（cultivar）是人工栽培植物的种内变异居群。通常在形态或经济价值上有差异，如药用菊花的栽培品种有亳菊、滁菊、贡菊、湖菊（杭白菊之一）等。人工栽培形成的品种，当其失去经济价值，就没有了品种的实际意义，它将被淘汰。

第二节 植物的命名

不同的国家、民族、地区有不同的语言、文字和生活习惯，在对同一种植物利用时，往往会出现不同的名称，这种同物异名导致名称上的混乱，给植物的分类、利用和国内外交流造成了很大的困难。为此，国际上制定了《国际植物命名法规》，给每一个植物分类群制定世界各国可以统一使用的科学名称，即学名（scientific name），并使植物学名的命名的方法统一、合法有度。

一、植物种名的组成

《国际植物命名法规》规定了植物学名必须用拉丁文或其他文字加以拉丁化来书写。植物种的名称采用了林奈（Linneaus）倡导的“双名法”，由两个拉丁词组成，前者是“属名”，第二个是“种加词”，后附以命名人的姓名缩写。种的完整的学名包括三部分：属名、种加词和命名人。

（一）属名

植物的属名既是科级名称构成的基础，也是种加词依附的支柱，还是一些化学成分名称的构成部分，如蔷薇属的学名为 *Rosa*，蔷薇科的学名 *Rosaceae* 是由蔷薇属 *Rosa* 加上科的拉丁词尾 -aceae 组合而成；植物玫瑰的学名 *Rosa rugosa* Thunb. 是由属名 *Rosa* 加上种加词 *rugosa* 和命名人 Thunb. 组成；化学成分玫瑰螺烯醇（rosacorenol）、野蔷薇葡萄糖酯（rosamultin）等都是由蔷薇属名 *Rosa* 加上特定的拉丁词尾组合而成。

属名使用拉丁名词的单数主格，首字母必须大写，如人参属 *Panax*，芍药属 *Paeonia*，黄连属 *Coptis*，乌头属 *Aconitum* 等。

（二）种加词

植物的种加词用于区别同属不同种，多数为形容词，也有的是名词。种加词的字母全部小写。

形容词作为种加词时，性、数、格必须与属名一致，如掌叶大黄 *Rheum palmatum* L.、黄花蒿 *Artemisia annua* L.、当归 *Angelica sinensis*（Oliv.）Diels 等。

名词作为种加词时，有同格名词和属格名词两类，同格名词如薄荷 *Mentha haplocalyx* Briq.、樟树 *Cinnamomum camphora*（L.）Presl 等，属格名词如掌叶覆盆子 *Rubus chingii* Hu、

高良姜 *Alpinia officinarum* Hance 等。

（三）命名人

在植物学名中，命名者的引证，一般只用其姓。如同姓者研究同一门类植物，为便于区分，则加注名字的缩写词以便区分。引证的命名人姓名，要用拉丁字母拼写，每个词的首字母大写。我国的人名姓氏，现统一用汉语拼音拼写。命名者姓氏较长时，可以缩写，缩写之后加缩略点“.”。共同命名的植物，用 et 连接不同作者。如某研究者创建了一个植物名称未合格发表，后来的特征描述者在发表该名称时，仍把原提出该名称的作者作为命名者，引证时在两作者之间用 ex 连接。例如，银杏 *Ginkgo biloba* L. 学名的命名者为 Carolus Linnaeus，“L.”是姓氏缩写；紫草 *Lithospermum erythrorhizon* Sieb. et Zucc. 学名的命名者是 P. F. von Siebold 和 J. G. Zuccarini 两人；延胡索 *Corydalis yanhusuo* W. T. Wang ex Z. Y. Su et C. Y. Wu 学名是王文采（Wang Wen Tsai）创建，后由苏志云（Su Zhi Yun）和吴征镒（Wu Zheng Yi）描记了特征并合格发表。

二、植物种以下等级的名称

植物种以下分类群有亚种、变种和变型。例如，鹿蹄草 *Pyrola rotundifolia* L. subsp. *chinensis* H. Andces. 是圆叶鹿蹄草 *Pyrola rotundifolia* L. 的亚种，学名由鹿蹄草的学名再加上 subsp.、亚种加词（*chinensis*）和亚种命名人（H. Andces.）共同组成。山里红 *Crataegus pinnatifida* Bge. var. *major* N. E. Br. 是山楂 *Crataegus pinnatifida* Bge. 的变种，学名由山楂的学名再加上 var.、变种加词（major）和变种命名人（N. E. Br.）共同组成。重瓣玫瑰 *Rosa rugosa* Thunb. f. *plena*（Regel）Byhouwer 是玫瑰 *Rosa rugosa* Thunb. 的变型，学名由玫瑰的学名再加上 f.、变型加词（plena）和命名人（Byhouwer）共同组成。

此外，《国际栽培植物命名法规》规定，栽培植物的品种名称是在种加词之后加栽培品种加词，首字母大写，外加单引号，后面不加命名人。例如，药用菊花通过长期人工栽培，在不同产区形成了颇具特色的地道药材，其形态也发生了较明显的差异，根据不同特征分别将其命名为亳菊 *Dendranthema morifolium* ‘Boju’、滁菊 *Dendranthema morifolium* ‘Chuju’、贡菊 *Dendranthema morifolium* ‘Gongju’、湖菊 *Dendranthema morifolium* ‘Huju’（药材杭白菊的品种之一）及小黄菊 *Dendranthema morifolium* ‘Xiaohuangju’（药材杭黄菊的品种之一）等。

第三节　植物界的分门别类

在植物界，通常被分为 16 门，蓝藻门、裸藻门、绿藻门、轮藻门、金藻门、甲藻门、红藻门、褐藻门、细菌门、黏菌门、真菌门、地衣门、苔藓植物门、蕨类植物门、裸子植物门、被子植物门。人们还习惯于将具有某种共同特征的门归成更大的类别，如：

藻类植物：包括蓝藻门、裸藻门、绿藻门、轮藻门、金藻门、甲藻门、红藻门、褐藻门等 8 个门，与药用关系密切的为褐藻门、红藻门、绿藻门和蓝藻门。

菌类植物：包括细菌门、黏菌门、真菌门等 3 个门，其中真菌门具有很多大型个体，作为药用植物使用的种类较多。

低等植物与高等植物：在植物界，藻类、菌类及地衣门的植物在形态上无根、茎、叶的分化，构造上一般无组织分化，生殖器官是单细胞，合子发育时离开母体，不形成胚，称为低等植物或无胚植物；苔藓植物门、蕨类植物门、裸子植物门和被子植物门的植物在形态上有根、茎、叶的分化，构造上有组织的分化，生殖器官是多细胞，合子在母体内发育成胚，称为高等植物或有胚植物。

孢子植物与种子植物：在植物界，藻类、菌类、地衣门、苔藓植物门、蕨类植物门的植物以孢子进行有性生殖，不开花结果，因而称为孢子植物或隐花植物；裸子植物门和被子植物门的植物有性生殖开花并形成种子，因而称为种子植物或显花植物。

颈卵器植物：在植物界，只有苔藓植物门、蕨类植物门在有性生殖过程中产生颈卵器，称为颈卵器植物。

维管植物和无维管植物：在植物界，蕨类植物门、裸子植物门和被子植物门的植物体内有维管系统，称为维管植物；而其他门植物体内均不具有维管系统，称为无维管植物。

第四节　植物分类检索表

植物分类检索表是鉴定植物的重要工具，在植物志和植物分类学专著中都列为重要内容之一。学会使用和编制植物分类检索表会给学习和工作带来很大的方便。

一、植物分类检索表的编制

植物分类检索表采用二歧归类方法进行编制，在充分了解植物分类群的形态特征基础上，选择某些类群与另一类群的主要区别特征编成相对的序号，然后又分别在所属项下再选择主要区别特征编列成相对应的序号，如此类推直至一定的分类等级。植物分类检索表的编排方式常见的有 3 种：定距式、平行式和连续平行式。

（一）定距式检索表

将每一对相互区别的特征分开编排在一定的距离处，并标以相同的序号，每低一序号退后一字排列。定距式检索表寻找容易，使用较方便，是最常用的检索表。

植物界部分植物分门检索表（定距式）

1. 植物体构造简单，无根、茎、叶的分化，无多细胞构成的胚（低等植物）。
　2. 植物体不为藻类和菌类的共生体。
　　3. 植物体内含叶绿素或其他光合色素，自养式生活……………………藻类植物
　　3. 植物体内无叶绿素或其他光合色素，异养式生活……………………菌类植物
　2. 植物体为藻类和菌类的共生体……………………………………………地衣门植物
1. 植物体构造复杂，有根、茎、叶的分化，有多细胞构成的胚（高等植物）。
　4. 植物体有茎、叶，无真根……………………………………………………苔藓植物门
　4. 植物体有茎、叶，有真根。
　　5. 植物以孢子繁殖…………………………………………………………蕨类植物门
　　5. 植物以种子繁殖。
　　　6. 胚珠裸露，不形成果实…………………………………………裸子植物门
　　　6. 胚珠被心皮包被，形成果实……………………………………被子植物门

（二）平行式检索表

将每一对相区别的特征编以同样的序号，并紧接并列，不同的序号排列不退格，每条之后标明应查的下项序号或已查到的分类群。

高等植物分门检索表（平行式）

1. 植物体有茎、叶，无真根……………………………………………………苔藓植物门
1. 植物体有茎、叶，有真根……………………………………………………………2
2. 植物体以孢子繁殖……………………………………………………………蕨类植物门

2. 植物体以种子繁殖……………………………………………………………………3
3. 胚珠裸露，不形成果实…………………………………………………………裸子植物门
3. 胚珠被心皮包被，形成果实……………………………………………………被子植物门

（三）连续平行式检索表

将一对互相区别的特征用两个不同的序号表示，其中后一序号加括号，以表示是相互对应关系。

高等植物分门检索表（连续平行式）

1.(2) 植物体有茎、叶，无真根……………………………………………………苔藓植物门
2.(1) 植物体有茎、叶，有真根。
3.(4) 植物体以孢子繁殖…………………………………………………………蕨类植物门
4.(3) 植物体以种子繁殖。
5.(6) 胚珠裸露，不形成果实…………………………………………………裸子植物门
6.(5) 胚珠被心皮包被，形成果实……………………………………………被子植物门

二、植物分类检索表的应用

当遇到未知植物需要鉴定时，植物分类检索表能使我们较快而准确地鉴定出名称。应用植物分类检索表要注意以下几点：

1. 选择适合鉴定要求的检索表　根据所需鉴定的未知植物类群，要选择不同的植物分类检索表。例如，鉴别较大的植物分类等级要选用植物分门、分纲、分目和分科检索表；鉴别种级分类等级，需查阅分种检索表；鉴别不同地区的植物类群，需选择不同地区的植物分类检索表；研究已知科、属的植物分类群，可查阅分科、分属植物专著，如《中国植物志》等工具书。

2. 全面观察标本　在使用分类检索表之前，必须对所需要鉴定的植物分类群进行全面观察，包括植物的营养器官和生殖器官，种子植物尤其注重生殖器官，花的结构最为重要。经过细心解剖，认真观察，然后再查阅检索表。查阅过程仍需核对标本特征。查阅过程中，根据标本的特征与检索表上所记载的特征进行比较；若标本特征与记载相符合，则按序号逐次查阅，如其特征不符，则查阅同序号的另一项，如此逐条查阅，直至查出该分类等级的名称。当查阅到某一分类等级名称时，还要将标本特征与该分类等级的特征进行全面核对，若两者相符合，才表示所查阅的结果是正确的。

目标检测

一、选择题

（一）A 型题（最佳选择题）

1. 生物分类的基本单位是（　　）
   A. 科　　B. 纲
   C. 种　　D. 属
2. 具有形态的变异、地理分布和生态上隔离的植物类群是（　　）
   A. 种　　B. 亚种
   C. 变种　　D. 变型
3. 变种的拉丁学名的缩写是（　　）
   A. subsp　　B. ssp
   C. var　　D. f.
4. 裸子植物属于（　　）
   A. 孢子植物　　B. 隐花植物
   C. 无胚植物　　D. 显花植物

（二）X 型题（多项选择题）

5. 近代分类学的目的是（　　）
   A. 命名并记述“种”　　B. 命名并记述“品种”
   C. 建立自然分类系统　　D. 分门别类
   E. 探索“种”的起源

6. “种”具有以下特性（　　）

A. 占一定的自然分布区

B. 为性质稳定的繁殖群体

C. 具有一定的生态隔离

D. 具有一定的季节隔离

E. 具实际或潜在的繁殖能力

7. 孢子植物包括（　　）

A. 菌类植物　　B. 蕨类植物

C. 苔藓植物　　D. 裸子植物

E. 地衣植物

二、填空题

1. 植物界分类单位（等级）是 _____、_____、_____、_____、_____、_____、_____。

2. 种是生物分类的基本单位，种以下还有 _____、_____、_____ 三个等级。

3. 一种植物完整的学名是由 _____、_____ 和 _____ 三部分组成。

4. 植物体内具有维管系统的植物称为维管植物，它包括 _____、_____、_____ 三部分。

5. 高等植物常包括 _____、_____、_____、_____。

6. 低等植物常包括 _____、_____、_____。

7. 孢子植物是由 _____、_____、_____、_____、_____ 等部分组成。

三、名词解释

1. 种　2. 低等植物　3. 高等植物　4. 颈卵器植物　5. 维管植物

四、简答题

1. 何谓高等植物、低等植物？各包括哪些类群？

2. 何谓孢子植物、种子植物？各包括哪些类群？

3. 何谓颈卵器植物、维管植物？各包括哪些类群？

第三章 低等植物

学习目标

1. 掌握：低等植物的主要特征。
2. 熟悉：藻类植物、菌类植物的分门依据；常见药用藻类、菌类、地衣植物。
3. 了解：藻类植物、真菌植物的繁殖方式；地衣植物的分布特点。

低等植物包括藻类植物、菌类植物和地衣门植物。它们的共同特征是：植物体构造简单，为单细胞、单细胞群体和多细胞个体，无根、茎、叶等器官的分化；生殖器官通常为单细胞结构；个体发育不经过胚的阶段，由合子直接发育成新植物体，故又将其称为无胚植物。

第一节 藻类植物 Algae

一、藻类植物概述

藻类植物是植物界中一类最原始的低等植物。绝大多数藻类植物的细胞内含有叶绿素和其他色素，能进行光合作用，生活方式为自养性。植物体构造简单，没有真正的根、茎、叶分化。藻体有的是单细胞体，如原球藻、小球藻、衣藻等；有的为多细胞丝状，如水绵、刚毛藻等；有的为多细胞叶状，如昆布、海带等；有的为多细胞树枝状，如海蒿子、马尾藻、石花菜等。藻体形状和类型多样，大小差异也很大，小的只有几微米，必须在显微镜下才能看到；最大者如生长在太平洋中的巨藻，最长的可达到 500m，重达 200kg 以上。

藻类植物繁殖的方式有营养繁殖、无性生殖和有性生殖三种。营养繁殖是指藻体的一部分由母体分离出去后又能长成一个新的藻体，如单细胞藻类经过细胞分裂后，分为 2 个子细胞，子细胞成长为 2 个新个体；多细胞藻体的断裂部分长成新的个体，也属于营养繁殖方式。生殖是指通过产生生殖细胞来发育成下一代，而生殖细胞由细胞壁内的原生质体产生。无性生殖的生殖细胞称孢子(spore)，产生孢子的母体是一种囊状结构的细胞，称孢子囊 (sporangium)，孢子不需要结合就能长成一个新个体。孢子主要有具鞭毛能游动的游动孢子 (zoospore)、不具鞭毛不能游动的静孢子 (aplanospore) 和厚壁孢子 (akinete) 三种，如游动孢子在水里游动一个时期，即可发育成新个体。有性生殖的生殖细胞称配子 (gamete)，产生配子的母体是一种囊状结构的细胞叫配子囊 (gametangium)，在一般情况下配子必须两两结合成为合子 (zygote)，由合子发育成 1 个新个体，或合子产生孢子形成 1 个新个体。根据相互结合的 2 个配子的大小、形状、行为又分为同配 (isogamy)、异配 (heterogamy) 和卵配 (oogamy)。同配是指相结合的两个配子的大小、形状、行为完全一样；异配是指相结合的两个配子的形状一样，但大小和行为有些不同，大的不太活泼的称为雌配子 (female gamete)，小的比较活泼的称为雄配子 (male gamete)。卵配是指相结合的两个配子的大小、形状、行为都不相同，大的呈圆球形，无鞭毛不能游动，称为卵（egg）；小的有鞭毛，很活泼，称为精子（sperm）。卵和精子的结合称受精，结果形成受精卵即合子。合子不在性器官内发育为多细胞的胚，而是直接形成新个体，故藻类植物也称为无胚植物。

藻类植物根据所含色素种类、细胞结构、储存物质类别及生殖方式等方面的差异，通常将藻类分为 8 个门：蓝藻门、裸藻门、绿藻门、轮藻门、金藻门、甲藻门、红藻门和褐藻门。其中药用价值较大的藻类植物主要集中在褐藻门、红藻门、绿藻门和蓝藻门。已知全球藻类植物 3 万余种，它们绝大多数生活在淡水或海水中，少数生活于潮湿的土壤、树皮和岩石上。目前我国已知药用藻类植物约 115 种。

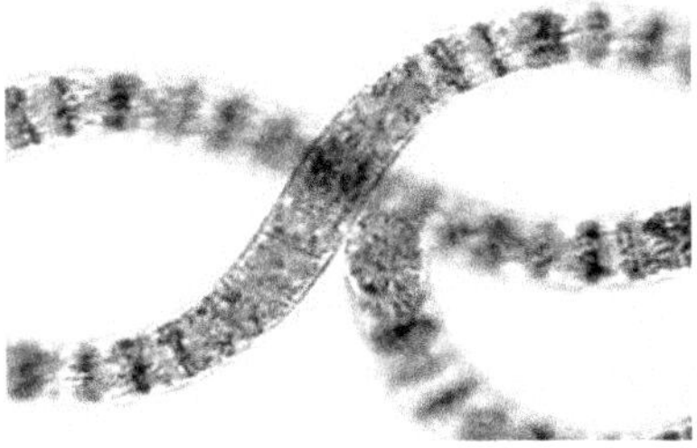
图 3-1　螺旋藻丝

藻类植物含有丰富的蛋白质、氨基酸、脂肪、糖类及维生素等营养成分，在抗肿瘤、抗菌、抗病毒、降血压、降胆固醇、防治冠心病和慢性气管炎、抗放射性药物研究方面具有广阔的前景。

二、药用藻类植物

螺旋藻 *Spirulina slatensis*（Nordst.）Geitl. 属蓝藻门颤藻科。现在已知螺旋藻有 30 余种，多数为淡水热带藻类，藻体呈卷曲状。原产北非，我国现有人工养殖。藻体含有丰富的蛋白质、脂肪酸、维生素和矿物质等多种营养物质，具有降低胆固醇、调节血糖、增强免疫力、保护肠胃等多种功效（图 3-1）。

海带 *Laminaria japonica* Aresch. 属褐藻门海带科，为多年生大型褐藻，长可达 6m。全体由固着器、柄和叶状带片三部分组成。其中海带的基部分枝如根状，固着在岩石或者其他牢固物体上，称为固着器，上面是茎状的柄，柄以上是扁平叶状带片。柄部和叶状带片连接处的细胞具有分生能力，能产生新的细胞使带片不断增长。带片的构造比较复杂，有“表皮”、“皮层”、“髓”之分。“表皮”、“皮层”的细胞具有色素体，能进行光合作用，“髓”部是输导组织。带片为深橄榄绿色，干后呈黑褐色，革质。分布于我国辽宁、浙江、山东沿海，现已实现人工养殖，产量居世界首位。海带除大量供食用外，入药具有消痰利水、软坚散结、降血脂、降血压等功效。海带又常用于防治缺碘性甲状腺肿大，也是提取碘和褐藻胶的重要原料（图 3-2）。

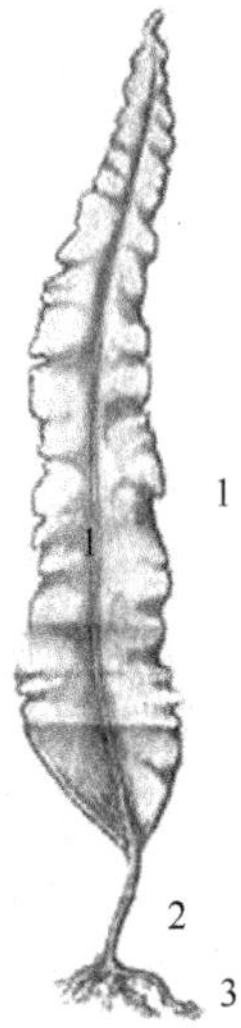

图 3-2　海带

1. 叶状带片；2 柄；3. 固着器

昆布 *Ecklonia kurome* Okam. 属褐藻门翅藻科。藻体呈深褐色，革质。同海带植物形态一样有固着器、柄、叶状带片，但带片呈不规则羽状分裂，边缘有粗锯齿，表面略有皱褶。分布于浙江、福建、台湾海域等水流较肥沃的海区低潮线附近的岩礁上。药用功效同海带，也可供食用（图 3-3）。

海蒿子 *Sargassum pallidum*（Turn.）C. Ag. 属褐藻门马尾藻科。藻体直立，呈深褐色，高一般 20 ～ 80cm。固着器盘状，主干多单生，偶有双生或三生，呈圆柱状，两侧分枝呈树枝状，小枝上的叶状片形态变化很大。初生叶状片为披针形、倒卵形或倒披针形，长 5 ～ 7cm，宽 2 ～ 12mm，不久即脱落；次生叶状片线形至披针形，有时羽状分裂。生殖枝上生有气囊和囊状生殖托，托上着生圆柱状而细小的孢子囊。雌雄异株。分布于我国黄海、渤海沿岸各地。生于潮线下 1 ～ 4m 的海水激荡处的岩石上。为中药海藻的主要原植物之一，习称大叶海藻，入药具有消痰利水、软坚散结功效。同属植物羊栖菜 *S.fusiforme*（Harv.）Setch. 主“枝”呈圆柱形、叶状片突起多呈棍棒形。全藻亦作药材海藻用，习称“小叶海藻”。羊栖菜多糖有增强免疫和抗癌作用（图 3-3）。

1　　2　　3

图 3-3　三种药用褐藻

1. 昆布；2. 海蒿子；3. 羊栖菜

第二节　菌类植物 Fungi

一、菌类植物概述

菌类植物和藻类植物一样，没有根、茎、叶的分化，但菌类植物体的营养细胞内无叶绿素及其他光合色素，不能进行光合作用，寄生或腐生，属于异养植物；也有兼营寄生和腐生的种类。从活的动植物体吸取养分的称寄生；从死的动植物体或无生命的有机体吸取养分的称腐生；从活的动植物体上吸取养分同时又提供该活体有利的生活条件，从而彼此间互相受益、互相依赖的，称共生。

菌类植物在分类上常分为三个门：细菌门、黏菌门和真菌门。其中药用种类较多的主要涉及真菌门植物。

真菌除少数种类是单细胞（如酵母）外，绝大多数是由多细胞菌丝构成的。菌丝是纤细的管状体，组成一个菌体的全部菌丝称菌丝体（mycelium）。菌丝分无隔菌丝和有隔菌丝两种。无隔菌丝是一个长管形细胞，无隔膜，分枝或不分枝，大多数是多核的；有隔菌丝由许多隔膜把菌丝分隔成许多细胞，每个细胞内有 1 ～ 2 个核。真菌的菌丝在正常的生长条件下，一般是很疏松的，但某些真菌在环境条件不良或繁殖的时候菌丝互相密结，菌丝体变态成菌丝组织体。常见的有根状菌索、菌核、子实体和子座。高等真菌的菌丝密结成绳索状，外形似根，称为根状菌索，它能抵抗恶劣环境，当环境恶劣时停止生长，适宜时再恢复生长；由菌丝密结成的颜色深、质地坚硬的核状体，称为菌核，其中储存有丰富的养分，对环境有很强抵抗力，在不良环境下能处于休眠状态，当环境条件适宜时能萌发为菌丝体或产生子实体；高等真菌在生殖时期形成的能产生孢子的菌丝体，称为子实体；容纳子实体的褥座，称为子座。

真菌的细胞壁主要由纤维素和几丁质组成，其细胞壁成分可随生长年龄和环境条件的影响而发生变化，使菌体呈现褐色、黑色、黄色和红色等多种颜色。真菌储存的营养物质主要是肝糖，还有少量的蛋白质和脂肪，以及微量的维生素，但不含淀粉。

真菌的繁殖方式有营养繁殖、无性生殖和有性生殖三种。营养繁殖中多细胞真菌常见菌丝断裂繁殖，单细胞种类有细胞分裂繁殖、芽生孢子繁殖；无性生殖能产生多种孢子，如游动孢子（水生真菌产生的具鞭毛能游动的孢子）、孢囊孢子（在孢子囊内形成的不动孢子）、分生孢子（由分生孢子囊梗顶端产生的孢子）；有性生殖的方式复杂多样，通过不同性细胞的结合产生各种类型的孢子，如子囊孢子、担孢子等。

真菌门植物全球有 6.4 万余种，我国有 8 000 余种。根据菌丝体的结构和生殖器官的形态分为 5 个亚门：鞭毛菌亚门、接合菌亚门、子囊菌亚门、担子菌亚门和半知菌亚门。药用真

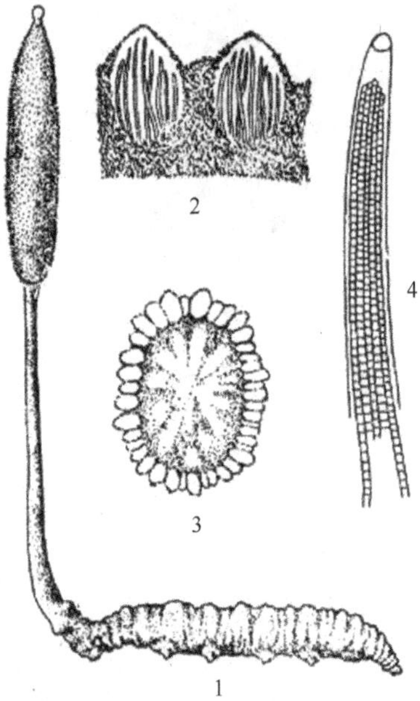

图 3-4 冬虫夏草

1. 冬虫夏草全形（上部为子座，下部为已死的幼虫）；2. 子囊壳（子实体）放大；3. 子座横切面；4. 子囊及子囊孢子

菌以子囊菌和担子菌亚门植物为多，其中许多种类有增强免疫功能、抗癌、抗消化性溃疡等作用。但也有一些真菌含有剧毒或致癌成分，如毒蘑菇和黄曲霉菌等。

真菌在自然界中的分布十分广泛，从大气到水中、陆地，甚至人体，几乎地球上所有的地方都有真菌的存在。

二、药用菌类植物

冬虫夏草 *Cordyceps sinensis*（Berk.）Sacc. 属子囊菌亚门麦角菌科寄生性真菌，是一种寄生于虫草蝙蝠蛾（*Hepialus armoricanus* Oberthur）幼虫体上的子囊菌。夏秋季节，该菌以孢子侵入幼虫体内，并发育成菌丝体。幼虫染菌后钻入土中越冬，病原菌细胞将虫体营养耗尽而成僵虫，此时虫体内的菌丝体变成坚硬菌核，翌年入夏自僵虫头部长出笔形的子座，伸出土层外，子座上部膨大，其表层下埋有一层子囊壳，壳内生出许多长形的子囊，每个子囊具 2 ～ 8 个细长而有许多横隔的子囊孢子，子囊孢子从子囊壳孔口放射出去后又继续侵染新的寄主幼虫。带子座的菌核（僵虫）即名贵药材冬虫夏草（图 3-4）。

图 3-5 茯苓菌核外形

冬虫夏草含虫草酸和丰富的蛋白质，能补肺益肾、止血化痰。主要分布于我国四川、云南、贵州、甘肃、青海、西藏等地海拔 3000m 以上的高山草甸中。现已能人工培养，或通过深层发酵工艺大量繁殖其菌丝体。

图 3-6 灵芝

1. 子实体；2. 孢子

茯苓 *Poria cocos*（Fchw.）Wolf. 属担子菌亚门多孔菌科。菌核埋于土中，略近球形或长圆形，或不规则块状，大小不一，小者如拳，大者可达数斤。表面粗糙，具皱纹或瘤状皱缩，灰棕色或黑褐色；内部粉质、坚密、不易破开，由无数菌丝组成，白色或稍带粉红色。子实体无柄平伏，伞形，生于菌核表面成一薄层（图 3-5）。全国大部分省区有分布，多寄生于赤松、马尾松、黄山松、云南松等的根上，现多人工栽培。菌核含三萜类化合物和茯苓多糖、氨基酸等，为常用药材。以菌核的外皮入药称茯苓皮，能利水消肿；近外皮淡红色部分称赤茯苓，能泻湿热利尿；内部白色部分称白茯苓，能利水渗湿、健脾宁心；内部抱松根的部分称茯神，能安神。提取的茯苓多糖可用于治疗癌症、肝炎。

灵芝 *Ganoderma lucidum*（Leyss. ex Fr.）Karst. 属担子菌亚门多孔菌科，为腐生菌。子实体木栓质，菌盖（菌帽）半圆形或肾形，初生时淡黄色，之后渐变为红褐色，表面有漆样光泽，具环纹和辐射状皱纹，菌盖下面密布细孔（菌管孔），内生担子及担孢子；菌柄侧生，紫褐色，有漆样光泽。担孢子褐色，卵形，顶端平截，内壁有无数小疣（图 3-6）。全国大部分省区有分布，多生于栎树及其他阔叶树的腐木上。商品药材主要为人工栽培品。子实体含多糖、麦角甾醇、三萜类成分等，入药用于治疗神经衰弱、冠心病、肝炎、白细胞减少症等。灵芝孢子粉亦可药用。同属植物紫芝 *G.japonicum*（Fr.）Llord 的菌盖和菌柄呈黑色，表面光泽如漆，主要产于长江以南各省区。子实体入药，亦作灵芝用。

第三节　地衣植物门 Lichenes

一、地衣植物概述

地衣植物门是植物界一个特殊的类群，它们是由 1 种真菌植物和 1 种藻类植物结合的共生复合体。因为两种植物长期紧密结合，形成了一个单独的、稳固的有机体，所以把地衣当作一个独立的门。

组成地衣的真菌绝大多数属子囊菌亚门，少数属担子菌亚门；与其共生的藻类多为蓝藻和绿藻。地衣中共生的真菌和藻类基本上是一定的，真菌在地衣构造上占主导成分。藻类进行光合作用为整个地衣植物体供给有机养分。菌类则吸收水分和无机盐，为藻类进行光合作用提供原料，并使植物体保持一定的湿度，不致干死。地衣体的形态几乎完全由真菌决定，且地衣体的菌类必须依靠藻类生活。

根据地衣的生长形态，可将其分为三大类：壳状地衣、叶状地衣和枝状地衣（图 3-7）。

图 3-7　地衣的形态

1. 壳状地衣；2. 叶状地衣；3. 枝状地衣

1. 壳状地衣　植物体为有一定颜色或花纹的壳状物，菌丝与基质（岩石、树干等）紧密相连，有的还生假根伸入基质中，因此很难剥离。壳状地衣约占全部地衣的 80%，如茶渍衣、文字衣。

2. 叶状地衣　植物体扁平或呈叶片状，有背腹之分，以假根或脐固着在基物上，易与基物剥离，如石耳、梅衣。

3. 枝状地衣　植物体呈树枝状，直立或悬垂，仅基部附着在基物上，如石蕊、松萝。

地衣分布广泛，耐旱性和耐寒性极强，可以生长在岩石峭壁、荒漠、高山、树皮上，甚至在南极、北极和高山冻土带也可见到地衣群落。地衣是喜光性植物，对空气污染很敏感，尤其是二氧化硫，因此在人口稠密、污染严重的地方，往往见不到地衣，是可鉴别环境污染程度的指示性植物。地衣对岩石的分化和土壤形成起一定的作用，为高等植物的分布创造了条件，因此也是自然界的先锋植物之一。

已知全世界约有地衣植物500余属，26 000多种，药用约56种。地衣含有地衣淀粉、地衣酸、地衣多糖等独特的化学成分。地衣酸对革兰阳性细菌多具抗菌活性，对抗结核杆菌有高度活性，地衣多糖具有极高的抗癌活性。此外，地衣中有的是生产高级香料的原料。总之，地衣在药物资源开发利用方面前景广阔。

二、药用地衣植物

松萝（节松萝）*Usnea diffracta* Vain. 属松萝科，为枝状地衣，基部较粗，分枝少，先端分枝多而呈丝状，长15～30cm，表面灰黄绿色，具光泽。分枝丝状体表面有明显的环状裂沟，中央有韧性丝状中轴，易与皮部剥离。分布遍及全国，悬生于潮湿山林老树干或沟谷的岩壁上。松萝含有松萝酸、地衣酸及地衣多糖等。全草能止咳平喘、活血通络、清热解毒。同属植物长松萝（老君须）*U.longissima* Ach. 全株细长不分枝，长可达1.2m，两侧密生细而短的侧枝，形似蜈蚣。其分布和功用同松萝（图3-8）。

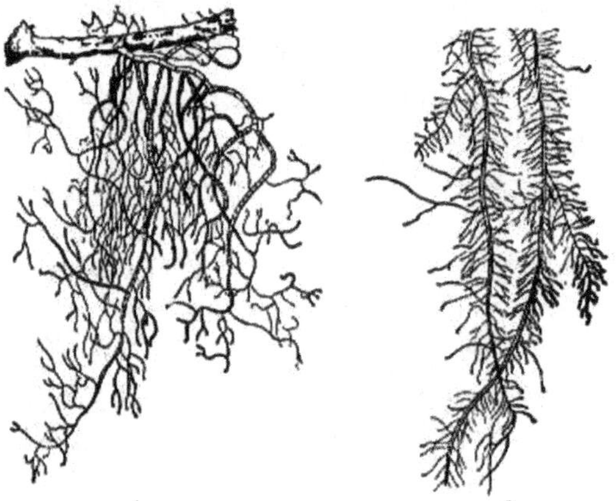

1　　2

图3-8　两种松萝

1. 松萝；2. 长松萝

目标检测

一、选择题

（一）A型题（最佳选择题）

1. 藻类植物无性生殖的生殖细胞称为（　　）
   A. 配子　　B. 孢子
   C. 卵子　　D. 合子
2. 海带的带片可不断延长是因为（　　）
   A. 带片顶端有分生细胞
   B. 柄的基部有分生细胞
   C. 带片和柄部连接处有分生细胞
   D. 带片中部有分生细胞
3. 能产生孢子的菌丝体称为（　　）
   A. 菌核　　B. 子实体
   C. 子座　　D. 孢子囊
4. 冬虫夏草是（　　）
   A. 蛹虫　　B. 像虫的草
   C. 菌类　　D. 虫和草的共生体

5. 构成地衣体的真菌绝大部分属于（　　）

A. 鞭毛菌亚门　　B. 接合菌亚门

C. 子囊菌亚门　　D. 担子菌亚门

（二）X型题（多项选择题）

6. 下列植物属于自养型的有（　　）

A. 海带　　B. 灵芝

C. 海蒿子　　D. 茯苓

E. 螺旋藻

7. 菌类植物的共同特征是（　　）

A. 无根、茎、叶的分化　B. 无光合作用色素

C. 营养方式是自养的　　D. 营养方式是异养的

E. 均具有性生殖

8. 真菌门植物的营养方式有（　　）

A. 寄生　　B. 腐生

C. 自养　　D. 共生

E. 气生

9. 真菌细胞壁的主要成分是（　　）

A. 果胶质　　B. 纤维素

C. 半纤维素　　D. 木质素

E. 几丁质

10. 常见的菌丝组织体有（　　）

A. 子实体　　B. 根状菌索

C. 子座　　D. 囊壳

E. 菌核

11. 组成地衣的藻类植物主要有（　　）

A. 蓝藻　　B. 红藻

C. 褐藻　　D. 绿藻

E. 金藻

12. 地衣的生长特性为（　　）

A. 喜光　　B. 要求新鲜空气

C. 耐干旱　　D. 喜高温

E. 耐寒

二、填空题

1. 根据目前植物分类学常用分类方法，将______、________、______称为低等植物，因其发育时不形成胚，故又将其称为______。

2. 藻类植物繁殖方式有______、______、______。

3. 藻类植物具有叶绿素形成的色素体，能够进行光合作用，故能自己制造有机物，因此它是一类______。

4. 海带植物体分三部分，分别是______、______、______。

5. 菌类植物是没有___、___、___分化的低等植物，不含____，不能进行______。

6. 菌类植物的种类繁多，在分类上常分为三个门，即 _____、_____ 和 _____。

7. 中药茯苓的入药部位是______，中药灵芝的入药部位是_____。

8. 地衣不是单一的植物体，而是由____和____高度结合的共生复合体。

9. 地衣根据外部形态不同分为_______、_______、_____。

三、名词解释

1. 子实体　2. 子座　3. 菌核

四、简答题

1. 藻类植物的形态构造有哪些特点？

2. 为什么说地衣植物体是复合有机体？

第四章 高等植物

学习目标

1. 掌握：裸子植物门和被子植物门的主要特征；被子植物门形态构造上的主要特征；双子叶植物纲与单子叶植物纲特征；原始花被亚纲与后生花被亚纲特征；蓼科、毛茛科、十字花科、豆科、五加科、伞形科、唇形科、茄科、葫芦科、桔梗科、菊科、天南星科、百合科、兰科的特征及其主要药用植物。

2. 熟悉：苔藓植物门、蕨类植物门的主要特征；常见苔藓、蕨类、裸子药用植物；桑科、木兰科、樟科、罂粟科、蔷薇科、芸香科、木犀科、夹竹桃科、萝藦科、旋花科、玄参科、茜草科、忍冬科、禾本科、薯蓣科、鸢尾科、姜科的特征及其主要药用植物。

3. 了解：苔藓植物、蕨类植物、裸子植物部分科的特征；三白草科、金粟兰科、马兜铃科、苋科、石竹科、景天科、大戟科、鼠李科、莎草科的特征及其主要药用植物。

高等植物包括苔藓植物门、蕨类植物门、裸子植物门和被子植物门。它们的共同特征是：植物体由多细胞构成，一般有根、茎、叶等器官的分化，内部构造从蕨类植物开始出现维管组织，生殖器官为多细胞构成，有性生殖经过胚的阶段，因此高等植物又称为有胚植物。

第一节 苔藓植物门 Bryophyta

一、苔藓植物概述

苔藓植物是一群小型的多细胞绿色自养性陆生植物，常见的植物体分为两种类型：一种是苔类，分化程度比较浅，保持叶状体的形状；另一种是藓类，植物体有假根和类似茎、叶的分化。

苔藓植物生活史中有明显的世代交替。通常所见的苔藓植物是配子体，是由孢子萌发成原丝体，再由原丝体发育而成的。配子体在世代交替中占优势，能独立生活；孢子体不能独立生活，必须寄生在配子体上。这是区别于其他陆生高等植物的最大特征之一。

苔藓植物的有性生殖器官为多细胞构成的精子器和颈卵器，分别产生精子和卵子。精子具鞭毛，借水游到颈卵器内与卵子结合成受精卵。受精卵在颈卵器内萌发成胚，胚依靠配子体的营养进一步发育成孢子体。孢子体由孢蒴、蒴柄和基足三部分组成，寄生在配子体上。孢蒴内产生孢子，孢子成熟后散落在适宜的环境中萌发成新配子体。

苔藓植物大多数生活在阴湿的土壤或林中的树皮、树枝及朽木上，极少数生于急流之中的岩石或干燥地区。苔藓也和地衣一样有促进岩石分解为土壤的作用。

苔藓植物约有 23 000 种，广布世界各地，我国约有 2800 种，已知药用 25 科，58 种。

苔藓植物含有脂类、烃类、脂肪酸、萜类、黄酮类等化学成分。此外，苔藓植物生长密集，能积蓄大量水分，故对水土、养分的保持，森林及某些附生植物的发育均有极重要的作用。

知识链接

高等植物一般主要是依靠根吸收土壤中的水分，而藓类植物全身均可吸收水分。藓类生长在阴湿的环境下，茎叶不仅可以吸收大气中的水分，还能储藏大量的水分。人们利用藓类植物这种特性，将藓类植物浸湿包裹其他易失水的植物，使这些植物在运输过程中可以保持鲜活状态。

二、药用苔藓植物

地钱 *Marchantia polymorpha* L.（图 4-1）为苔纲地钱科。植物体呈扁平的叶状体，暗绿色，宽带状，多回二歧分枝，贴地生长，有背腹之分；边缘微波状；胶面鳞片紫色；假根平滑或带花纹。雌雄异株，雄生殖托圆盘状，波状浅裂；雌生殖托扁平，先端深裂成 9 ～ 11 个指状裂瓣，孢蒴生于托的指腋腹面。叶状体背面前端常生有杯状的无性芽孢杯，内生胚芽，行无性生殖。分布全国各地。植物体药用（地钱）能清热利湿、解毒敛疮。

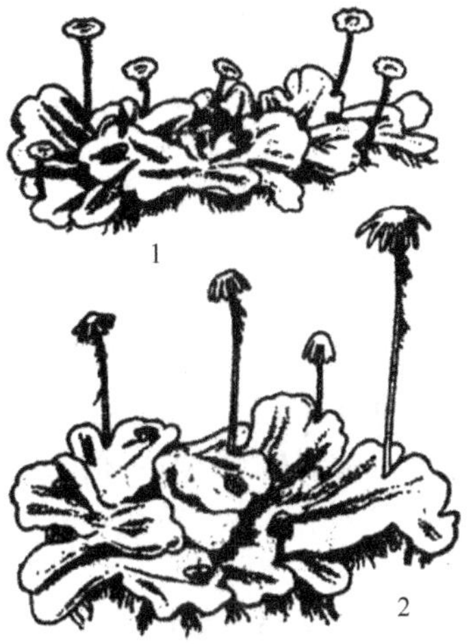

图 4-1　地钱

1. 雄株；2. 雌株

大金发藓（土马骔）*Polytrichum commune* L. ex Hedw. 属藓纲金发藓科。小型草本，高 10 ～ 30cm，幼时深绿色，老时黄褐色，常丛集成大片群落。茎直立，单一或稀分枝。叶片上部较尖，基部鞘状，鞘部以上的中肋及叶背均具刺突。雌雄异株。雄株稍短，顶端雄器状似花苞；雌株较高大，顶生孢蒴，蒴柄长 10cm，红棕色，雌苞叶长而窄，中肋及顶。孢蒴具四棱角，长方形；蒴帽覆盖全蒴；蒴盖扁平，具短喙；蒴齿单层；孢子圆形，黄色，平滑。广布全国各地。植物体药用（大金发藓）能清热解毒、凉血止血。

第二节　蕨类植物门 Pteridophyta

一、蕨类植物概述

蕨类植物是具有维管束的高等孢子植物。其孢子体即植物体，一般为多年生草本，有根、茎、叶器官的分化。根为须根，茎多为根状茎，横走、斜升或直立，根茎具维管系统，通常被有各式鳞片或鳞毛；叶从根茎长出，幼时大多呈拳曲状，通常远生、近生或簇生。叶片一型或二型，或称大型叶与小型叶。二型时，生孢子囊的叶称为孢子叶或能育叶，能产生孢子；不生孢子囊的叶称为营养叶或不育叶，只能进行光合作用，不产生孢子。小型叶无柄，大型叶有柄；大型叶叶片有单叶、一回或多回羽状分裂，也有复叶，叶片具多分枝的叶脉。孢子囊单生或汇生成孢子囊群（堆），布满叶的背面，或生于叶缘；有时在枝顶形成孢子囊穗。

孢子体上产生孢子囊，孢子囊内产生孢子，孢子常为两面形、四面形或球状四面形。绝大多数蕨类植物属于同型孢子，即孢子体上的孢子叶、孢子均是同型的；少数蕨类植物属于异型孢子，即孢子体上有大小两种孢子叶：大孢子叶生大孢子或称雌孢子，小孢子叶生小孢子或称雄孢子。

孢子成熟后从孢子囊中散出，在适宜的环境中萌发成一片很小的、有各种形状的绿色叶状体，称为原叶体，即配子体。配子体体型小，结构简单，能独立生活，但生存期短。同型孢子发育的配子体产生有性生殖器官，即球形的精子器和瓶状的颈卵器；异型孢子发育的配子体有雌雄之分，雄配子体产生精子器，雌配子体产生颈卵器。精子成熟后借水游入颈卵器，与卵子结合形成受精卵。受精卵发育成幼胚，由胚再发育成能独立生活的新孢子体。

蕨类植物约有12 000多种，广布于全世界，尤以热带、亚热带最丰富。我国约有2600多种，约61科，223属，全国均有分布，尤以长江流域以南和西南地区为多。药用蕨类植物约有49科，455种。

蕨类植物主要含有黄酮类、生物碱类、酚类、萜类及甾体化合物等成分。此外，很多蕨类植物还含有鞣质，孢子中含大量脂肪油等。

二、药用蕨类植物

我国著名蕨类植物学家秦仁昌将现代蕨类植物分为5个亚门：松叶蕨亚门、石松亚门、水韭亚门、木贼（楔叶）亚门和真蕨亚门。前4个亚门通常被称为拟蕨植物，真蕨亚门被称为真蕨植物。

1. 石松科 Lycopodiaceae 属石松亚门。陆生或附生。多年生草本。茎直立或匍匐，具根茎及不定根，小枝密生。单叶，小型，线形、钻形或鳞片状，有中脉，螺旋状或轮状排列。孢子叶穗集生于茎顶。孢子同型，扁状。

本科有7属，60余种，分布甚广，大多产于热带、亚热带及温带地区。我国有5属，18种，已知药用4属，9种。

【主要药用植物】

石松 *Lycopodium japonicum* Thunb. 多年生常绿草本，直立茎高15～30cm，匍匐茎蔓生。二叉分枝。叶小，线状钻形，螺旋状排列。孢子枝高出营养枝。孢子叶罕生枝顶，形成孢子叶穗，单生或2～6个聚生于孢子枝的上部。孢子囊肾形，孢子同型，淡黄色（图4-2）。分布于东北、内蒙古、河南和长江以南各省区。全草（伸筋草）具有祛风除湿、舒筋活络功效。孢子可做丸药包衣。同属植物玉柏 *L. obscurum* L.、垂穗石松 *L. cernuum* L. 等全草药效与石松相似。

图4-2 石松
1. 植株（部分）；2. 孢子叶和孢子囊
3. 孢子（放大）

2. 卷柏科 Selaginellaceae 属石松亚门。多年生常绿小型草本。茎常腹背扁平，横走。单叶小型，鳞片状，有中脉，腹面基部有一叶舌。孢子叶较小，孢子叶穗呈四棱柱形或扁圆形，生于枝的顶端。孢子囊异型，单生于叶腋基部，大孢子囊内生1～4个大孢子，小孢子囊内生多数小孢子。孢子异型。

本科仅1属，约700种，分布于热带、亚热带地区。我国约有50种，药用25种。

【主要药用植物】

卷柏（还魂草）*Selaginella tamariscina*（Beauv.）Spring 多年生常绿直立草本，高5～15cm。主茎短，上部多分枝丛生，呈莲座状；枝扁平，干旱时向内缩卷成球状，遇雨舒展。叶二型，鳞片状，有中叶（腹叶）与侧叶（背叶）之分，常覆瓦状排成四列。孢子叶穗着生枝顶，四棱形；孢子囊圆肾形；孢子异型（图4-3）。广布于全国各地。全草（卷柏）生用活血通经，炒炭用于化瘀止血。同属植

物垫状卷柏 *S. pulvinata*（Hook. et Grev.）Maxim.、翠云草 *S. uncinata*（Desv.）Spring、深绿卷柏 *S. doederleinii* Hieron. 等全草药效与卷柏相似。

图 4-3 卷柏

1. 植株；2. 分枝（部分，示中叶及侧叶）；3. 大孢子叶和大孢子囊；4. 小孢子叶和小孢子囊

3. 木贼科 Equisetaceae 属楔叶亚门（木贼亚门）。多年生草本。孢子体发达，具根状茎及地上茎。根茎横走，棕色，常有不定根。地上茎直立，有明显的节及节间，表面粗糙（表皮细胞壁富含硅质），有多条纵棱。叶小，退化成鳞片状，轮生于节部，基部联合成鞘状，边缘呈齿状。孢子叶盾形，在小枝顶端排成穗状。孢子圆球形，表面着生十字形弹丝 4 条。

本科有 2 属，30 余种，分布于热带、温带及寒带。我国有 2 属，约 10 余种，已知药用 8 种。

【主要药用植物】

木贼 *Equisetum hiemale* L. 多年生草本。植株高可达 1m。茎直立，单枝，中空，上有棱脊 20 ~ 30 条，棱脊上疣状突起 2 行，极粗糙。叶鞘基部和鞘齿呈黑色两圈。孢子叶穗生于茎顶，椭圆形；孢子同型（图 4-4）。分布于东北、西北、华北、四川等地。全草（木贼）具有疏散风热、明目退翳功效。同科植物问荆 *E. arvense* L.、笔管草 *E. debile* Roxb.、节节草 *E. ramosissimum* Desf. 等全草药效与木贼相似。

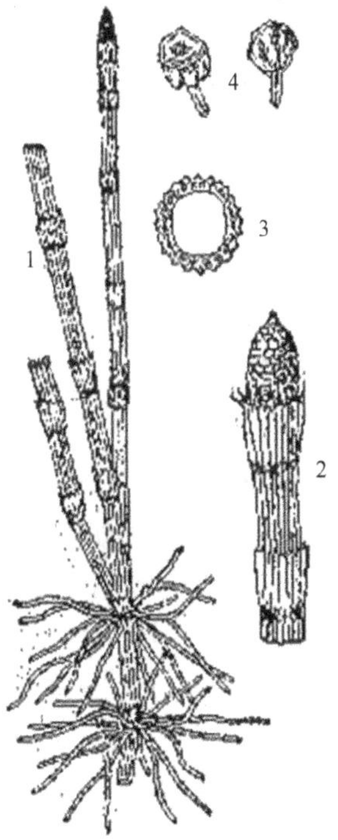

图 4-4 木贼

1. 植株；2. 孢子叶穗；3. 茎的横切面；4. 孢子叶与孢子囊

4. 紫萁科 Osmundaceae 属真蕨亚门。草本。根状茎粗短，直立或斜生，无鳞片。叶片幼时被棕色黏质腺状绒毛，老时脱落，一至二回羽状；叶脉二叉分枝。孢子囊大，圆球形，裸露，着生于强度收缩变形的孢子叶羽片边缘，孢子囊顶端有几个增厚的细胞，常被看作为未发育的环带（不育环），纵裂，无囊群盖。孢子呈圆球状四面型。

本科有 3 属，约 22 种，分布于温带、热带。我国有 1 属，约 9 种，已知药用有 6 种。

【主要药用植物】

紫萁 *Osmunda japonica* Thunb. 多年生草本，高 30 ~ 100cm。根茎粗短，斜升，块状，无鳞片。叶二型，幼时密被绒毛；营养叶有长柄，三角状阔卵形，长 30 ~ 50cm，宽 25 ~ 40cm，顶部以下二回羽状，小羽片披针形至三角状披针形；叶脉叉状分枝。孢子叶强度收缩呈线形或条形，孢子囊密生于主脉两侧，形成长大深棕色的孢子囊穗，成熟后枯萎（图 4-5）。分布于秦岭以南的大部分地区。根茎及叶柄残基（紫萁贯众）具有清热解毒、凉血止血、杀虫功效。

5. 海金沙科 Lygodiaceae 属真蕨亚门。多年生攀缘植物。根状茎横走，具原生中柱，有毛，无鳞片。叶轴细长，从其两侧发生一对羽片，羽片一至二回，二叉状或一至二回羽状复叶；叶近二型，不育羽片生于叶轴下部，能育羽片生于叶轴上部。孢子囊穗生于能育羽片边缘的顶部，排成两行流苏状，环带顶生。孢子四面型。

本科有 1 属，约 45 种，主要分布于热带，少数分布于亚热带及温带。我国有 10 种，已知药用 5 种。

【主要药用植物】

海金沙 *Lygodium japonicum*（Thunb.）Sw. 多年生攀援草质藤本，长 1 ～ 5m。根须状，黑褐色，被毛；根状茎近褐色，细长而横走。羽片近二型，纸质，不育羽片尖三角形，二至三回羽状，边缘有不整齐的浅锯齿；能育羽片卵状三角形，孢子囊穗生于能育羽片边缘的顶端，暗褐色。孢子表面有瘤状突起（图 4-6）。分布于陕西、甘肃及华东、中南、西南地区。孢子（海金沙）具有清热利湿、通淋止痛功效。

图 4-5　紫萁

1. 植物全株；2. 孢子叶的羽片和孢子囊的放大

图 4-6　海金沙

1. 地下茎；2. 地上茎与孢子叶；3. 营养叶；4. 孢子叶放大；5. 孢子囊穗放大；6. 孢子囊；7. 地下茎所生的节毛

6. 蚌壳蕨科 Dicksoniaceae　属真蕨亚门。大型蕨类。植株高大，小树状。主干粗大，根状茎直立或平卧，具复杂的网状中柱，密被金黄色长柔毛，无鳞片。叶片大型，3 ～ 4 回羽状复叶，革质，叶脉分离；叶柄粗而长。孢子囊群生于叶背边缘，囊群盖裂成二瓣，形似蚌壳，革质；孢子囊梨形，环带稍斜生，有柄。孢子四面型。

本科有 5 属，约 40 种，分布于热带及南半球。我国仅 1 属，2 种。已知药用 1 种。

知识链接

紫萁除了根茎与叶柄残基作为药用外，它的孢子叶还是有名的山珍。紫萁有两型叶，春天，先从根茎上发出紫红色的孢子叶，孢子叶生长很快，孢子成熟散落后，孢子叶即枯萎，然后再长出绿色的营养叶。人们在孢子叶刚出土展开后采下，用水烫后晒干或盐渍后保存，作为蔬菜，美味可口，被称为“薇菜”。

【主要药用植物】

金毛狗脊 *Cibotium barometz*（L.）J. Sm. 多年生树状草本，高达 2 ～ 3m。根状茎横卧，粗壮，密被金黄色长柔毛；叶簇生顶端，叶柄长；叶片草质或厚纸质，宽卵形，三回羽状深裂，羽片互生，末回小羽片狭长圆形或略呈镰刀形。孢子囊群生于裂片下部边缘的小脉顶端，囊群盖两瓣，成熟时形如蚌壳（图 4-7）。分布于我国南方及西南各省区。根茎（狗脊）具有补肝肾、强腰膝、祛风湿功效。

7. 鳞毛蕨科 Dryopteridaceae 属真蕨亚门。多年生草本。根状茎多粗短，直立或斜生，连同叶柄多被鳞片，具网状中柱。叶一型，叶轴上面有纵沟，叶片一至多回羽状或羽裂。孢子囊群圆形，背生或顶生于叶脉上，囊群盖盾形或圆肾形，有时无盖。孢子囊扁圆形；孢子两面型，表面有疣状突起或有翅。

本科有 20 属，1700 余种，分布于温带、亚热带地区。我国 13 属，700 余种，分布于全国各地。已知药用 60 余种。

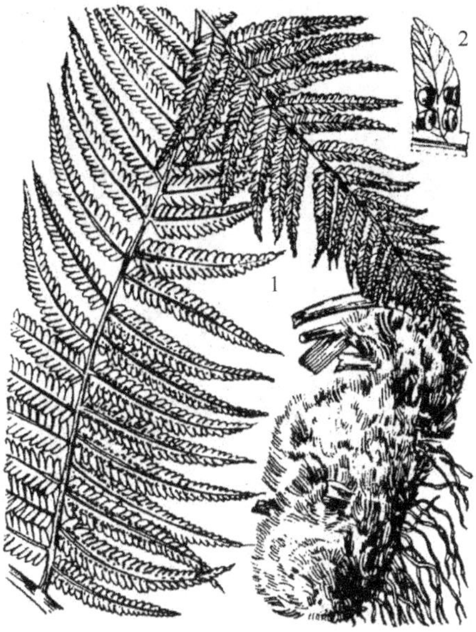

图 4-7　金毛狗脊

1. 植物全形；2. 孢子囊着生位置

【主要药用植物】

粗茎鳞毛蕨（绵马鳞毛蕨、东北贯众）*Dryopteris crassirhizoma* Nakai 多年生草本，高 50 ～ 100cm。根茎粗壮，直立斜生，连同叶柄密生棕褐色卵状披针形大鳞片。叶簇生于根茎顶端，叶柄长 10 ～ 25cm；叶片倒披针形，二回羽状全裂或深裂，裂片紧密。孢子囊群生于叶片中部以上的羽片背面，囊群盖肾形或圆肾形，棕色（图 4-8）。分布于东北及河北、内蒙古等地。根茎及叶柄残基（绵马贯众）具有清热解毒、凉血止血、杀虫功效。

贯众 *Cyrtomium fortunei* J. Sm. 多年生草本。根茎短而斜升，连同叶柄基部密被阔卵状披针形黑褐色大鳞片；叶片一回羽裂，羽片镰状披针形，基部上侧稍呈耳状突起，下部圆楔形；网状脉。孢子囊群分布于羽片下面，生于主脉两侧，囊群盖大，圆盾形（图 4-9）。分布于华北、西北及长江以南各省区。根茎及叶柄残基（贯众）功效同绵马贯众。

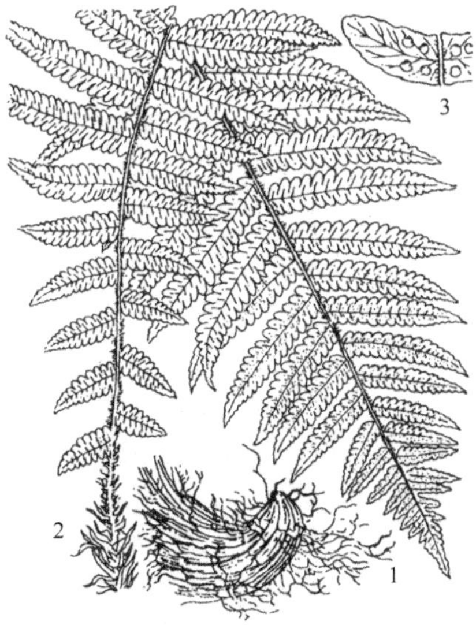

图 4-8　粗茎鳞毛蕨

1. 根茎；2. 叶；3. 羽叶局部，示孢子囊群

图 4-9　贯众

1. 植物全形；2. 根状茎和叶柄残基；3. 叶柄基部横切面

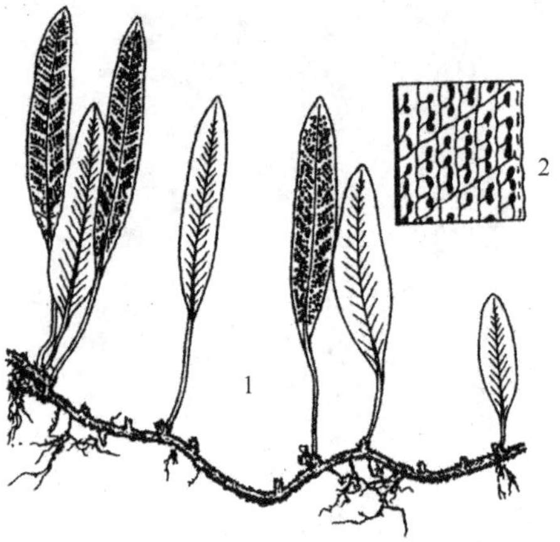

图 4-10 石韦
1. 植物全形；2. 叶片局部，示孢子囊群托

8. 水龙骨科 Polypodiaceae 属真蕨亚门。陆生或附生，根状茎横走，被鳞片，具网状中柱。叶一型或二型；叶柄基部具关节。单叶，全缘或羽裂；叶脉网状。孢子囊群圆形或线形，或有时布满叶背；无囊群盖。孢子囊梨形或球状梨形。孢子两面型。

本科有 50 属，600 余种，主要分布于热带和亚热带。我国 27 属，150 种，产于长江以南各省区。已知药用 86 种。

【主要药用植物】

石韦 *Pyrrosia lingua*（Thunb.）Farwell 多年生常绿草本，高 10 ～ 30cm。根状茎细长，横生，连同叶柄密被棕色披针形鳞片。叶远生，近二型，叶片革质，披针形至长披针形，上面绿色，下面密被灰棕色星芒状毛，不育叶比能育叶短而阔；中脉上凹下凸，小脉网状。孢子囊群满布于叶背面，幼时密被星芒状毛，成熟时露出，无囊群盖（图 4-10）。分布于长江以南各省区。全草（石韦）具有利水通淋、清肺化痰、凉血止血功效。

第三节 裸子植物门 Gymnospermae

一、裸子植物概述

裸子植物介于蕨类植物和被子植物之间，是一类既保留着颈卵器，又能产生种子，并具有维管束的高等植物。裸子植物与被子植物因能产生种子，以种子繁殖，故合称为种子植物。

裸子植物是较低级的种子植物。孢子体发达，多为常绿高大的乔木、灌木，少落叶（银杏、金钱松），极少为亚灌木（麻黄）或藤本（买麻藤）。茎内维管束环状排列，有形成层，具次生构造，年轮明显，其木质部中大多数只有管胞，极少数具有导管（麻黄科、买麻藤科）；韧皮部中只有筛胞，无筛管及伴胞。叶多针形、条形或鳞片状，极少为扁平的阔叶。花单性同株或异株，无花被（仅麻黄科、买麻藤科有类似花被的盖被）。雄蕊（小孢子叶）聚生成雄球花（小孢子叶球），雌蕊心皮（大孢子叶）呈叶状而不包卷成子房，常聚生成雌球花（大孢子叶球）；胚珠（经传粉、受精后发育成种子）裸露于心皮上，故称为裸子植物。

裸子植物在世代交替中，配子体极度退化（雄配子体为萌发后的花粉粒，雌配子体为胚囊及胚乳组成），完全寄生在孢子体上。雌配子体的卵细胞受精后发育成胚，配子体的其他部分发育成胚乳，珠被发育成种皮，整个胚珠发育成种子。大多数裸子植物具有多胚现象，这是由于雌配子体上多个颈卵器的卵细胞同时受精，或是由一个受精卵，在发育过程中胚原组织分裂为几个胚而形成。

全世界现存裸子植物有 5 纲 12 科 71 属 800 余种，主产于北半球亚热带高山地区及温带至寒带地区，常组成大面积森林。我国是裸子植物种类最多、资源最丰富的国家，有 5 纲 11 科 41 属 236 种，大多数是森林工业、林产化工的重要原料，也有很多可以入药和食用。裸子植物由于起源年代久远，大都为化石植物，现存裸子植物不少种类如银杏、油杉、铁杉、水杉、红豆杉、金钱松等，都是新生代第三纪（约 250 万年前至 6500 万年前）的孑遗植物，故被称作植物界的“活化石”。

裸子植物主要含黄酮类、生物碱类、萜类及挥发油等，树脂、有机酸、昆虫蜕皮激素等成分在一些裸子植物中也有存在。

二、药用裸子植物

1. 苏铁科 Cycadaceae 常绿木本植物，树干粗壮，茎单一，常不分枝，呈棕榈状。叶大，革质，羽状复叶，螺旋状排列于树干上部。雌雄异株。雄球花木质，直立，具柄，由多数扁平鳞片状或盾形的雄蕊组成；每个雄蕊生多数球状 1 室花药，花粉粒发育所产生的精子具有多数纤毛。雌蕊叶状或盾状，丛生于茎顶的羽状叶与鳞片叶之间。种子核果状。子叶 2 枚，胚乳丰富。

图 4-11 苏铁

1. 植株；2. 小孢子叶；3. 花药；4. 大孢子叶

本科 9 属，约 110 余种，分布于热带、亚热带地区。我国有 1 属 8 种，分布于华东、西南、华南等地区。已知药用 4 种。

【主要药用植物】

苏铁（铁树）*Cycas revoluta* Thunb. 常绿小乔木。树干圆柱形，不分枝，密被宿存的叶基和叶痕。羽状复叶螺旋状排列聚生茎顶，小叶片条状披针形，革质。雌雄异株。雄球花圆柱形，上面生有许多鳞片状雄蕊，每一雄蕊上着生多数花药，常 3 ～ 4 枚聚生；雌蕊密被褐色绒毛，顶部羽状分裂，下端两侧各生 1 ～ 5 枚近球形的胚珠。种子核果状，成熟时橙红色（图 4-11）。分布于我国南方各省区，全国各地常有栽培。种子及种鳞（苏铁种子）有小毒，具有理气止痛、益肾固精功效；叶（苏铁叶）具有收敛止痛、止血止痢功效。

知识链接

“千年铁树开了花”。人们往往用这句话形容事物的稀罕难逢。铁树适于生活在温暖湿润环境，不耐严寒，我国北方地区比较寒冷，对苏铁的正常生长发育带来了不利的影响，北方铁树开花较为少见。而在我国南方成年的苏铁，只要气候适宜，管理得当，几乎会年年开花，并正常结种子。

2. 银杏科 Ginkgoaceae 落叶乔木，树干高大。枝有长枝和短枝之分。叶在长枝上螺旋状散生，在短枝上簇生，叶片扇形，顶端常 2 浅裂，叶脉二叉状分枝。雌雄异株；雄球花葇荑花序状，雄蕊多数，螺旋状着生，花药 2 室；雌球花有长柄，柄端二叉，生两个杯状心皮，每心皮上裸生 1 枚胚珠，常只 1 枚发育。种子核果状；外种皮肉质，成熟时橙黄色，被白粉，味臭；中种皮骨质，白色；内种皮膜质，淡红褐色。子叶 2 枚，胚乳丰富。

本科仅 1 属，1 种和几个变种。我国特有，现普遍栽培。主产于四川、河南、湖北、山东、辽宁等省。

【主要药用植物】

银杏（白果树、公孙树）*Ginkgo biloba* L. 形态特征与科相同（图 4-12），系现存种子植物中最古老的孑遗植物，为我国特产，现世界各地均有栽培，我国资源最为丰富。银杏种子（白果）具有敛肺定喘、止带缩尿功效；叶（银杏叶）具有活血化瘀、通络止痛、敛肺平喘、化浊降脂功效。

3. 松科 Pinaceae 常绿或落叶乔木，稀灌木，多含树脂。叶针形或条形，在长枝上螺旋状散生，在短枝上簇生，基部有膜质叶鞘。花单性同株；雄球花穗状，雄蕊多数，每雄蕊有 2 个药室，花粉粒外壁两侧有突出成气囊的翼；雌球花球状，有多数螺旋状排列的珠鳞（心皮），每珠鳞腹面具 2 个胚珠，在珠鳞背面有 1 苞片称苞鳞，珠鳞与苞鳞分离，花后珠鳞增大成为种鳞，多数种鳞聚生成木质状球果（松球果），熟时张开，种子多具单翅。子叶 2 ～ 15 枚。

松科为裸子植物中最大的一科，有10属，230余种，广泛分布于世界各地，多产于北半球。我国有10属113种，已知药用8属48种，广布于全国各地，常组成大片森林。

知识链接

银杏最早出现于3.45亿年前的石炭纪，曾广泛分布于北半球的欧洲、亚洲、美洲，与动物界的恐龙一样称霸于世。至50万年前，发生了第四纪冰川运动，地球突然变冷，绝大多数银杏类植物濒于绝种，惟有我国自然条件优越，才奇迹般地保存下来。所以，科学家称它为“活化石”、“植物界的大熊猫”。目前，国外的银杏都是直接或间接从我国传入的。我国是银杏的故乡，是世界银杏的分布中心。

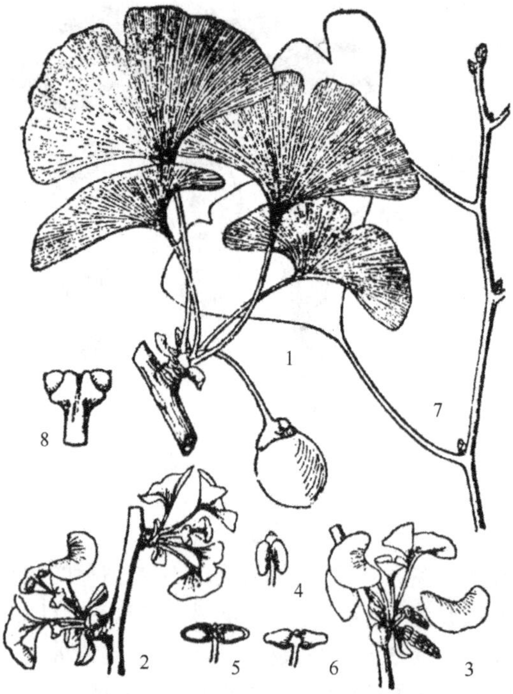

图4-12　银杏

1.着生种子的枝；2.具雌花的枝；3.具雄花的枝；4.雄蕊；5.雄蕊正面；6.雄蕊背面；7.具冬芽的长枝；8.胚珠生于杯状心皮上

【主要药用植物】

马尾松 *Pinus massoniana* Lamb. 常绿乔木。树皮下部灰褐色，上部红褐色。叶在长枝上为鳞片形，在短枝上为针形，多为2针1束，稀3针，细软，长12～20cm。花单性同株；雄球花淡红褐色，聚生于新枝下部；雌球花淡紫红色，常2个生于新枝顶端。球果卵圆形，成熟后栗褐色。种鳞的鳞脐微凹，无刺。其种子具单翅（图4-13），分布于淮河和汉水流域以南各地，西至四川、贵州和云南。松节（油松节）具有祛风除湿、通络止痛功效；花粉（松花粉）具有收敛止血、燥湿敛疮功效。

金钱松 *Pseudolarix amabillis*（Nelson）Rehd. 落叶乔木。叶条形，柔软，在长枝上螺旋状散生，短枝上簇生，轮状平展，秋后叶呈金黄色，状如铜钱，故有“金钱松”之称（图4-14）。金钱松为我国特有树种，分布于长江中下游各省温暖地带。根皮（土荆皮）具有杀虫、疗癣、止痒功效。油松 *P. tabulaeformis* Carr. 等的节和花粉亦作中药松节和松花粉入药。

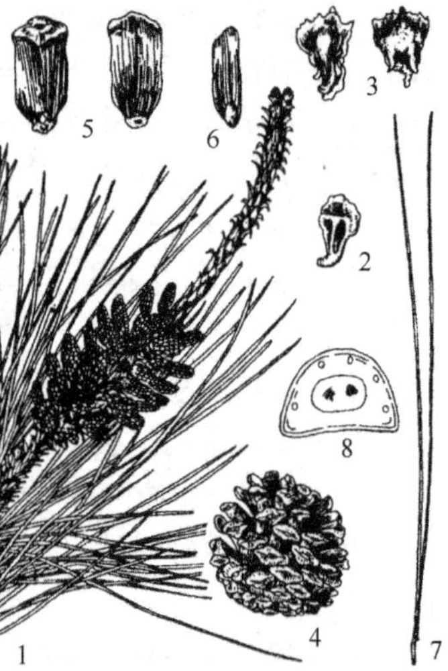

图4-13　马尾松

1.球花枝；2.雄花；3.苞鳞和珠鳞背腹面；4.球果；5.种鳞背腹面；6.种子；7.一束针叶；8.针叶的横切面

4. 柏科 Cupressaceae　常绿乔木或灌木。叶交互对生或轮生，鳞片形或针形，有时在同一树上具二型叶。球花小，单性，同株或异株；雄球花顶生，椭圆状卵形，每雄蕊具2～6个药室；雌球花球形，由3～16枚交互对生或3～4枚轮生的珠鳞组成，珠鳞与下面的苞鳞合生，每珠鳞有1至数枚胚珠。球果木质开裂或肉质合生。种子具翅或无。子叶2枚。

本科22属，约150种，广布于世界各地。我国有8属，约30种，分布于全国，已知药用6属，20种。

【主要药用植物】

侧柏 *Platycladus orientalis* (L.) Franco 常绿乔木。具叶的小枝扁平，排成一平面，直展。叶鳞片状，交互对生，贴于小枝上。球果卵圆形，幼时肉质，蓝绿色，被白粉，熟时木质，红褐色，顶端开裂。种鳞4对，扁平，仅中间2对各生1～2枚种子，种子无翅（图4-15）。侧柏为我国特有树种，分布遍及全国各地。枝梢和叶（侧柏叶）具有凉血止血、化痰止咳、生发乌发功效；种仁（柏子仁）具有养心安神、润肠通便、止汗功效。

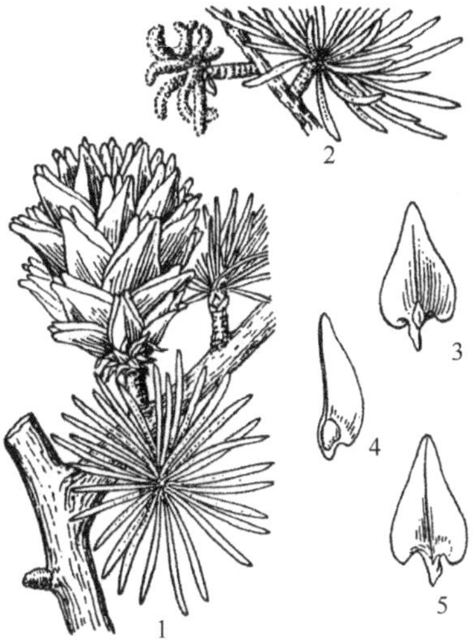

图 4-14 金钱松

1. 球果枝；2. 小孢子叶球枝；3. 种鳞背面及苞鳞；4. 种鳞腹面；5. 种子

图 4-15 侧柏

1. 着花的枝；2. 着果的枝；3. 小枝节；4. 雄球花；5. 雄蕊的内面及外面；6. 雌球花；7. 雌蕊内面；8. 球果；9. 种子

5. 三尖杉科 Cephalotaxaceae 常绿小乔木或灌木，小枝近对生或轮生，基部有宿存芽鳞。叶条形或条状披针形，交互对生或近对生，侧枝叶在基部扭转成2列，叶背有2条白色气孔带，叶内有树脂道。球花单性，雌雄异株，稀同株；雄球花有雄花6～11，聚成头状，雄蕊4～16枚，各具2～4个药室（常3个），花粉粒球形，无气囊；雌球花具长梗，生于小枝基部，花梗上有数对交互对生的苞片，每苞片基部生2枚胚珠，仅一枚发育。种子核果状，全部包于由珠托发育成的假种皮中，外种皮质硬，内种皮薄膜质。子叶2枚。

本科1属，9种，主要分布于东亚地区。我国7种，3变种，分布于黄河以南及西南各省区，已知药用9种（包括变种）。

【主要药用植物】

三尖杉 *Cephalotaxus fortunei* Hook. f. 常绿乔木，树皮红褐色，片状脱落。叶片螺旋状着生，排成2行，披针状条形，常弯曲，长4～13cm，上面中脉隆起，下面中脉两侧有2条白色气孔带。雄球花8～10聚生成头状，生于叶腋，每个雄球花有雄蕊6～16枚，生于苞片上；雌球花总梗长15～20mm，生于小枝基部，有数对交互对生的苞片。种子4～8枚，长卵形，核果状，假种皮成熟时紫色（图4-16）。分布于长江流域及以南各省区。种子（三尖杉）具有润肺、消积、驱虫功效。从本科植物的枝叶中提取的三尖杉总碱对淋巴肉瘤、肺癌有较好疗效，对胃癌、食道癌等有一定疗效。

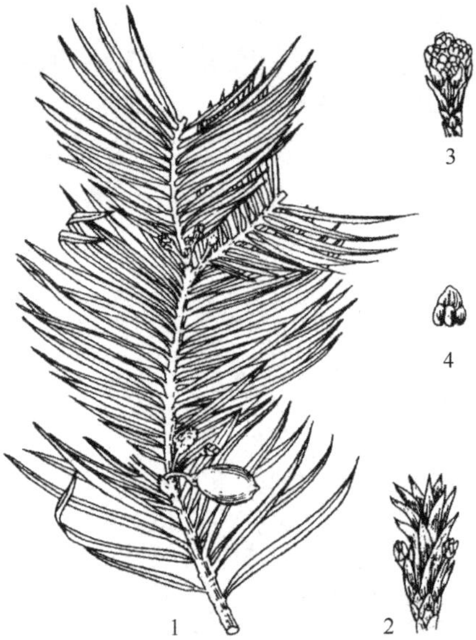

图 4-16　三尖杉

1. 种子及大孢子叶球枝；2. 大孢子叶球；3. 小孢子叶球；4. 小孢子叶

6. 红豆杉科（紫杉科）Taxaceae　常绿乔木或灌木。叶披针形或条形，螺旋状排列或交互对生，基部常扭转排成 2 列，叶面中脉凹陷，叶背有 2 条气孔带。球花单性异株，稀同株；雄球花单生叶腋或苞腋，或组成穗状花序集生枝顶，雄蕊多数，各具 3 ～ 9 个花药，花粉粒球形，无气囊；雌球花单生或成对着生于叶腋或苞腋，基部具盘状或漏斗状珠托。种子浆果状或核果状，全部或部分包被于肉质的假种皮中。子叶 2 枚。

本科 5 属，23 种，主要分布于北半球。我国 4 属，12 种，分布于西北部、西南部、中部及东部，已知药用 3 属，10 种。

【主要药用植物】

东北红豆杉 *Taxus cuspidate* Sieb. et Zucc. 常绿乔木。树皮红褐色。叶条形排成不规则 2 列，不弯曲，下面有两条气孔带。雄球花有雄蕊 9 ～ 14 枚，各具 5 ～ 8 个花药；种子卵形，紫红色，围有红色杯状假种皮，假种皮成熟时肉质，鲜红色（图 4-17）。分布于我国东北地区的小兴安岭和长白山区。茎皮、根皮、枝叶含紫杉醇，具抗癌作用，亦可治疗糖尿病。

榧树 *Torreya grandis* Fort.ex Lindl 常绿乔木。小枝近对生或轮生。叶螺旋状着生，扭曲成 2 列，坚硬，先端有突尖，上面深绿色，无明显中脉，下面淡绿色，有 2 条气孔带。雌雄异株；雄球花圆柱形，单生叶腋，雄蕊多数，各有 4 个药室；雌球花 2 个，成对生于叶腋。种子椭圆形，熟时由珠托发育成的假种皮包被，淡紫褐色，有白粉（图 4-18）。榧树为我国特有树种，分布于江苏、浙江、安徽、江西、湖南等省。种子（榧子）具有杀虫、消积、润燥功效。

7. 麻黄科 Ephedraceae　小灌木或亚灌木。小枝对生或轮生，节明显，节间有细纵槽。茎的木质部内有导管。叶小，鳞片形，对生或轮生。球花单性，雌雄异株，稀同株；雄球花由数对苞片组成，每苞中有雄花 1 朵，每花有雄蕊 2 ～ 8 枚，每雄蕊具 2 个花药，花丝合成一束，雄花外有膜质假花被；雌球花由多数苞片组成，仅顶端 1 ～ 3 枚苞片生有雌花，雌花由顶端开口的囊状假花被包围。胚珠 1 枚，具一层珠被，上部延长成珠被（孔）管，由假花被开口处伸出。种子浆果状，由假花被发育成的假种皮所包围，其外有红色肉质苞片，多汁可食。子叶 2 枚。

图 4-17　红豆杉

1. 部分枝条；2. 叶；3. 种子及假种皮；4. 种子；5. 种子基部

本科 1 属，约 40 种，分布于亚洲、美洲、欧洲东南部及非洲北部等地。我国 16 种（含 4 变种），除长江下游及珠江流域各省区外，各地均有分布，已知药用 15 种。

【主要药用植物】

草麻黄 *Ephedra sinica* Stapf 亚灌木。木质茎短而横卧。小枝丛生于基部，草质。叶鳞片形，膜质，基部鞘状，上部2裂。雌雄异株；雄球花有5～8枚雄蕊，花丝合生；雌球花单生枝顶，有苞片4对，仅先端1对苞片有2～3朵雌花，成熟时苞片增厚成肉质，红色，内含种子1～2粒（图4-19）。分布于东北、华北、西北等地。草质茎（麻黄）具有发汗解表、宣肺平喘、利尿消肿功效；根（麻黄根）具有止汗功效。

同属植物木贼麻黄 *E. equisetina* Bge.、中麻黄 *E. intermedia* Schr. et Mey. 的草质茎和根亦作中药麻黄和麻黄根入药。

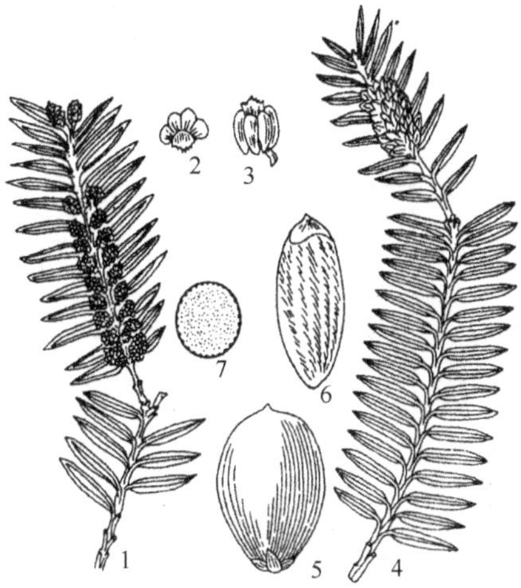

图 4-18　榧树

1. 雄球花枝；2、3. 雄蕊；4. 雌球花枝；5. 种子；6. 去假种皮的种子；7. 去假种皮与外种皮的种子横切面

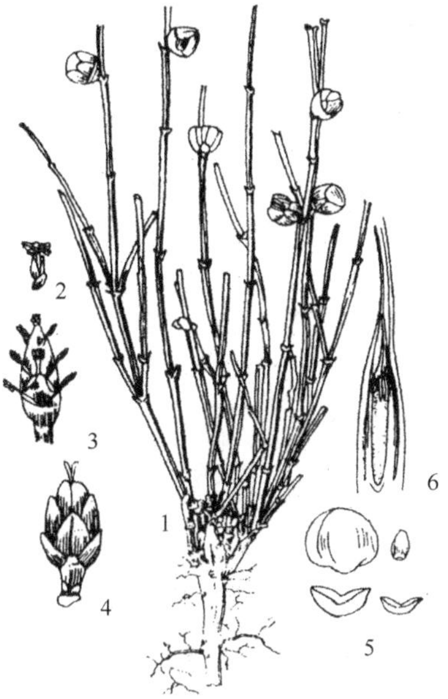

图 4-19　草麻黄

1. 雌株；2. 雄花；3. 雄花序；4. 雌花序；5. 种子及苞片；6. 雌花纵切面

知识链接

麻黄多分布在我国北方干旱荒漠、沙漠地带及黄土高原地区，不仅具有防风固沙、保持水土、改善生态环境等作用，而且又是我国特有的中药材。由于多年来人们对麻黄的滥采乱挖，野生麻黄的分布面积锐减，质量急剧下降，处于枯竭的危境，直接造成草原和荒漠植被的破坏，形成荒漠化土地。现已被列入《国家重点保护野生植物名录》。因此，为了保护日益恶化的生态环境，解决天然麻黄资源匮乏和品质下降问题，必须进行人工驯化栽培和合理开发利用野生资源。

第四节　被子植物门 Angiospermae

被子植物又称为有花植物。已知全世界被子植物共有1万多属，24万多种，占植物界总数的一半以上，广泛分布于山地、平原、沙漠、湖沼、海洋之中，具有各种生活习性和营养方式。我国被子植物已知2700多属，约3万余种，其中已知药用被子植物有213科，1957属，10 027种，占我国药用植物总数的90%，占中药资源总数的78.5%。被子植物门的主要特征有：

1. 孢子体高度发达，配子体极度退化　形态有乔木、灌木、草本或藤本，对环境的适应有水生、陆生、自养或寄生等。

2. 高度发达的输导组织　被子植物的输导组织中的木质部出现了导管，韧皮部出现了筛管和伴胞，加强了水分和营养物质的运输能力。

3. 具有真正的花 被子植物产生了具有高度特化的真正的花。

4. 胚珠有心皮包被 被子植物的胚珠包藏在由心皮闭合而形成的子房内，使其得到很好的保护。

5. 具有双受精现象 被子植物在受精过程中，一个精子与卵细胞结合形成合子（受精卵），另一个精子与2个极核结合发育成三倍体的胚乳。三倍体的胚乳为幼胚发育提供具双亲特性的营养，使新植物具有较强的生命力。

6. 具有果实 被子植物受精后的心皮发育形成果实，胚珠形成种子。果实的形态多种多样，既有效地保护了种子，又促进了种子的传播。

本教材按恩格勒分类系统，将被子植物门分为双子叶植物纲和单子叶植物纲。两者主要区别如表4-1所示。

表4-1 双子叶植物纲和单子叶植物纲的主要区别特征

器官	双子叶植物纲	单子叶植物纲
根	直根系	须根系
茎	维管束环列，具形成层	维管束散生，无形成层
叶	具网状脉	具平行脉
花	通常为5或4基数	3基数
	花粉粒具3个萌发孔	花粉粒具单个萌发孔
子叶	2枚	1枚

一、双子叶植物纲 Dicotyledoneae

双子叶植物纲分为离瓣花亚纲（原始花被亚纲）和合瓣花亚纲（后生花被亚纲）。

（一）离瓣花亚纲 Choripetalae

离瓣花亚纲，又称原始花被亚纲，或古生花被亚纲，是被子植物中比较原始的类群。主要特征为：花无被、单被或重被，花瓣通常分离，胚珠具一层珠被。

1. 三白草科 Saururaceae ⚥ $*P_0A_{3\sim8}\underline{G}_{3\sim4:1:2\sim4,(3\sim4:1:\infty)}$

多年生草本。茎直立，下部匍匐状。具明显的节。单叶互生，叶柄基部与托叶合生为鞘状，略抱茎，叶基部心形或耳形，全缘，两面无毛，基出脉5；托叶与叶柄合生或缺。花成穗状或总状花序，花序下常有白色总苞片；花小，两性，无花被；雄蕊3～8枚；雌蕊子房上位，心皮3～4，分离或合生，每分离心皮有胚珠2～4颗，若为合生时，则子房1室，侧膜胎座，胚珠多数。蒴果或浆果。

本科4属，6种，分布于东亚及北美。我国有3属，4种，药用种类4种，主产分布于长江以南各省区，多生长于水沟或湿地。本科植物多含有挥发油和黄酮类成分。

【主要药用植物】

蕺菜（鱼腥草）*Houttuynia cordata* Thunb. 多年生草本，茎叶均有鱼腥气。叶互生，心形，有细小腺点，背面常呈紫色；托叶膜质条形，下部与叶柄合生成鞘；穗状花序顶生，基部有总苞片4枚，白色，花瓣状。蒴果。全草（鱼腥草）具有清热解毒、消痈排脓、利尿通淋功效。

> **知识链接** **鱼腥草**
>
> 鱼腥草又名蕺菜，因其新鲜净叶中有一股浓烈的鱼腥气，不耐久闻，故以气味而得名。鲜品气腥味劣，难以下咽。但其阴干后，不但没有腥气，且微有芳香。加水煎汁后则挥发出一种类似肉桂的香气，且色如淡红茶，芳香而稍有涩味，毫无苦味，且无腥臭，对胃也无刺激性。鱼腥草具有良好的清热解毒作用，故前人用以治肺痈（肺脓肿）的要药。近年来，临床上用于大叶性肺炎、急性支气管炎及肠炎、腹泻等疾患，颇有疗效；本品又有利尿作用，故又可用于尿路感染、尿频涩痛。另外，其嫩根茎可食，我国西南地区人民常用作蔬菜或调味品。

2. 金粟兰科 Chloranthaceae ⚥ $P_0A_{(1\sim3)}\underline{G}_{1:1:1}$，$\overline{G}_{1:1:1}$

草本、灌木或小乔木，节部常膨大，常具油细胞，有香气。单叶对生，具羽状叶脉，边缘有锯齿；叶柄基部常多少合生成鞘；托叶小。花小，两性或单性，排成穗状花序、头状花序或圆锥花序顶生；无花被；雄蕊 1～3 枚，合生成一体；子房上位或下位，单心皮，1 室，胚珠单生。核果。

本科约 5 属，70 种，其中药用种类 15 种，分布于热带和亚热带地区。我国有 3 属，约 18 种，主要分布于长江以南地区。本科植物主要含有挥发油、黄酮苷类等成分。

图 4-20 草珊瑚

1. 果枝；2. 果；3. 雄蕊；4. 花序 1 段；5. 根状茎和根

【主要药用植物】

草珊瑚（肿节风）*Sarcandra glabra*（Thunb.）Nakai 常绿半灌木；茎与枝均有膨大的节。叶革质，椭圆形、卵形至卵状披针形，边缘具粗锐锯齿，齿尖有一腺体，两面均无毛；叶柄基部合生成鞘状；托叶钻形。穗状花序顶生，多少成圆锥花序状；花黄绿色。核果球形，熟时亮红色。分布于长江以南各省区。全株（草珊瑚）具有清热凉血、活血消斑，祛风通络功效（图 4-20）。

3. 桑科 Moraceae ♂ $P_{4\sim5}A_{4\sim5}$；♀ $P_{4\sim5}\underline{G}_{(2:1:1)}$

多木本，稀草本和藤本。常有乳汁（多具无节乳管）。叶多互生，托叶细小，常早落。花小，单性，雌雄同株或异株；常集成头状、穗状、葇荑、隐头等花序；单被花，常 4～6 片；雄蕊与花被片同数对生；雌花花被有时肉质；子房上位，2 心皮合生，通常 1 室 1 胚珠。常为聚花果，由瘦果、坚果组成。

本科约 53 属，1400 余种，分布于热带及亚热带。我国有 11 属，近 165 种，其中药用种类约 55 种，全国各地均有分布，长江以南地区较多。本科含有多种特有成分和活性强烈成分，如桑色素、氰桑酮及二氢桑色素等黄酮类为本科特有成分。此外，本科植物的叶中常含碳酸钙结晶（钟乳体）。

【主要药用植物】

桑 *Morus alba* L. 落叶小乔木，有乳汁。单叶互生，卵形，边缘锯齿粗钝，托叶早落。花单性，雌雄异株，葇荑花序；花被片 4；雄花的雄蕊 4 枚，中央有退化雌蕊；雌花 1 室 1 胚珠。瘦果包于肉质化的花被片内，组成聚花果，成熟时红色或暗紫色。全国各地均有栽培。根皮（桑白皮）能泻肺平喘、利水消肿；叶（桑叶）能疏散风热、清肝明目；嫩枝（桑枝）能祛风湿、通经络；果穗（桑椹）能滋阴养血、生津润燥。

大麻（火麻）*Cannabis sativa* L. 一年生高大草本。皮层富含纤维。叶下部对生，上部互生，掌状全裂。花单性异株；雄花排成圆锥花序，花被片 5，雄蕊 5 枚；雌花丛生叶腋，苞片 1，卵形，花被1，膜质，雌蕊1枚，花柱2。瘦果扁卵形，为宿存黄褐色苞片所包被。原产于亚洲西部，现我国各地有栽培。种仁（火麻仁）能润肠通便。雌花序及幼嫩果序能祛风镇痛、定惊安神；热带变种的幼嫩果序有致幻作用，为毒品之一。

4. 马兜铃科 Aristolochiaceae $⚥ *, \uparrow P_{(3)} A_{6 \sim 12} \overline{G}_{(4 \sim 6: 4 \sim 6: \infty)}$

多年生草本或藤本。单叶互生，叶基部常心形，全缘，无托叶；花两性，单被，常为花瓣状，下部多合生成管状，顶端3裂或向一侧扩大；总状、聚伞状或伞房花序，顶生或腋生；雄蕊常6～12，雌蕊心皮4～6，合生，子房下位或半下位。蒴果。

本科有7属，约356种，分布于热带或亚热带。我国有4属，70余种，其中药用种类约65种，除华北和西北干旱地区外，全国各地均有分布，西南及东南盛产。本科植物含有生物碱、挥发油及硝基菲类化合物等。马兜铃酸是马兜铃科植物的特征性成分，近年发现该成分具有肾毒性，在使用中应注意，该科部分药材已被我国撤销药用标准。

【主要药用植物】

马兜铃 *Aristolochia debilis* Sieb. et Zucc. 多年生草质藤本。茎柔弱，无毛，有腐肉味。叶纸质，卵状三角形，基部心形。花单生或2朵聚生于叶腋，开花后期近顶端常稍弯，基部具小苞片；花冠漏斗状，黄绿色，口部有紫斑，外面无毛，内面有腺体状毛。蒴果。分布于黄河以南各省区。根（青木香）能平肝止痛、解毒消肿；茎（天仙藤）能疏风通络；果实（马兜铃）能清肺降气、止咳平喘。

图4-21 北细辛

辽细辛（北细辛）*Asarum heterotropoides* Fr. Schmidt var.*mandshuricum* (Maxim.) Kitagawa. 多年生草本；根状茎横走，生有细长的根，根具浓烈香气。叶基生，具长柄，叶片卵状心形或近肾形，全缘。花单生叶腋，花被紫棕色，顶端3裂，花被裂片向下反卷；雄蕊12，子房下位。蒴果浆果状，半球状。分布于东北地区及陕西、山西、河南、山东等省。根和根茎（细辛）能祛风散寒、通窍止痛、温肺化饮（图4-21）。

5. 蓼科 * Polygonaceae $⚥ *P_{3 \sim 6, (3 \sim 6)} A_{3 \sim 9} \underline{G}_{(2 \sim 3: 1: 1)}$

多为草本。节常膨大。单叶互生，全缘；托叶膜质，包围茎节基部成明显的托叶鞘。花多两性，排成穗状、头状或圆锥状花序；花单被，常花瓣状，宿存；雄蕊常6～9枚；子房上位，2～3心皮合生成1室，1胚珠。瘦果或小坚果包于宿存花被内，多有翅。

本科约有50属，1150种，全球分布。我国约13属，230余种，全国均有分布。已知药用8属，约120种。本科主要含有蒽醌类、黄酮类、鞣质及芪类化合物。

【主要药用植物】

掌叶大黄 *Rheum palmatum* L. 高大粗壮草本，高约2m。根及根状茎粗壮木质。茎直立中空，叶片长宽近相等，顶端窄渐尖或窄急尖，基部近心形，通常呈掌状深裂；托叶鞘膜质，筒状。花小，紫红色；圆锥花序大型，顶生。瘦果三棱状。分布于甘肃、四川、青海、云南西北部及西藏自治区东部等，现在甘肃及陕西栽培较广。同属植物药用大黄 *Rheum offcinale* Baill. 叶掌状浅裂，圆锥花序，花黄白色。分布于陕西、四川、湖北、云南等省，野生或栽培。同属植物唐古特大黄 *R.tanguticum* Maxim. 叶片常二回羽状深裂。分布于甘肃、青海、四川、西藏自治区。上述三种植物的根和根状茎均是正品中药“大黄”，具有泻热通便、凉血解毒、逐瘀通经功效。

何首乌 *Fallopia multiflora* (Thunb.) Harald. 多年生缠绕草本。块根肥厚，长椭圆形，赤褐色。叶卵形或长卵形，顶端渐尖，基部心形或近心形，托叶鞘膜质，短筒状。瘦果卵形。分布几乎遍及全国。块根（何首乌）生用能解毒截疟、润肠通便；制用能补肝肾、益精血、乌须发。藤茎（夜交藤）能养心安神、祛风通络。

虎杖 *Reynoutria japonica* Houtt. 多年生粗壮草本。根状茎粗壮，横走。茎直立，中空，有明显的纵棱，具小突起，无毛，散生红色或紫红色斑点。雌雄异株，瘦果卵形，具 3 棱。分布于陕西、甘肃及长江流域和以南各地区。根和根状茎（虎杖）能利湿退黄、散瘀止痛、止咳化痰。

6. 苋 科 Amaranthaceae ⚥ $*P_{3\sim5}A_{3\sim5}\underline{G}_{(2\sim3:1:1\sim\infty)}$

多为草本。叶互生或对生，全缘，少数有微齿，无托叶。花小，常两性，簇生在叶腋内，成穗状、头状、总状或圆锥花序；花被片 3 ～ 5，干膜质，常和果实同脱落；雄蕊常和花被片等数且对生；子房上位，1 室，花柱宿存。胞果，稀为浆果或坚果。

本科 65 属，约 900 种，分布于热带和温带。我国 13 属，约 39 种，分布全国各地。其主要成分含有甜菜黄素、甜菜碱等。

【主要药用植物】

牛膝 *Achyranthes bidentata* Blume 多年生草本。茎有棱角或四方形，分枝对生。叶片披针形，少数倒披针形，穗状花序顶生及腋生，胞果。种子矩圆形。除东北外全国各地均有分布，主要栽培于河南。根（牛膝，怀牛膝）能补肝肾、强筋骨、逐瘀通经、利尿通淋、引血下行（图 4-22）。

图 4-22 牛膝

1. 花枝；2. 花；3. 去花被的花；4. 根

川牛膝 *Cyathula officinalis* Kuan 多年生草本。鲜时表面近白色，干后灰褐色或棕黄色，根条圆柱状，扭曲，味甘而黏，后味略苦；茎直立，稍四棱形，多分枝，疏生长糙毛。叶片椭圆形或窄椭圆形，少数倒卵形。胞果。分布于四川、云南、贵州，野生或栽培。根（川牛膝）能逐瘀通经、利尿通淋。

青葙 *Celosia argentea* L. 一年生草本，全体无毛；茎直立，有分枝。穗状花序排成圆柱状或塔状；苞片、小苞片及花被片均干膜质，淡红色。胞果。种子凸透镜状肾形。全国均有野生或栽培。种子（青葙子）能清肝火、祛风热、明目降压。

7. 石竹科 Caryophyllaceae ⚥ $*K_{4\sim5,\ (4\sim5)}C_{4\sim5}A_{8\sim10}\underline{G}_{(2\sim5:1:\infty)}$

多为草本，稀亚灌木。茎节通常膨大。单叶对生，稀互生或轮生，全缘；花两性，辐射对称，排列成聚伞花序，稀单生；宿存萼片覆瓦状排列或合生成筒状；花瓣 4 ～ 5，分离常具爪，具副花冠，稀缺花瓣；雄蕊 8 ～ 10 枚，二轮列；子房上位，心皮 2 ～ 5，合生，1 室，特立中央胎座或基底胎座，胚珠多数。蒴果。

本科 75 属，2000 余种，广布全球。我国有 30 属，约 388 种，其中药用种类 100 余种，遍布全国，以北部和西部为主要分布区。本科普遍含有皂苷类成分。

【主要药用植物】

孩儿参（太子参）*Pseudostellaria heterophylla* (Miq.) Pax. 多年生草本。块根长纺锤形。茎直立，单生。茎下部叶常 1 ～ 2 对，叶片倒披针形，基部渐狭呈长柄状，上部叶 2 ～ 3 对，叶片宽卵形或菱状卵形。花腋生或呈聚伞花序；花瓣 5，白色。蒴果。分布于长江以北和华中地区。块根（太子参）能益气健脾、生津润肺。

瞿麦 *Dianthus superbus* L. 多年生草本。叶对生，茎丛生，直立。叶片线状披针形，花 1 或 2 朵生枝端；花萼下有小苞片 4 ～ 6，卵形；萼筒顶端 5 裂；花瓣 5，淡紫色，有长爪，顶端深裂成丝状（流苏状）；雄蕊 10，雄蕊和花柱微外露。蒴果长筒形，顶端 4 齿裂，外被宿萼。主要分布于东北、华北、西北及长江流域。全草（瞿麦）能利尿通淋、活血通经。

8. 毛茛科 *Ranunculaceae ⚥ * ↑ $K_{3\sim\infty}C_{3\sim\infty,\,0}A_{\infty}\underline{G}_{1\sim\infty:1:1\sim\infty}$

草本，稀木质藤本。单叶或复叶，多互生或基生，少对生，无托叶。花多两性，辐射对称或两侧对称；单生或呈总状、聚伞、圆锥花序；萼片 3 至多数，绿色或呈花瓣状，稀基部延长成距；花瓣 3 至多数或缺；雄蕊和心皮常多数，离生，螺旋状排列在多少隆起的花托上，子房上位，1 室，胚珠 1 至多数。聚合蓇葖果或聚合瘦果，稀为浆果。

本科约 50 属，1900 余种，广布世界各地，主产于北半球温带及寒温带。我国 42 属，800 余种，全国各地均有分布，已知药用 30 属，近 500 种。本科主要含生物碱、强心苷、三萜皂苷、毛茛苷等。

【主要药用植物】

黄连（味连、鸡爪连）*Coptis chinensis* Franch. 根状茎黄色，常分枝成簇，状如鸡爪，故又称鸡爪黄连。叶有长柄；叶片稍带革质，卵状三角形，三全裂，中央全裂片卵状菱形，具细柄，3 或 5 对羽状深裂，边缘具细刺尖的锐锯齿。聚伞花序，花瓣线形或线状披针形，蓇葖果。分布于四川、贵州、湖南、湖北、陕西南部。同属植物三角叶黄连（雅连）*C. deltoidea* C. Y. Cheng et Hsiao 根茎不分枝或少分枝，节间较长，叶片 3 全裂，中央裂片卵状菱形，4 ～ 6 对羽状裂片彼此邻接，分布于四川峨眉、洪雅。云南黄连（云连）*C. teeta* Wall. 根茎较少分枝而且细小，节间密，叶片 3 全裂，中央裂片长卵状菱形，羽状深裂，裂片彼此疏离；花瓣匙形，先端圆钝，分布于云南、西藏。以上三种药材分别习称"味连"、"雅连"、"云连"，均为中药黄连正品。根状茎（黄连）能清热燥湿、泻火解毒 。

乌头 *Aconitum carmichaeli* Debx. 多年生草本，高 60 ～ 120cm。块根通常 2 ～ 3 个连生在一起，呈倒圆锥状，有母根、子根之分。外表茶褐色，内部乳白色，粉状肉质。叶互生，革质，卵圆形，有柄，掌状 2 ～ 3 回分裂，裂片有缺刻。总状花序顶生，花蓝紫色；萼片 5，蓝紫色，上萼片盔帽状，花瓣 2，有长爪；雄蕊多数；心皮 3 ～ 5。聚合蓇葖果。分布于长江中下游，华北、西南亦产。母根（川乌）能祛风除湿、温经止痛。子根（附子）能回阳救逆、温中散寒、止痛。母根、子根均有大毒，一般经炮制后入药。

白头翁 *Pulsatilla chinensis*（Bunge）Regel 多年生草本，全株密被白色长柔毛。根圆锥形，有纵纹；基生叶 4 ～ 5 片，三全裂，有时为三出复叶；花单朵顶生，萼片花瓣状，6 片排成 2 轮，蓝紫色，外被白色柔毛；雄蕊多数，鲜黄色。瘦果，密集成头状，花柱宿存，银丝状，下垂如白发。分布于东北、华北地区及江苏、安徽、湖北、陕西、四川等省。根（白头翁）能清热解毒、凉血止痢。

芍药 *Paeonia lactiflora* Pall. 多年生草本。根粗壮，下部茎生叶为二回三出复叶，上部茎生叶为三出复叶，枝端为单叶；小叶狭卵形、椭圆形或披针形，顶端渐尖，基部楔形或偏斜，边缘具白色骨质细齿，两面无毛，背面沿叶脉疏生短柔毛；花数朵，生茎顶和叶腋，萼片 4，花瓣 9 ～ 13，白色、粉红色或红色，有时基部具深紫色斑块。聚合蓇葖果，先端钩状向外弯曲。分布于东北、华北，陕西及甘肃南部，各地广泛栽培。根（白芍）能养血敛阴、柔肝止痛。

9. 木兰科 Magnoliaceae ⚥ $*P_{6\sim12}A_{\infty}\underline{G}_{\infty:1:1\sim2}$

木本，具油细胞，有香气。单叶互生，多全缘；节上具环状托叶痕。花常单生，两性，稀单性，辐射对称；花被片常3基数，排成数轮，每轮3片，有时分化为萼片和花瓣；雄蕊和雌蕊均多数，分离，螺旋状或轮状排列于伸长或隆起的花托上。聚合蓇葖果或聚合浆果。

本科约18属，335种，主要分布于亚洲和美洲的热带、亚热带地区。我国有14属，约165种，已知药用约90种，主要分布于我国东南部至西南部，向北渐少。本科皆含挥发油，是区别于毛茛科的成分特征之一。

【主要药用植物】

望春花（玉兰）*Magnolia denudata* Desr. 落叶乔木，小枝上有环状托叶痕。叶倒卵形或长卵形，顶端有短突尖。花单生，花芽大，有柔毛，花先叶开放，芳香，花被片9，白色或背面基部中央有淡紫色条纹；雄蕊、雌蕊均多数。聚合蓇葖果木质。分布于江西、浙江、湖南、贵州等地区，现全国各大城市园林广泛栽培。花蕾（辛夷）能散风寒、通鼻窍。

厚朴 *Magnolia officinalis* Rehd. et Wils. 落叶乔木。叶大，近革质，7～9片聚生于小枝顶端，长圆状倒卵形，先端具短急尖或圆钝，基部楔形，全缘而微波状。花顶生，白色，芳香，与叶同时开放；花被片9～12，厚肉质，盛开时常向外反卷。聚合蓇葖果木质。分布于长江流域各地及陕西、甘肃等地区，野生或栽培。同属植物凹叶厚朴 *M.biloba*(Rehd.et wils.) Cheng与上种的主要区别为叶顶端2圆裂，分布于湖南、湖北、广西、浙江、安徽、江西等省区。上述两种均为正品中药“厚朴”。干皮、根皮及枝皮（厚朴）能燥湿消痰、下气除满。

五味子（北五味子）*Schisandra chinensis*（Turcz.）Baill. 落叶木质藤本。幼枝红褐色，老枝灰褐色，常起皱纹，片状剥落；叶膜质，卵形，先端急尖，基部楔形；花单性异株，单生或簇生于叶腋；花被片6～9，乳白色，内侧略带淡红色。聚合浆果长穗状，熟时红色。分布于东北、华北等地。果实（五味子）能收敛固涩、益气生津、补肾宁心。同属植物华中五味子（南五味子）*S. sphenanthera* Rehd. et Wils. 与前种的主要区别：花被片橙黄色，雄蕊10～15枚；叶通常中部以上最宽，叶背侧脉及中脉被柔毛；果肉薄，种子较大。功效同北五味子。

10. 樟科 Lauraceae ⚥ $*P_{6\sim9}A_{3\sim12}\underline{G}_{(3:1:1)}$

木本，仅无根藤属为寄生性无叶藤本。多有油细胞，有香气；单叶，多为互生，全缘。羽状脉、三出脉或离基三出脉；花小，通常两性；辐射对称；花单被，3基数，排成2轮，基部合生；雄蕊3～12枚，通常9，排成3轮；花药瓣裂，子房上位，3心皮合生，1室，1顶生胚珠。核果或呈浆果状。

本科45属，2000余种，分布于热带及亚热带地区。我国有20属，400余种，主要分布于长江以南各省区，西南和南部最盛。其中已知药用的有13属，113种。本科植物主要含挥发油，另外还含异喹啉型生物碱。

【主要药用植物】

肉桂 *Cinnamomum cassia* Presl 常绿乔木，全株有香气。树皮灰褐色。叶互生或近对生，长椭圆形至近披针形，革质，边缘软骨质，内卷；离基三出脉，侧脉近对生，向叶缘一侧有多数支脉，支脉在叶缘之内拱形连结，横脉波状，近平行；圆锥花序腋生或近顶生；花小，黄绿色，花被6，基部合生。核果椭圆形，成熟时黑紫色，果托浅杯状。分布于华南、西南地区。干皮（肉桂）能温肾壮阳、散寒止痛、活血通络。嫩枝（桂枝）能发散风寒、温经通脉（图4-23）。

乌药 *Lindera aggregata*（Sims）Kosterm. 常绿灌木或小乔木。雌雄异株。树皮灰褐色；根有纺锤状或结节状膨胀，有香味，微苦，有刺激性清凉感。叶互生，卵形，椭圆形至近圆形，

图 4-23 肉桂

1. 花枝；2. 花；3. 果序

革质，上表面绿色，有光泽，下表面灰白色；离基三出脉；伞形花序腋生。核果椭圆形或卵形，半熟时红色，熟时黑色。分布于长江以南和西南各地区。根（乌药）能行气止痛、温肾散寒。

11. 罂粟科 Papaveraceae ⚥ $* \uparrow K_2C_{4\sim6}A_{4\sim6,\infty}\underline{G}_{(2\sim\infty:1:\infty)}$

草本，多含乳汁或有色汁液。基生叶具长柄，茎生叶多互生，无托叶。花单生或成总状、聚伞、圆锥花序；花辐射对称或两侧对称；萼片常 2，早落；花瓣 4 ～ 6，离生；子房上位，2 至多心皮，合生，1 室，侧膜胎座，胚珠多数。蒴果孔裂或瓣裂。

本科约 38 属，700 种，主要分布于北温带。我国有 18 属，近 362 种，南北均有分布，已知药用植物 130 余种。本科植物均含生物碱，以异喹啉类生物碱为主，几乎均含原阿片碱。许多生物碱具有重要的药用价值，如罂粟中的吗啡能镇痛，可待因能止咳，四氢帕马丁（延胡索乙素）能镇痛、镇静。

【主要药用植物】

罂粟 *Papaver somniferum* L. 二年生草本。茎直立，不分枝，全株具白粉，植物体内含白色乳汁。叶互生，叶片卵形，基部心形，有锯齿；下部叶具短柄，上部叶无柄、抱茎。花单生；花瓣 4，白色、粉红色、红色、紫色或杂色。蒴果近球形。原产于印度、伊朗等国。我国西部和东北有法定栽培区。从未成熟果实中割取乳汁，制后即为鸦片，含吗啡等生物碱，有镇痛、解痉、止咳、止泻等功效。已割取乳汁后的果壳（罂粟壳）能敛肺、涩肠、止痛。

延胡索（元胡）*Corydalis yanhusuo* W. T. Wang ex Z. Y. Su et C. Y. Wu 多年生草本。叶二回三出或近三回三出，小叶三裂或三深裂，具全缘的披针形裂片，下部茎生叶常具长柄；叶柄基部具鞘；总状花序；花两性，辐射对称或两侧对称；萼片小，早落；花冠两侧对称，花瓣 4，紫红色，上面花瓣基部有长距。蒴果条形。分布于安徽、江苏、浙江、湖北、河南等省区，有栽培。块茎（延胡索）能活血、行气、止痛（图 4-24）。

12. 十字花科 *Cruciferae ⚥ $*K_{2+2}C_4A_{2+4}\underline{G}_{(2:2:1\sim\infty)}$

草本，植物体有时含辛辣液汁。单叶互生，无托叶；花两性，辐射对称，多排成总状或圆锥花序；萼片 4，2 轮；花瓣 4，排成十字形；雄蕊 6 枚，4 长 2 短，为四强雄蕊；子房上位，2 心皮合生，由假隔膜隔成 2 室，侧膜胎座，每室胚珠 1 至多数。角果。

本科植物有 375 属，约 3200 种，广布世界各地，主产于北温带。我国有 96 属，约 430 种，已知药用 75 种，全国分布。本科植物化学成分多样，硫苷和吲哚苷是本科特征成分，此外还有吲哚苷和强心苷等，种子多含丰富的脂肪油。

【主要药用植物】

菘蓝 *Isatis indigotica* Fort. 二年生草本，主根圆柱状。叶互生，基生叶有柄，长圆状椭圆形；茎生叶长圆状披针形，

图 4-24 延胡索

半抱茎；圆锥花序；花小，黄色。短角果长圆形，边缘有翅，紫色，不开裂。原产我国，全国各地均有栽培。根（板蓝根）、叶（大青叶）均能清热解毒、凉血消斑。叶另含有靛蓝，可加工制成青黛，功用与大青叶相同。

白芥 *Sinapis alba* L. 一年生或二年生草本，全株被白色粗毛。茎基部叶具长柄，大头羽裂或近全裂；总状花序顶生或腋生；花黄色。长角果圆柱形。原产于欧洲，我国辽宁、山西、山东、安徽、新疆、四川等地有栽培。种子（白芥子）能利气、祛痰、散寒、消肿、止痛。

13. 景天科 Crassulaceae ⚥ $*K_{4\sim5}C_{4\sim5}A_{4\sim5,\ 8\sim10}\underline{G}_{4\sim5:1:\infty}$

草本、半灌木或灌木，常有肥厚、肉质的茎、叶；叶互生、对生或轮生，常为单叶，少有为浅裂或为单数羽状复叶；花多两性，或为单性而雌雄异株，辐射对称，多排成聚伞花序，有时总状花序或单生；萼片 4 ～ 5；花瓣 4 ～ 5；雄蕊常与萼片或花瓣同数，或为其倍数；子房上位，心皮 4 ～ 5，离生或仅基部合生，每心皮基部具 1 小鳞片；子房 1 室，胚珠多数。蓇葖果。

本科有 35 属，约 1600 余种，广布全球，主产地为南非。我国有 10 属，约 250 种，广布全国，已知药用 70 种。本科植物主要含有各种苷类，另含黄酮、香豆素类等。

【主要药用植物】

垂盆草 *Sedum sarmentosum* Bunge 多年生草本。不育枝及花茎细，匍匐而节上生根；3 叶轮生，叶倒披针形至长圆形，有距；聚伞花序，花少；花无梗；萼片 5；花瓣 5，黄色，披针形至长圆形；雄蕊 10 枚；鳞片 10，楔状四方形；心皮 5。蓇葖果。全国大部分地区均产。全草（垂盆草）能利湿退黄、清热解毒。

景天三七 *S. aizoon* L. 多年生肉质草本。根状茎短，不分枝；叶互生，披针形，先端渐尖，基部楔形，有锯齿；叶坚实，近革质；聚伞花序，萼片 5，线形，肉质，不等长；花瓣 5，黄色，长圆形至椭圆状披针形，有短尖。蓇葖果星芒状排列。全国大部分地区均产。全草（景天三七）能散瘀止血、安神镇痛。

14. 蔷薇科 Rosaceae ⚥ $*K_{4\sim5}C_{0\sim5}A_{4\sim\infty}\underline{G}_{1\sim\infty:1:1\sim2},\ \overline{G}_{(2\sim5:2\sim5:2)}$

草本，灌木或乔木。常具刺。单叶或复叶，叶多互生，常有托叶。花两性，辐射对称；单生或排成伞房、圆锥花序；花托凸起或凹陷，花被与雄蕊常合成杯状、坛状或壶状的托杯（又称被丝托），萼片、花瓣和雄蕊均着生在托杯的边缘。萼片、花瓣常 5；雄蕊常多数，心皮 1 至多数，离生或合生；子房上位或下位，每室胚珠 1 ～ 2 个。蓇葖果、瘦果、梨果或核果。

本科 124 属，3300 多种，分布全球，以北温带为多。我国有 47 属，854 种，已知药用 360 种，各地均有分布。本科主要含氰苷、多元酚类、三萜皂苷、黄酮类、有机酸等化学成分。

本科根据花托、托杯、雌蕊心皮数目、子房位置和果实类型分为 4 个亚科：绣线菊亚科 Spiraeoideae、蔷薇亚科 Rosoideae、苹果亚科（梨亚科）Maloideae 和梅亚科（李亚科）Prunoideae（表 4-2）。

表 4-2 蔷薇科 4 亚科检索表

1. 果实开裂，蓇葖果，不具托叶……………………………………………………绣线菊亚科
1. 果实不开裂；具托叶。
  2. 子房上位。
    3. 心皮通常多数；聚合瘦果或小核果…………………………………………蔷薇亚科
    3. 心皮通常 1 枚；核果…………………………………………………………梅亚科
  2. 子房下位或半下位，梨果………………………………………………………苹果亚科

【主要药用植物】

山里红 *Crataegus pinnatifida* Bge.var.*major* N.E.Br. 为苹果亚科。落叶小乔木，小枝多具刺；叶互生，有长柄；叶片广卵形或菱状卵形，羽状深裂，裂片 3 ～ 9 对；伞房花序生于枝端或上部叶腋，有花 10 ～ 12 朵；花白色，花萼 5 齿裂，花瓣 5。梨果近球形，熟时深红色，直径 2 ～ 2.5cm。华北各地有栽培。果实（山楂）能消食健胃、行气散瘀，化浊降脂。

同属植物山楂 *C. pinnatifida* Bge. 果较小，直径 1 ～ 1.5cm，表面深红色而略带灰白色斑点。果实也作药材山楂入药。野山楂 *C.cuneata* Sieb.et Zucc. 落叶灌木。枝多刺。果实直径 1 ～ 1.2cm，熟时黄色或红色。入药称“南山楂”，功效同山楂。

杏 *Armeniaca vulgaris* Lam. [*Prunus armeniaca* L.] 梅亚科。小乔木，叶片卵形，先端急尖至短渐尖，基部圆形至近心形，有锯齿；叶柄近顶端有 2 腺体；花单生，先于叶开放；花瓣白色或带红色；雄蕊 20 ～ 45 枚。核果黄色或橘黄色。产于我国北部，尤以华北、西北和华东地区种植较多。种仁（苦杏仁）能降气止咳平喘、润肠通便。

同属植物国产 7 种和不少栽培品种。其中：山杏 *A.vulgaris* Lam. var.*ansu*(Maxim.)[*P.armeniaca* L. var.*ansu* Maxim.] 落叶乔木，叶互生，叶片宽卵圆形或宽卵形，先端长尖形，基部楔形或近截形；花常 2 朵并生，先叶开放，粉红色；核果近球形，红色，果肉薄不可食，种子作苦杏仁入药。西伯利亚杏 *A.sibirica*(L.) Lam.[*P. sibilica* L.] 的种子亦作苦杏仁入药。

龙牙草（仙鹤草）*Agrimonia pilosa* Ledeb. 蔷薇亚科。多年生草本，全株密被白色柔毛。根茎短，常生 1 或数个根芽（越冬芽）；奇数羽状复叶互生，小叶大小不等，间隔排列，卵圆形至倒卵圆形，边缘有锯齿，两面均被柔毛；托叶近卵形；总状花序顶生；花瓣 5，黄色。瘦果。全国大部分地区均有分布。全草（仙鹤草）能收敛止血、截疟、止痢、解毒。带短小根状茎的冬芽（鹤草芽）能杀虫、解毒消肿。

地榆 *Sanguisorba officinalis* L. 蔷薇亚科。多年生草本，根粗壮。基生叶为奇数羽状复叶，互生；小叶 5 ～ 19 片，卵形或矩圆状卵形，边缘有锯齿，无毛；茎生叶较少，小叶片有短柄至几无柄，长圆形至长圆披针形，狭长；短穗状花序顶生；花小，萼片 4，紫红色，无花瓣。瘦果褐色，包藏于宿存萼筒内。分布于全国大部分地区。根（地榆）能凉血止血、解毒敛疮。

本科常见药用植物还有：贴梗海棠 *Chaenomeles speciosa*(Sweet) Nakai 果实（木瓜、皱皮木瓜）能舒筋活络、和胃化湿。木瓜（榠楂）*C. sinensis*(Touin) Koehne 果实（光皮木瓜）功效同木瓜。华东覆盆子（掌叶覆盆子）*Rubus chingii* Hu 果实（覆盆子）能益肾、固精、缩尿、明目。悬钩子 *R. palmatus* Thunb. 聚合果在一些地区作覆盆子用。枇杷 *Eriobotrya japonica*(Thunb.) Lindl. 叶（枇杷叶）能止咳平喘、降逆止呕。金樱子 *Rosa laevigata* Michx. 果实（金樱子）能固精缩尿、涩肠止泻。委陵菜 *Potentilla chinensis Ser.* 全草（委陵菜）能清热解毒、凉血止痢。翻白草 *Potentilla discolor* Bge. 全草入药，功效同委陵菜。梅 *Prunus mume*(Sieb.) Sieb. Er Zucc. 近成熟果实（乌梅）能敛肺、涩肠、生津、安蛔。郁李 *Prunus japonica* Thunb. 种子（郁李仁）能润燥滑肠、下气利水。桃 *Amygdalus persica* L. 种子（桃仁）能活血化瘀、润肠通便。

15. 豆科 *Leguminosae（Fabaceae） ⚥ *，↑ $K_{5,\ (5)}C_5A_{(9)+1,\ 10,\ \infty}\underline{G}_{1:1:1\sim\infty}$

草本、木本或灌木。根常具根瘤。茎直立或蔓生。叶互生，多复叶，稀单叶，常具托叶和叶枕。花两性，辐射对称或两侧对称；花萼 5 裂；花瓣 5，通常分离，多数为蝶形花冠；雄蕊多为 10 枚，常呈二体雄蕊，稀多数。单心皮雌蕊，子房上位，1 室，边缘胎座，胚珠 1 至多数。荚果。

本科为种子植物第三大科，仅次于菊科和兰科，约 690 余属，18 000 种，全球分布。我国有 172 属，约 1550 种（含变种），全国各地均有分布。已知药用 109 属，600 余种。

本科化学成分复杂，类型多样，但以黄酮类和生物碱为最主要。黄酮类在本科分布广泛，有些为本科所特有，有些具有重要的生理活性，如甘草中的甘草苷、异甘草苷、葛根中的大豆黄苷均有解痉作用；槐花米中的芦丁能使毛细血管的通透性和阻力恢复正常；葛根素能扩张冠状动脉。生物碱主要分布在蝶形花亚科中，以吡啶型和吲哚型生物碱为主，前者如苦参碱有抗癌作用，后者如毒扁豆碱可治疗青光眼。

根据花部特征，本科可分为三个亚科：含羞草亚科 Mimosoideae、云实亚科 Caesalpinioideae、蝶形花亚科 Papilionoideae（表 4-3）。

表 4-3 豆科三亚科检索表

1. 花辐射对称，花瓣镊合状排列，通常在基部以上合生；雄蕊通常为多数，稀与花瓣同数 ……………………含羞草亚科
1. 花两侧对称，花瓣覆瓦状排列；雄蕊通常为定数，常 10 枚。
  2. 花冠为假蝶形，旗瓣小，位于最内方；雄蕊通常离生……………………云实亚科
  2. 花冠为蝶形，旗瓣大，位于最外方；通常为二体雄蕊……………………蝶形花亚科

【主要药用植物】

甘草 *Glycyrrhiza uralensis* Fisch. 多年生草本。根状茎圆柱状，多横走；主根粗长，外皮红棕色至暗棕色；全株被白色短毛及刺毛状腺体；羽状复叶；小叶 5 ～ 17 片，卵形或宽卵形；总状花序腋生，花冠蓝紫色，旗瓣大，椭圆形，下部具短爪，龙骨瓣直，较翼瓣短，均有长爪；雄蕊 10 枚，二体；子房无柄。荚果镰刀状或环状弯曲，密被刺状腺毛及短毛（图 4-25）。分布于东北、华北、西北地区。根和根状茎（甘草）能补脾益气、清热解毒、祛痰止咳、缓急止痛、调和诸药。同属植物胀果甘草 *G.inflata* Bat. 或光果甘草 *G. glabra* L. 的根和根状茎亦作药材甘草入药。

图 4-25 甘草

1. 枝；2. 花；3. 花冠平展；4. 雄蕊群；5. 果序；6. 根的一段

膜荚黄芪 *Astragalus membranaceus* (Fisch.) Bge 多年生草本。主根粗长，圆柱形；奇数羽状复叶，小叶 6 ～ 13 对，椭圆形或长卵圆形，两面有白色长柔毛；总状花序腋生；蝶形花冠黄白色，翼瓣及龙骨瓣均具长爪及短耳；雄蕊 10 枚，二体；子房被柔毛。荚果膜质，膨胀，卵状矩圆形，有长柄，被黑色短柔毛（图 4-26）。分布于东北、华北、西北、西南等地区。根（黄芪）能补气固表、托疮生肌、利水。同属植物蒙古黄芪 *A. membranaceus*（Fisch.）Bge. var. *mongholicus*（Bge.）Hsiao 小叶 12 ～ 18 对，宽椭圆形，下面密生短柔毛。子房与荚果无毛。分布于内蒙古、吉林、山西、河北等地区。根也作药材黄芪入药。

野葛 *Pueraria lobata* (Willd.) Ohwi 藤本，全株被黄色长硬毛；块根肥厚；三出复叶，顶生小叶菱状卵形；总状花序腋生；花密集，花冠蓝紫色。荚果条形，扁平（图 4-27）。全国大部分地区均有分布。根（葛根）能解肌退热、生津、透疹、升阳止泻；花（葛花）能解酒毒、止渴。同属植物甘葛藤 *P.thonsonii* Benth. 的根习称粉葛，功效同葛根。

苦参 *Sophora flavescens* Ait. 落叶灌木，根圆柱状，外皮黄白色。奇数羽状复叶，小叶披针形。总状花序顶生；花冠淡黄色。雄蕊 10 枚，花丝分离。荚果呈不明显的串珠状，先端有长喙（图 4-28）。我国南北各地均有分布。根（苦参）能清热燥湿、杀虫、利尿。

图 4-26　膜荚黄芪

1. 花枝；2. 花；3. 雄蕊群；4. 果实；5. 根

图 4-27　野葛

1. 花枝；2. 果枝；3. 花冠平展；4. 雌、雄蕊群；5. 根

决明 *Cassia obtusi folia* L. 一年生半灌木状草本。偶数羽状复叶，互生，小叶 3 对。叶片倒卵形或倒卵状长圆形；花成对腋生，花冠黄色，假蝶形；雄蕊 10 枚，发育雄蕊 7 枚。荚果长条形，长达 24cm；种子多数，近菱形，淡褐色，有光泽（图 4-29）。分布于全国各地，多栽培。种子（决明子）能清肝明目、润肠通便。同属植物小决明 *C.tora* L. 为一年生草本。在叶轴上下面两对小叶之间各有一针刺状腺体；荚果条形，长 6 ～ 14cm。种子亦作药材决明子入药。

图 4-28　苦参

1. 花枝；2. 果枝；3. 雌、雄蕊群；4. 花冠平展

图 4-29　决明

1. 果枝；2. 花；3. 种子

本科常见的药用植物尚有：合欢 *Albizia julibrissin* Durazz. 的树皮（合欢皮）能安神、活血、

消肿；花（合欢花）能安神、理气解郁。皂荚 *Gleditsia sinensis* Lam. 的果实（皂角）能祛痰开窍、散瘀消肿；棘刺（皂角刺）能消肿托毒、排脓、杀虫。狭叶番泻 *Cassia angustifolia* Vahl 或尖叶番泻 *C.acutifolia* Delile 的小叶（番泻叶）能泻热行滞、通便、利水。广金钱草 *Desmodium styraci folium*(Osb.) Merr. 的地上部分（广金钱草）能利湿退黄、利尿通淋。补骨脂 *Psoralea corylifolia* L. 的果实（补骨脂）能温肾助阳、纳气平喘、温脾止泻。槐 *Sophora japonica* L. 的花蕾（槐米）、花（槐花）均能凉血止血、清肝泻火；果实（槐角）能清热泻火、凉血止血。密花豆 *Spatholobus suberectus* Dunn 的藤茎（鸡血藤）能补血活血、舒筋活络。

16. 芸香科 Rutaceae ⚥ $* \ K_{3\sim5}C_{3\sim5}A_{3\sim\infty}\underline{G}_{(2\sim\infty:2\sim\infty:1\sim2),\ 2\sim\infty:2\sim\infty:1\sim2}$

多乔木或灌木，稀草本，有的具刺。叶、花、果常有透明腺点，多含挥发油；叶多互生或对生；多复叶，其中单身复叶为特有，无托叶；花辐射对称，两性，稀单性；单生、簇生或排成聚伞、总状及圆锥花序；萼片、花瓣均 3 ～ 5；雄蕊与花瓣同数或为其倍数，外轮雄蕊常与花瓣对生；花盘发达；子房上位，心皮 2 ～ 5 或更多，多合生；每室胚珠 1 ～ 2，稀更多。柑果、蓇果、核果及蓇葖果，稀翅果。

本科约 150 属，1600 余种，主要分布于热带、亚热带和温带。我国有 28 属，约 150 余种，已知药用 100 余种。主产于南方各省区。本科植物化学成分多样，主要含挥发油、生物碱、黄酮类、香豆素等，不少成分具有强烈活性作用，或分类学意义。生物碱在芸香科植物中普遍存在，一些呋喃喹啉类、吡喃喹啉类和吖啶酮类的生物碱几乎只限存在于该科植物中。

【主要药用植物】

黄檗 *Phellodendron amurense* Rupr. 落叶乔木。树皮木栓层很发达，外层皮浅灰色或灰褐色，内层皮鲜黄色。奇数羽状复叶，对生；小叶 5 ～ 15，披针形至卵状长圆形，边缘有细锯齿，齿缝有腺点。花单性异株，圆锥状聚伞花序顶生；花小，黄绿色，雄蕊 5 枚；雌花的雌蕊 1 枚。浆果状核果，球形，熟时紫黑，有特殊香气和苦味（图 4-30）。分布于东北、华北地区及宁夏等地。树皮（关黄柏）能清热燥湿、泻火解毒。同属植物黄皮树 *P. chinense Schneid* 的树皮（川黄柏）功效同药材关黄柏。

吴茱萸 *Evodia rutaecarpa*（Juss.）Benth. 落叶小乔木或灌木。幼枝、叶轴及花序轴均被灰黄色长绒毛，全株具臭气。奇数羽状复叶，对生，小叶 5 ～ 9，卵形或椭圆形。聚伞圆锥花序顶生，花单性异株，形小，白色，萼片、花瓣均 5。蒴果开裂成蓇葖果状，有强烈香气。分布于中南、华东、西南地区及陕西、甘肃等省。未成熟果实（吴茱萸）能散寒止痛、降逆止呕。此外，其变种石虎 *E. rutaecarpa*（Juss.）Benth. var. *officinalis*（Dode）Huang 和疏毛吴茱萸 *E. rutaecarpa*（Juss.）Benth. var. *bodinieri*(Dode)Huang 的近成熟果实亦作药材吴茱萸入药。

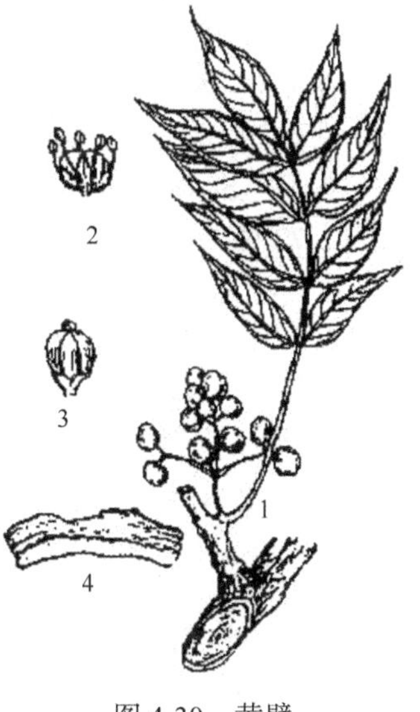

图 4-30 黄檗

1. 果枝；2. 雄花；3. 雌花；4. 树皮

本科常见的药用植物还有：橘 *Citrus reticulata* Blanco 成熟果皮（陈皮）能理气健脾、燥湿化痰；幼果（青皮）能疏肝破气、消积化滞；种子（橘核）能理气、散结、止痛。酸橙 *Citrus aurantium* L. 幼果（枳实）能破气消积、化痰散痞。白鲜 *Dictamnus dasycarpus* Turcz. 根皮（白鲜皮）能清热燥湿、祛风止痒。

17. 大戟科 Euphorbiaceae ♂ $*K_{0\sim5}C_{0\sim5}A_{1\sim\infty,\ (\infty)}$；♀ $*K_{0\sim5}C_{0\sim5}\underline{G}_{(3:3:1\sim2)}$

木本或草本，有时肉质，常具乳汁。单叶，互生，稀对生，叶基部常有腺体；托叶早落。花单性，同株或异株，花序各式，

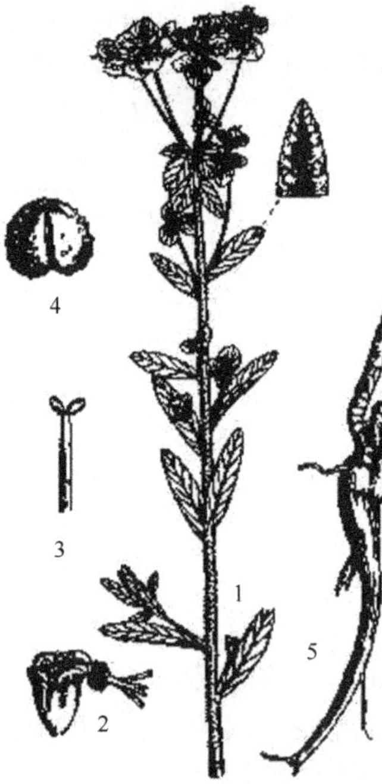

图 4-31 大戟

1. 花枝；2. 杯状花序；3. 雄花；4. 果实；5. 根

其中杯状聚伞花序为特有；花多单被，少数重被或无被，有时具花盘或退化为腺体；雄花的雄蕊 1 至多数，花丝分离或联合；雌花子房上位，常由 3 心皮组成，3 室，每室 1～2 胚珠，中轴胎座。蒴果，稀浆果或核果。种子有胚乳。

本科约 300 属，8000 余种，全球分布，主产于热带。我国约有 66 属，360 余种，主产长江以南各省区。已知药用 39 属，160 余种。本科植物多有不同程度的毒性，化学成分复杂，主要有生物碱、氰苷、硫苷、二萜、三萜类化合物。二萜类成分多有强烈的生理活性或刺激性，并有较重要的分类学意义。种子中含有大量的脂肪油和蛋白质，多具毒性。

【主要药用植物】

大戟 *Euphorbia pekinensis* Rupr. 多年生草本，有白色乳汁。根长圆锥形。茎直立，被短柔毛。单叶互生，矩圆状披针形。花序特异，是由多数杯状聚伞花序排列而成的多歧聚伞花序。总花序通常具 5 伞梗（俗称五朵云），基部轮生 5 枚叶状苞片；每伞梗再作 1 至数回二歧聚伞状分叉，末次分叉顶生杯状聚伞花序；杯状总苞顶端 4 裂，腺体 4。蒴果三角状扁球形，表皮有疣状突起（图 4-31）。全国各地多有分布。根（京大戟）有毒，可峻下逐水、解毒散结。

巴豆 *Croton tiglium* L. 常绿小乔木。幼枝绿色，被稀疏星状柔毛或几无毛。叶互生，叶脉为三出脉，叶两面均有稀疏星状毛；花小，单性同株；雄花在上，雌花在下。蒴果卵形。分布于长江以南各地，野生或栽培。种子（巴豆）有大毒，能峻下冷积、逐水消肿；外用蚀疮。

本科常见药用植物还有：甘遂 *E. kansui* Liou 块根（甘遂）能泻水逐饮、消肿散结；续随子 *E. lathylris* L. 种子（千金子）能泻下逐水、破血消癥。

18. 鼠李科 Rhamnaceae ⚥ $*K_{(4\sim5)}C_{4\sim5}A_{4\sim5}\underline{G}_{(2\sim4:2\sim4:1)}$

乔木或灌木，直立或攀援，常具刺。单叶，多互生或近对生；托叶小，常早落，有时变态成托叶刺。花小，两性，稀单性，辐射对称，簇生或排成聚伞花序；萼片、花瓣及雄蕊 4～5 枚，有时无花瓣；雄蕊与花瓣同数且对生，花盘肉质；雌蕊由 2～4 心皮合生，子房上位或部分埋于肉质花盘中，2～4 室，每室 1 胚珠。多为核果，少为蒴果或翅果。

本科有 58 属，约 900 种，广布世界各地。我国有 15 属，130 余种，全国分布。已知药用 12 属，77 种。本科植物所含化学成分多样。鼠李属含有蒽醌类化合物如大黄素、大黄酚等，枣属含有三萜皂苷如酸枣仁皂苷等。另外还含有肽型生物碱和异喹啉生物碱等。

【主要药用植物】

枣 *Zizyphus jujuba* Mill. 落叶小乔木或灌木。小枝具托叶刺。单叶互生，叶片卵形，基生三出脉。聚伞花序腋生；花小，黄绿色。核果熟时深红色，具光泽，味甜。全国各地均有栽培。果实（大枣）能补中益气、养血安神。

酸枣 *Z. jujuba* Mill. var. *spinosa*（Bunge）Hu ex H.F.Chow. 落叶灌木。叶较小，叶片椭圆形。花小，黄绿色。核果较小，果皮薄，味酸。主要分布于长江以北除黑龙江、吉林及新疆以外的大部分地区。种子（酸枣仁）能养心安神、收敛止汗。

本科常见药用植物还有：枳椇 *Hovenia dulcis* Thunb.，分布于华东、中南、华北、西北和西南各地。北方以枳椇果实连同肥厚肉质的花序轴（拐枣）供药用或作水果食用；南方则用种子（枳椇子）入药，能解酒毒、止呕、利尿。

19. 五加科 * Araliaceae ⚥ $*K_5C_{5\sim10}A_{5\sim10}\overline{G}_{(1\sim15:1\sim15:1)}$

木本、藤本或多年生草本。茎常有刺。叶多互生，稀轮生，常为掌状、羽状复叶或掌裂单叶，叶柄基部常扩大。花小，两性，稀单性或杂性；辐射对称；伞形花序，或再组成圆锥状复合花序；花萼小，花瓣 5 ～ 10，离生；雄蕊 5 ～ 10 枚，生于花盘边缘，花盘生于子房顶端；子房下位，雌蕊由 1 ～ 15 心皮合生，多 2 ～ 5 室，每室有 1 倒生胚珠。浆果或核果。种子有胚乳。

本科约 80 属，900 余种，分布于热带和温带。我国有 23 属，172 种，除新疆外，几乎全国均有分布。已知药用 19 属，112 种。本科植物大多含皂苷、黄酮类及香豆精，其中以富含三萜皂苷为其特点。达玛烷型四环三萜皂苷主要存在于人参、三七、西洋参中，其中人参皂苷具有多方面生理活性。

【主要药用植物】

人参 *Panax ginseng* C.A.Meyer 多年生草本。根状茎（芦头）短，直立，每年增生一节，有时其上生出不定根（艼）；主根粗壮，圆柱形，肉质；地上茎单一。掌状复叶轮生茎端。通常一年生者生 1 片三出复叶（习称“三花”）；二年生者生 1 片掌状五出复叶（习称“巴掌”）；三年生者生 2 片掌状五出复叶（习称“二甲子”）；四年生者有 3 片掌状五出复叶（习称“灯台子”），并开始抽生花序；五年生者有 4 片掌状五出复叶（习称“四批叶”）；六年以上生者有 5 或 6 复叶，分别称为“五批叶”或“六批叶”，最多可达 6 片掌状五出复叶；小叶片椭圆形或卵形，上面脉上疏生刚毛，下面无毛。伞形花序单个顶生，总花梗比叶长；花小，淡黄绿色。核果浆果状，扁球形，熟时鲜红色（习称“亮红顶”）（图 4-32）。分布于东北，现多为栽培。野生人参常称为山参，根状茎（芦头）较长。根及根茎（人参）能大补元气、复脉固脱、补脾益肺、生津养血、安神益智；叶能补气、益肺、祛暑、生津。同属植物西洋参 *P. quinquefolium* L. 形态和人参很相似，但本种的总花梗与叶柄近等长或稍长；叶片上面脉上几无刚毛，边缘的锯齿不规则且较粗大而容易区分。西洋参原产于加拿大和美国，我国部分省区已引种栽培。根（西洋参）能补气养阴、清热生津。

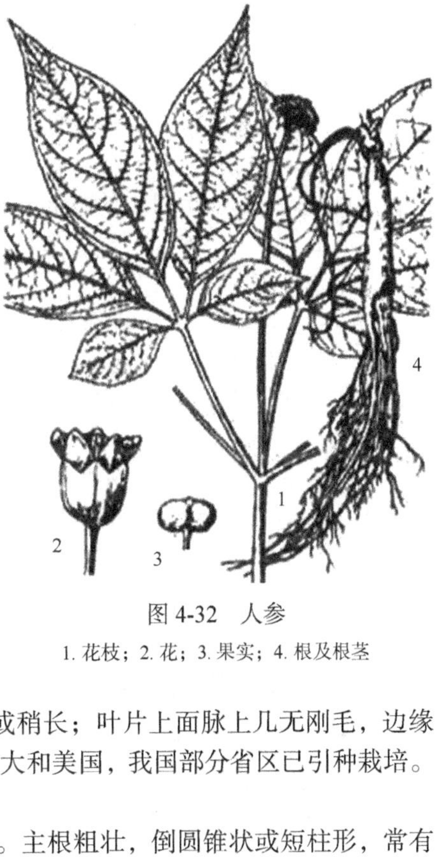

图 4-32　人参

1. 花枝；2. 花；3. 果实；4. 根及根茎

三七 *P. notoginseng* (Burk.) F.H. Chen 多年生草本。主根粗壮，倒圆锥状或短柱形，常有瘤状突起的分枝。根状茎短，斜生；茎直立，单一。掌状复叶 3 ～ 6 枚轮生于茎顶，小叶 3 ～ 7，中央一片较大；小叶长椭圆形至倒卵状长椭圆形，两面脉上密生刚毛。伞形花序顶生，花小；萼齿、花瓣均 5；淡黄绿色；雄蕊 5 枚；子房下位。浆果状核果扁球形，成熟时红色（图 4-33）。主要栽培于云南、广西。现四川、江西、湖北、广东、福建等地也有栽培。根及根茎（三七）能散瘀止血、消肿定痛。

细柱五加 *Acanthopanax gracilistylus* W.W.Smith 落叶蔓状灌木。掌状复叶，小叶通常 5，多簇生；伞形花序常腋生；花黄绿色；花柱 2，分离；浆果熟时紫黑色（图 4-34）。黄河以南大部分省区均有分布。根皮（五加皮）能祛风湿、补肝肾、强筋骨。

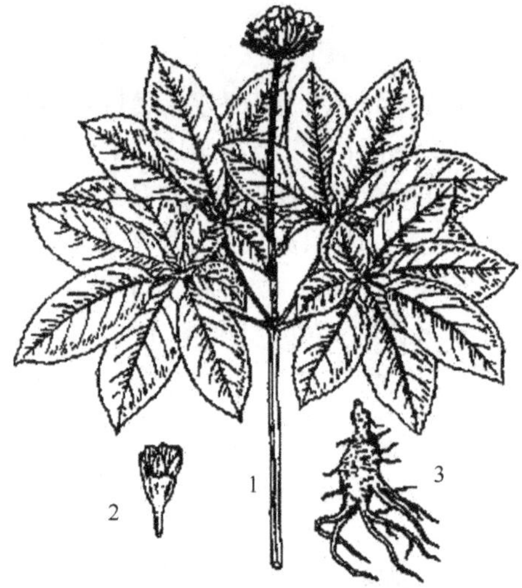

图 4-33　三七

1. 植株上部；2. 花；3. 根及根茎

图 4-34　细柱五加

1. 花枝；2. 花；3. 果序

本科常见的药用植物还有：刺五加 *A. senticosus*（Rupr.et Maxim）Harms 根及根茎或茎（刺五加）能益气健脾、补肾安神。通脱木 *Tetrapanax papyrifera*（Hook） K.Koch 茎髓（通草）能清热利尿、通经下乳。楤木 *A. chinensis* L. 根皮能活血祛瘀、健胃、利尿。刺楸 *Kalopanax septemlobus*（Thunb.）Koidz. 根皮及枝能祛风除湿、解毒杀虫。

20. 伞形科 * Umbelliferae　⚥ $*K_{(5)},{}_{0}C_5A_5\overline{G}_{(2:2:1)}$

草本，常含挥发油而有香气。茎中空，表面有纵棱。叶互生或基生，多为一至多回三出复叶或羽状分裂；叶柄基部扩大成鞘状；花小，两性或杂性，多辐射对称，集成复伞形花序或单伞形花序；萼齿 5 或不明显；花瓣、雄蕊均 5；子房下位，2 心皮合生，2 室，每室胚珠 1，花柱 2，子房顶端有盘状或短圆锥状的花柱基（上位花盘）。双悬果，由 2 分果组成，每分果常有 5 条主棱。

本科约 275 属，2800 余种，广布于热带、亚热带和温带地区。我国约 95 属，525 种，全国分布。已知药用 55 属，234 余种。本科植物含有多类化学成分，主要有挥发油、香豆素、三萜皂苷、生物碱及黄酮类等。其中，香豆素是本科的特征性成分，类型较多。

【主要药用植物】

当归 *Angelica sinensis*（Oliv.）Diels 多年生草本。主根粗短，有数条支根；全株具强烈香气；茎带紫红色；叶二至三回三出或羽状全裂；叶柄基部膨大成鞘抱茎，紫褐色；复伞形花序，总苞片无或有 2 枚，小总苞 2 ～ 4；小花绿白色。双悬果椭圆形，分果有 5 条果棱，侧棱有宽翅（图 4-35）。分布于陕西、甘肃、湖北、四川、云南、贵州，多为栽培。根（当归）能补血活血、调经止痛、润肠通便。

图 4-35　当归

1. 叶；2. 果枝；3. 根

白芷 *Angelica. dahurica* (Fisch.ex Hoffm.) Benth. et Hook.

f. 多年生高大草本，高可达 2.5m；有浓香；根长圆锥形；茎极粗壮；茎和叶鞘带紫红色；叶二至三回羽状分裂，最终裂片椭圆状披针形，基部下延成翅；花白色；双悬果背向压扁，阔椭圆形或近圆形（图 4-36）。分布于东北、华北地区，多为栽培。根（白芷）能祛风除湿、通窍止痛、消肿排脓。同属植物杭白芷 *A. dahurica* (Fisch.ex Hoffm.) Benth. et Hook. f. var. *formosana* (Boiss.) Shan et Yuan 为多年生草本，高 1 ～ 2m。有浓香；根长圆锥形，上部近方形；茎基及叶鞘黄绿色；叶二至三回羽状分裂，最终裂片卵形至长卵形；大型复伞形花序顶生或腋生；花瓣白色；双悬果长圆形至近圆形，背棱及中棱细线状，侧棱延展成宽翅。分布于江苏、安徽、浙江、湖南、湖北、四川等地，多为栽培。根亦作药材白芷用。

图 4-36 白芷

1. 茎、叶；2. 花；3. 果枝；4. 分果横切面；5. 根

柴胡 *Bupleurum chinense* DC. 多年生草本。主根粗大，坚硬；表面黑褐色。茎多丛生或单一，上部多分枝，稍呈“之”字形折曲；单叶倒披针形或剑形，平行脉 7 ～ 9 条，叶背面被粉霜；复伞形花序，总花梗细长，总苞片 2 ～ 3 或缺；小苞片 5；花黄色；双悬果长卵形至椭圆形，棱狭翅状（图 4-37）。分布于东北、华北、华东、中南、西南等地。根（北柴胡）能发表退热、疏肝理气、升阳举陷。同属植物狭叶柴胡 *B. scorzonerifolium* Willd. 主根较细，少分枝；根皮红棕色，茎基密覆叶柄残余纤维；叶线状披针形，有 3 ～ 5 条平行脉，叶缘白色，骨质。分布于东北、华北、西北、华东地区及广西等地。根（南柴胡）作柴胡入药。大叶柴胡 *B. longiradiatum* Turcz. 分布于东北地区及河南、陕西、甘肃、江西、湖南等省，根表面密生环节，有毒，不可当柴胡入药。

图 4-37 柴胡

1. 花枝；2. 小伞形花序；3. 花；4. 果实；5. 根

川芎 *Ligusticum chuanxiong* Hort. 多年生草本，高 40 ～ 70cm。根茎呈不规则结节状拳形团块，有浓香气；茎下部的节膨大成盘状。叶三至四回三出式羽状分裂或全裂，小叶 3 ～ 5 对。复伞形花序，总苞片 3 ～ 6，小苞片线形；花白色，但少见开花；双悬果卵形（图 4-38）。主产于四川、云南、贵州。根状茎（川芎）能活血行气、祛风止痛。

本科常见的药用植物还有：白花前胡 *Peucedanum praeruptorum* Dunn. 根（前胡）能降气化痰、散风清热。紫花前胡 *P.decursivum*（Miq.）Maxim. 根（紫花前胡）功效与前胡同。防风 *Saposhnikovia divaricata*（Trucz.） Schischk. 根（防风）能祛风解表、解痉、止痛、止痒。藁本 *L. sinense* Oliv. 根及根茎（藁本）能祛风散寒、除湿止痛。重齿毛当归 *Angelica biserrata*（Shan et Yuan） Yuan et Shan 根（独活）祛风除湿、散寒止痛。珊瑚菜 *Glehnia littoralis* Fr. Schmidt ex Miq. 根（北沙参）养阴清肺、益胃生津。蛇床 *Cnidium*

图 4-38 川芎

1. 花枝；2. 总苞片；3. 花瓣；4. 未成熟果实

monnieri(L.) Cusson 果实（蛇床子）能燥湿祛风、杀虫止痒、温肾壮阳。茴香 *Foeniculum vulgare* Mill 果实（小茴香）能散寒止痛、理气和胃。羌活 *Notopterygium incisum* Ting ex H.T.Chang. 根及根茎（羌活）解表散寒、除湿止痛。

（二）合瓣花亚纲 Metachlamydeae

合瓣花亚纲，又称后生花被亚纲，是被子植物中较进化的植物类群。主要特征为：花瓣多少联合成合瓣花冠；花冠形成各种形状，如漏斗状、钟状、唇形、管状、舌状等，增强了对虫媒传粉的适应和对雄蕊、雌蕊的保护作用。

21. 木犀科 Oleaceae ⚥ $*K_{(4)}C_{(4)}A_2\underline{G}_{(2:2:2)}$

灌木、乔木或藤状灌木。叶常对生，单叶、三出复叶或羽状复叶，无托叶；花两性，稀单性，辐射对称；常排成聚伞花序、圆锥花序或簇生；花萼常 4 裂，有时顶部近平截；花冠 4 裂，合瓣，有时缺失；雄蕊 2 枚，着生于花冠上；子房上位，由 2 心皮组成 2 室，每室 2 枚胚珠。核果、浆果、翅果或瘦果。

本科植物有 29 属，600 余种，广布于温带或亚热带地区。我国有 12 属，约 200 种，分布于全国各地。本科化学成分多样，主要有香豆素、苦味素、木脂素及挥发油等。有些化学成分具有重要的生理活性，如秦皮中的秦皮苷、秦皮乙素、七叶树苷有抗菌消炎、止咳化痰作用；连翘中连翘苷具有抗菌消炎作用。

【主要药用植物】

连翘 *Forsythia suspensa*（Thunb）Vahl. 落叶小乔木或灌木。枝条下垂，中空，嫩枝具四棱，茎髓呈薄片状；卵形单叶或羽状三出复叶对生，叶片完整或 3 全裂；春季先叶开花，花冠黄色，4 裂；雄蕊 2 枚，子房上位，2 室。蒴果木质狭卵形（图 4-39）。分布于东北、华北等地区。成熟果实（连翘）能清热解毒、消肿散结。

图 4-39 连翘

1. 果枝；2. 花萼展开示雌蕊；3. 花冠展开示雄蕊

女贞 *Ligustrum lucidum* Ait. 常绿乔木。单叶对生，革质，全缘，卵形或椭圆形；花小，两性，密集成顶生圆锥花序；花冠白色，漏斗状，4 裂；雄蕊 2 枚，子房上位。核果弯曲，熟时紫黑色（图 4-40）。分布于长江流域及以南地区。果实（女贞子）能补肾滋阴、养肝明目。

大叶白蜡树（苦枥白蜡树、大叶梣）*Fraxinus rhynchophylla* Hance [*F. chinenses* Roxb. var. *rhynchophylla* (Hance) Hemsl.] 落叶大乔木，叶对生。单数羽状复叶，小叶 5 ～ 7 枚，通常为 5 枚，椭圆状倒卵形或广卵形。圆锥花序顶生或腋生；花单性或杂性异株，花萼小，不规则分裂，无花冠；雄花有 2 枚雄蕊。翅果倒披针形（图 4-41）。分布于东北、华北、华中等地区。茎皮（秦皮）能清热燥湿、清肝明目、止痢。

图 4-40 女贞

1. 花枝；2. 果枝；3. 花；4. 部分花冠示雄蕊；5. 花萼展开示雌蕊；6. 种子

图 4-41 大叶白蜡树

1. 果枝；2. 花；3. 翅果；4 茎皮

本科药用植物尚有：暴马丁香 *Syringa reticulate*（BI.）Hara var. *amurensis*（Rupr.）Pringle [*S. amurensis* Rupr.] 其树皮和树枝能清肺、祛痰、平喘、止咳。

22. 夹竹桃科 Apocynaceae ⚥ $*K_{(5)}C_{(5)}A_5\underline{G}_2, \underline{G}_{(2:1\sim2:1\sim\infty)}$

乔木、直立灌木、木质藤本或草本，具乳汁或水液。单叶对生或轮生，稀互生，全缘，通常无托叶或退化成腺体。花两性，辐射对称，单生或呈聚伞花序及圆锥花序，顶生或腋生；花萼裂片 5 枚，稀 4 枚，基部成筒状或钟状，基部内面通常有腺体；花冠合瓣，5 裂，高脚碟状、漏斗状、坛状或钟状，裂片旋转状排列，花冠喉部常有鳞片状或毛状附属物，有时具副花冠；雄蕊 5 枚，着生花冠上或花冠喉部，花药长圆形或箭头状；有花盘；子房上位，稀半下位，2 心皮离生或合生，1～2 室，中轴或侧膜胎座，胚珠 1 至多数。果实多为 2 个并生蓇葖果，少为核果、浆果或蒴果。

本科植物有 250 属，约 2000 余种，主要分布于热带、亚热带地区，少数在温带地区。我国 46 属，176 种，主要分布于南部各省区。本科植物的特征性活性成分为吲哚类生物碱和强心苷。长春花中的长春碱、长春新碱等有抗癌作用。

【主要药用植物】

萝芙木 *Rauvolfia verticillata*（Lour.）Baill. 小灌木。多分枝，具乳汁。单叶对生或轮生；花小，花冠白色，高脚碟形；花萼裂片三角形；雄蕊着生于花冠管内壁中部。核果卵形，离生，

图 4-42 萝芙木

1. 花枝；2. 花；3. 花冠展开；4、5. 雄蕊；6. 雌蕊；7. 果实纵切示胚的着生位置；8. 果序

图 4-43　长春花

1. 植株；2. 花；3. 花冠管部展开（示雄蕊）4. 雌蕊；5. 果实；6. 种子；

熟时由红变黑色（图 4-42）。分布于华南、西南地区。全株（萝芙木）能镇静、降压、活血止痛、清热解毒。常作提取“降压灵”和“利血平”的原料。

长春花 *Catharanthus roseus*（L.）G. Don 多年生草木，具水液。叶对生，倒卵形；聚伞花序腋生或顶生；花冠高脚碟状，红色；雄蕊着生于花冠筒上部。蓇葖果双生（图 4-43）。原产于非洲，我国长江以南地区有栽培。全株能抗癌、抗病毒、利尿、降血糖。

本科药用植物还有：罗布麻 *Apocynum venetum* L. 全草（罗布麻）能清热平肝、安神、强心、利尿、降压、平喘。络石 *Trachlospermum jasminoides*（Lindl）Lem. 茎叶（络石藤）能祛风通络、活血止痛。黄花夹竹桃 *Thevetia peruviana*（Pers）K. Schum. 全株有毒，有强心、利尿、消肿作用，可提取多种强心苷。

23. 萝藦科 Asclepiadaceae　⚥ $*K_{(5)}C_{(5)}A_5\underline{G}_{2:1\sim\infty}$

多年生藤本、草本或灌木，具有乳汁。单叶对生，少轮生，全缘，叶柄顶端常具腺体。花两性，辐射对称，五基数；聚伞花序呈伞状、伞房状或总状排列；萼筒短，5 裂，基部内面常有腺体；花冠辐状或坛状，少有高脚碟状，顶端 5 裂，裂片旋转状排列，常具副花冠，为 5 枚裂片或鳞片组成，着生于合蕊冠或花冠管上；雄蕊 5 枚，与雌蕊贴生成中心柱，称合蕊柱；花丝合生成一个具蜜腺的筒包围雌蕊，称合蕊冠，或花丝离生；花粉粒常聚合成花粉块；子房上位，由 2 心皮离生组成，花柱 2，合生。蓇葖果双生，种子多数，顶端具白色丝状毛。

本科特征与夹竹桃科相近，主要区别是本科具花粉块和合蕊柱，叶片基部与叶柄连接处有丛生的腺体，而夹竹桃科的腺体在叶腋内或叶腋间。

本科植物有 180 属，约 2200 余种，全球分布，主产于热带和亚热带。我国有 44 属，约 245 种，广布全国各省区，以西南、华南地区种类较多。本科植物化学成分多样，主含强心苷、皂苷、生物碱、酚性成分等。

【主要药用植物】

徐长卿 *Cynanchum paniculatum*（Bunge）Kitag. 多年生直立草本。根为须根，有香气；叶对生，披针形至条形；圆锥状聚伞花序生顶部叶腋，花冠黄绿色；每室有花粉块 1 个。蓇葖果单生。我国大多数省区有分布。根与根茎（徐长卿）能消肿止痛、通经活络。

杠柳 *Periploca sepium* Bunge 落叶蔓生灌木，有白色乳汁。叶对生，披针形；聚伞花序腋生；花萼裂片内面基部各有 2 小腺体；花萼紫红色，5 深裂，裂片 5 枚。蓇葖果双生（图 4-44）。分布于长江以北地区及西南各省区。根皮（香加皮）能祛风止痛、利水消肿、强心。

图 4-44　杠柳

1. 花枝；2. 花萼裂片，示基部两侧腺体；3. 花冠裂片；4. 副花冠和雄蕊；5. 果实；6. 种子；7. 根皮

本科药用植物还有：白薇 *Cynanchum atratum*

Bunge. 根及根茎（白薇）能清热、凉血、利尿。柳叶白前 *Cynanchum Stauntonii*（Decne.）Schltr. ex Levl. 根及根茎（白前）能祛痰止咳、泻肺降气。白首乌 *Cynanchum auriculatum* Royle ex Wight 根块（白首乌）具强壮、健胃作用。萝藦 *Metaplexis japonica*（Thunb）Makino 果壳（天将壳）能止咳化痰、平喘。

24. 旋花科 Convolvulaceae ⚥ $*K_5C_{(5)}A_5\underline{G}_{(2:1\sim4:1\sim2)}$

常为缠绕性草质藤本，多含乳汁状液汁。单叶互生，无托叶；花两性，辐射对称；单生或呈聚伞花序；花冠漏斗状、钟状或坛状；萼片5枚，常宿存；雄蕊5枚，着生花冠管上；子房上位，常被花盘包围，2心皮合生，1～2室，有时因假隔膜而成4室，每室胚珠1～2枚。蒴果，稀浆果、坚果。

本科植物有56属，约1800种，广布于全世界，主产于美洲和亚洲热带、亚热带地区。我国22属，128种。已知药用54种。本科植物含莨菪烷类生物碱及苷类成分等。

【主要药用植物】

菟丝子 *Cuscuta chinensis* Lam. 一年生寄生草本。茎缠绕，纤细，黄色；叶退化成鳞片状；花簇生成球形或小伞形；花小，花冠壶状，黄白色（图4-45）。分布于华北、东北、西北、华东、华中等地区。种子（菟丝子）能补肝肾、益精、安胎。

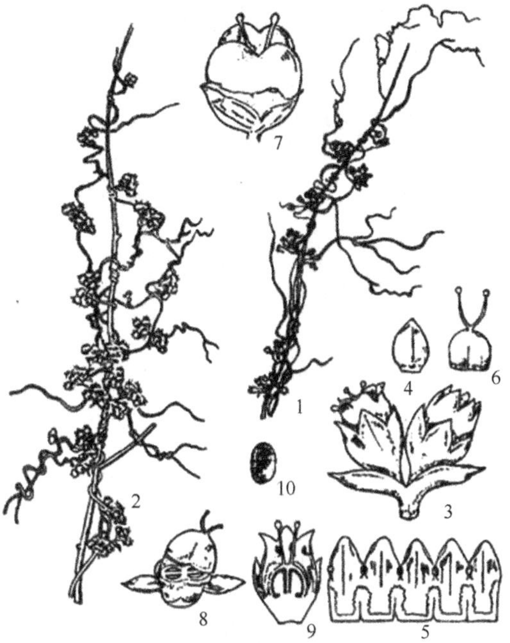

图4-45 菟丝子

1. 花枝；2. 果枝；3. 花；4. 花萼；5. 花冠展开示雄蕊；6. 雌蕊；7. 果实；8. 果实横切；9. 果实纵切；10. 种子

丁公藤 *Erycibe obtusifolia* Benth. 高大木质藤本。单叶互生，革质，无毛，倒长卵形或椭圆形；花序腋生或顶生，聚伞状；花小，花冠钟状，白色，深5裂；雄蕊内藏。浆果卵状椭圆形，具1枚种子。主产于广东。茎藤（丁公藤）有小毒，能祛风除湿、消肿、发汗。

本科药用植物还有：牵牛（裂叶牵牛）*pharbitis nil*（L.）Choisy 种子（牵牛子）入药，黑色的称黑丑，淡黄色的称白丑，能逐水消肿、杀虫。马蹄金 *Dichondra repens* Forst. 全草能清热利湿、消肿解毒。

25. 唇形科 Labiatae（Lamiacae） ⚥ ↑ $K_{(5)}C_{(5)}A_{4,2}\underline{G}_{(2:4:1)}$

多为草本，少数灌木，常含挥发油而有香气。茎四棱形；叶常对生，单叶，少数复叶。花两性，两侧对称，轮伞花序，有的再集成穗状、总状、圆锥状或头状的复合花序；花萼通常5裂，宿存；花冠5裂，多二唇形，通常上唇2裂，下唇3裂；雄蕊4枚，2强，或仅有2枚发育；雌蕊子房上位，2心皮组成，常4深裂成假4室，每室含胚珠1枚；花柱着生于4裂子房隙中央的基部，柱头2浅裂。果实由4枚小坚果组成。

本科植物有220属，约3500余种，广布于全世界。我国有99属，808种，全国各地均有分布。已知药用436种。本科主要特征性活性成分为二萜类、挥发油类、黄酮及酚类等。例如，丹参中所含的丹参酮、隐丹参酮、异丹参酮等，具抗菌消炎、降血压及活血化瘀、促进伤口愈合等作用；薄荷油、荆芥油、广藿香油和紫苏油等有抗菌、消炎及抗病毒作用。

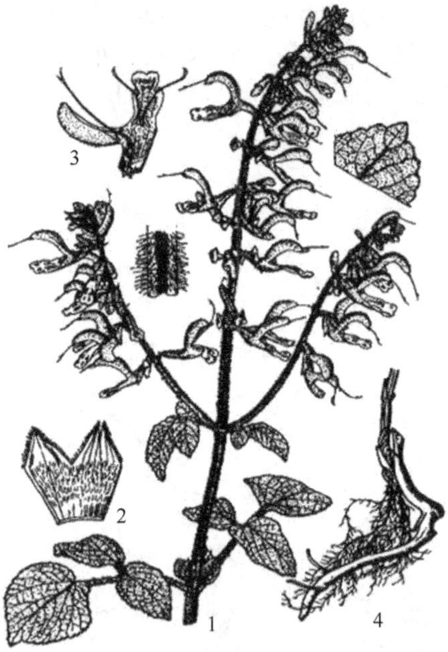

图 4-46　丹参

1. 花枝；2. 部分展开的花萼；3. 花冠展开示雄蕊和雌蕊；4. 根

【主要药用植物】

丹参 *Saliva miltiorrhiza* Bunge 多年生草本。全株密被长柔毛及腺毛；根肥壮，外皮砖红色；羽状复叶对生，茎四棱；花冠二蓝紫色，二唇形；轮伞花序组成假总状花序；能育雄蕊 2 枚；子房 4 深裂，小坚果长椭圆形（图 4-46）。分布于全国大部分地区。根（丹参）能活血化瘀、祛瘀生新、养心安神。

黄芩 *Scutellaria baicalensis* Georgi 多年生草本。主根肥大，断面黄绿色；单叶对生，披针形，无柄或具短柄；总状花序顶生，花偏向一侧，花冠二唇形，蓝紫色或紫红色。小坚果卵球形（图 4-47）。分布于长江以北地区，主产于东北、华北等地。根（黄芩）能清热燥湿、解毒、止血和安胎。

益母草 *Leonurus japonicus* Houtt [*L.heterophyllus* Sweet; *L.artemisia*(Lour.) S.Y.Hu] 一年或二年生草本。茎四棱形；基生叶有长柄，近圆形；中部叶棱形，掌状 3 深裂；轮伞花序腋生，花冠二唇形，淡红色或紫红色（图 4-48）。全国各地有分布。地上部分（益母草）能活血调经、利尿消肿。

本科药用植物很多，较重要的尚有：薄荷 *Mentha canadaensis* L.[*M.haplocalyx* Briq.;*M.arvensis* auct.non L.] 全草（薄荷）能疏散风热、清利头目、理气解郁。裂叶荆芥 *Schizonepeta tenuifolia* (Benth) Briq.[*Nepeta tenuifolia* Benth] 地上部分入药

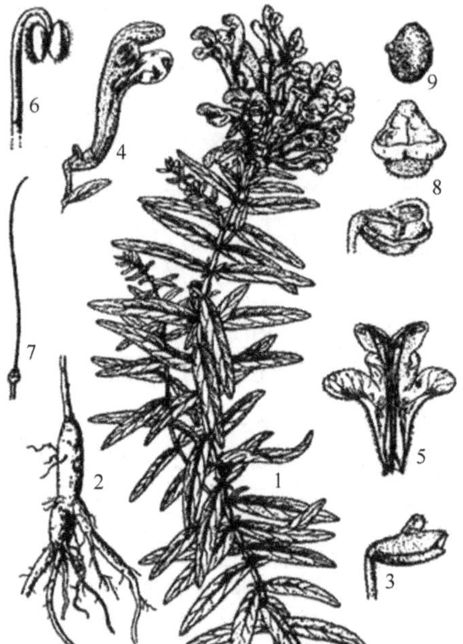

图 4-47　黄芩

1. 花枝；2. 根；3. 花萼侧面观；4. 花冠侧面冠和苞片；5. 花冠展开示雄蕊；6. 雄蕊；7. 雌蕊；8. 果时花萼；9. 果实

图 4-48　益母草

1. 植物下部示基生叶；2. 花枝；3. 花；4. 花冠展开示雄蕊；5. 雄蕊；6. 雌蕊

称“荆芥”，花（果）序入药称“荆芥穗”，生用能疏风解表、透疹止痒，炒炭能止血。江香薷 *Mosla chinensis* Maxim.cv.*Jiangxiangru* 全草（香薷）能发汗解表、祛暑化湿、利尿消肿。广藿香 *Pogostemon cablin*(Blanco) Benth. 全草（广藿香）能解暑化湿、健胃止呕。紫苏 *Perilla frutescens*(L.) Britt.var.*arguta*(Benth.) Hand.-Mazz. 叶（紫苏叶）能发表散寒、行气宽中；梗（紫苏梗）能理气宽胸、安胎；夏枯草 *Prunella vulgaris* L. 全草或果穗（夏枯草）能清肝明目、清热散结、降血压。

26. 茄科 Solanaceae　⚥ $*K_{(5)}C_{(5)}A_5\underline{G}_{(2:2:\infty)}$

草本或灌木。单叶互生，无托叶，有时呈大小叶对生状。花两性，辐射对称，单生、簇生或成聚伞花序；花萼常 5 裂或平截，宿存，常果时增大；花冠 5 裂，呈漏斗状或高脚碟状、辐射状、钟状；雄蕊常 5 枚，少数 4 枚，着生花冠上；子房上位，2 心皮 2 室，中轴胎座，胚珠多数。蒴果或浆果。

本科有 80 属，3000 余种，广布于温带及热带地区。我国有 26 属，约 115 种，各地均有分布。已知药用 84 种。本科植物普遍含生物碱，主要是莨菪烷型、吡啶型和甾体类生物碱。

【主要药用植物】

宁夏枸杞 *Lycium barbarum* L. 粗壮灌木，具枝刺。叶互生或丛生，长椭圆状披针形或卵状矩形；花腋生，2 ～ 6 朵簇生于短枝上，花冠粉红色或淡紫色，花冠管长于裂片；花萼杯状，常 2 ～ 3 裂；浆果椭圆形，红色或橘色（图 4-49）。分布于西北、华北等地区，主产于宁夏。果实（枸杞子）能补肝益肾、益精明目。根皮（地骨皮）能清虚热、退骨蒸、凉血、清肺降火。

白花曼陀罗（洋金花）*Datura metel* L. 一年生草本。单叶互生，卵形或宽卵形，基部不对称；花单生，花冠白色，漏斗状或喇叭状，大形，具 5 棱，上部 5 浅裂；雄蕊 5 枚；蒴果近球形（图 4-50）。分布于长江以南地区，有栽培。全株及种子有毒。花（洋金花、南洋金花）能平喘镇咳、

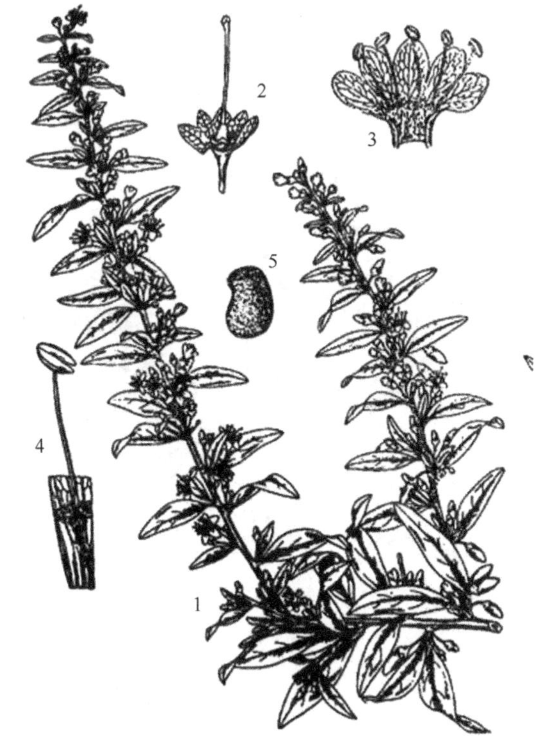

图 4-49　宁夏枸杞

1. 花枝；2. 花萼展开示雌蕊；3. 花冠展开示雄蕊；4. 雄蕊；5. 种子

图 4-50　白花曼陀罗

1. 植株；2. 花冠展开示雄蕊、雌蕊；3. 果实；4. 种子

麻醉止痛。

本科药用植物还有：颠茄 *Atropa belladonna* L. 全草能松弛平滑肌、抑制腺体分泌、加速心率、扩大瞳孔。莨菪（天仙子）*Hyoscyamus niger* L. 叶、种子（天仙子）能解痉镇痛，并作为提取莨菪碱的原料。酸浆（挂金灯）*Physalis alkekengi* L. var.*franchetii*(Mast.) Makino 果实能清热解毒、利咽化痰。

27. 玄参科 Scrophulariaceae $⚥ \uparrow K_{(4\sim5)}C_{(4\sim5)}A_{4,2}\underline{G}_{(2:2:\infty)}$

多草本，少灌木或乔木。叶多对生，少轮生或互生，无托叶；花两性，常两侧对称，呈总状或聚伞花序；萼 4 ～ 5 裂，宿存；花冠 4 ～ 5 裂，多少呈二唇形；雄蕊多为二强雄蕊，少数 2 枚或 5 枚；子房上位，2 心皮 2 室，每室胚珠多数；中轴胎座，花柱顶生。蒴果。

本科有 200 属，约 3000 种以上，广布于全世界。我国有 60 属，约 634 种，全国分布，主产于西南各省区。已知药用 231 种。本科的化学成分主要有环烯醚萜苷、强心苷、黄酮、蒽醌等。洋地黄中洋地黄毒苷、地高辛等，为临床常用的强心药。

【主要药用植物】

地黄 *Rehmannia glutinosa* Libosch. 多年生草本，全株被长柔毛及腺毛。根茎肥大呈块状，鲜时黄色；叶多基生，成丛；总状花序顶生；花冠稍弯曲，外面紫红色，里面黄色带紫色条纹，略呈二唇形；二强雄蕊；子房上位，2 室（图 4-51）。分布于长江以北大部分省区。药用者多为栽培品，主产于河南等地。根状茎入药，生用（生地黄）能清热凉血、养阴生津；熟用（熟地黄）能补血滋阴、益精填髓。

玄参（浙玄参）*Scrophularia ningpoensis* Hemsl. 多年生高大草本。根数条，圆锥形或纺锤形，肥大，黄褐色，干后变黑；茎四棱形；叶片卵形至卵状披针形；聚伞花序组成大而疏散的圆锥花序；花萼 5 裂，花冠紫褐色，二强雄蕊。蒴果卵形（图 4-52）。分布于华东、中南、

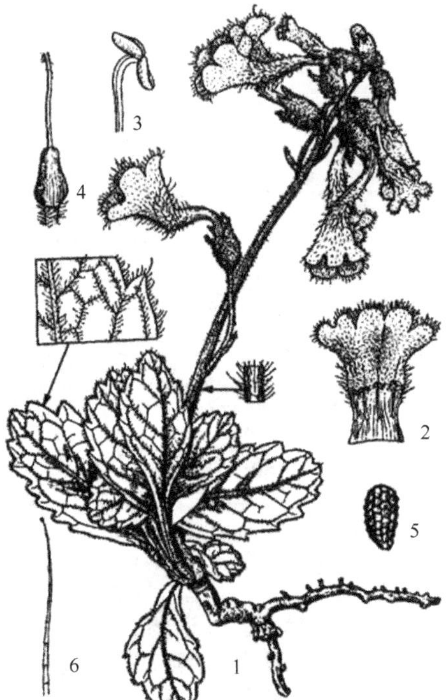

图 4-51　地黄

1. 带花植株；2. 花冠展开示雄蕊；3. 雄蕊；4. 雌蕊；5. 种子；6. 腺毛

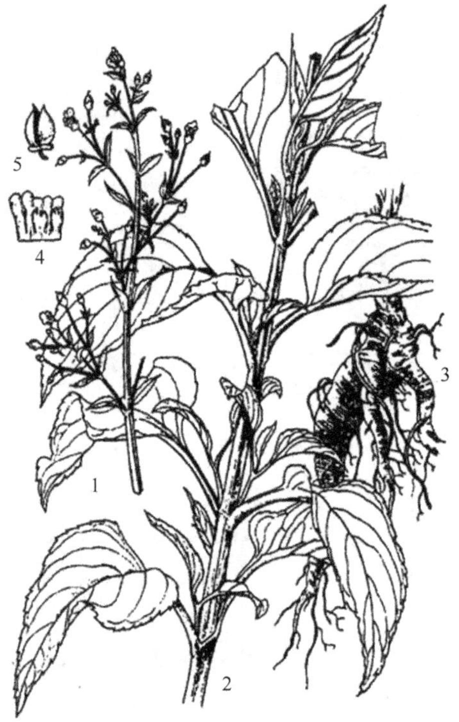

图 4-52　玄参

1. 花枝；2. 植株；3. 根；4. 花冠展开示雄蕊；5. 果实

西南各省区。根（玄参）能清热凉血、滋阴解毒。

胡黄连 *Picrorhiza scrophulariiflora* Pennell 多年生矮小草本。根状茎粗壮而伸长，长圆锥形；叶基生，边缘锯齿状；花密集呈穗状聚伞花序；花冠暗紫色或浅蓝色，二唇形，上唇1片，下唇3裂；雄蕊略2强。蒴果4瓣裂。分布于西藏及云南西北部。根茎（胡黄连）能清虚热、除疳热、利湿热。

本科药用植物还有：阴行草 *Siphonostegia chinensis* Benth. 全草（北刘寄奴）有清热利湿、活血祛瘀作用。紫花洋地黄 *Digitalis purpurea* L. 叶能兴奋心肌、增强心肌收缩力、增加血液输出量，从而起到改善血液循环的作用。

图 4-53 茜草

1. 果枝；2. 根；3. 花；4. 雌蕊；5. 浆果

28. 茜草科 Rubiaceae ⚥ $*K_{(4\sim6)}C_{(4\sim6)}A_{4\sim6}\overline{G}_{(2:2:1\sim\infty)}$

草本或木本，有时攀援状。单叶对生或轮生，全缘；托叶2枚，分离或合生，常宿存；花两性，二歧聚伞花序排成圆锥状或头状，少单生；花辐射对称，花冠4～6裂，雄蕊与花冠裂片同数；子房下位，2心皮合生，常2室。蒴果、浆果或核果。

本科有500属，约6000余种，广布于热带和亚热带，少数分布于温带，是合瓣花亚纲中的第二大科。我国有98属，约676种，主要分布于东南至西南部。已知药用210种。本科主含生物碱、环烯醚萜苷和蒽醌类成分。

【主要药用植物】

茜草 *Rubia cordifolia* L. 多年生攀援草本。根丛生，橙红色。枝4棱，棱上具倒生刺；托叶叶状，与叶共4片轮生，有长柄；下面中脉及叶柄上有倒刺；聚伞花序呈疏松的圆锥状；花小，黄白色，子房下位，2室。浆果（图4-53）。广布于全国各地。根（茜草）能凉血止血、祛瘀通经。

钩藤 *Uncaria rhynchophylla* (Miq.) Miq.ex Havil. 常绿木质大藤本。小枝四棱形，叶腋有钩状变态枝。叶对生；托叶2深裂，裂片条状钻形；头状花序；花冠黄色；子房下位。蒴果（图4-54）。分布于湖南、江西、福建、广东、广西等省区及西南地区。带钩的茎枝（钩藤）能清热平肝、息风定惊。同属植物大叶钩藤 *U. macrophylla* Wall.、毛钩藤 *U. hirsuta* Havil.、华钩藤 *U. sinensis* (Oliv.) Havil. 及无柄钩藤 *U. sessilifructus* Roxb. 的带钩茎枝均作中药钩藤药用。

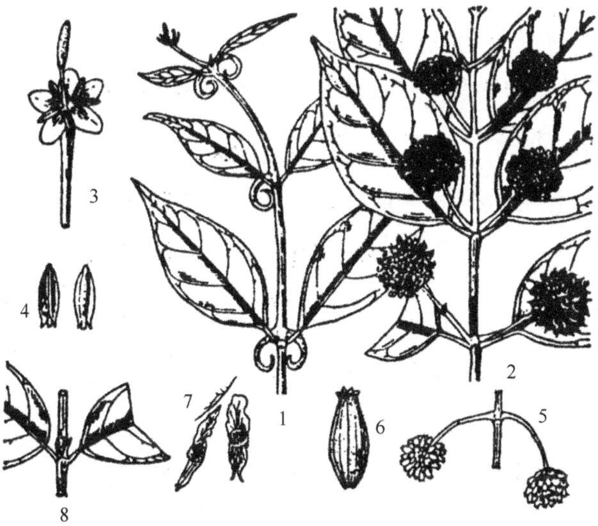

图 4-54 钩藤

1. 具钩的枝；2. 具花序的枝；3. 花（去花萼和部分花冠管）；4. 雄蕊；5. 节上着生的果序；6. 蒴果；7. 种子；8. 枝的一节，示托叶

本科常用药用植物还有：栀子 *Gardenia jasminoides* Ellis 果实（栀子）能泻火解毒、清利湿热、凉血利尿。红大戟 *Knoxia velerianoides* Thorel ex Pitard 块根（红大戟）能泻水逐饮、攻毒、消肿散结。巴戟天 *Morinda officinalis* How 根（巴戟天）能补肾壮阳、强筋骨、祛风湿。白花蛇舌草 *Hedyotis diffusa* Willd. 全草（白花蛇舌草）能清热解毒、

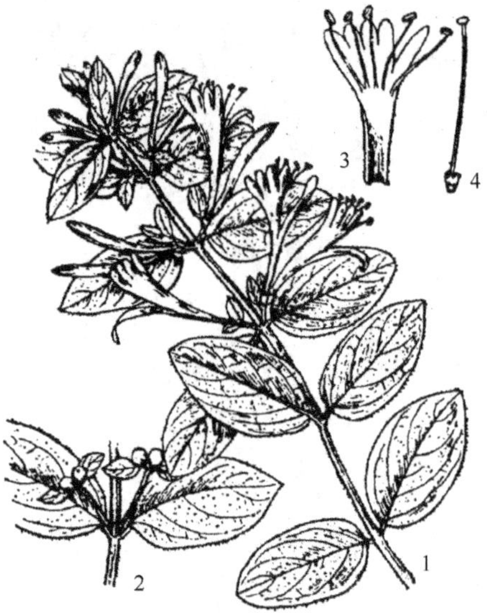

图 4-55 忍冬
1. 着花的枝；2. 果枝；3. 花冠纵剖；4. 雄蕊

活血散瘀。虎刺 *Damnacanthus indicus*（L.）Gaertn. f. 根或全株（虎刺）能祛风利湿、活血止痛。玉叶金花 *Mussaenda pubescens* Ait. f. 藤、根药用（玉叶金花）能清热解暑、凉血解毒。鸡矢藤 *Paederia scandens*（Lour.）Merr. 根及全草（鸡矢藤）能祛风利湿、消食化积、止咳、止痛。六月雪 *Serissa japonica*（Thunb.）Thunb.、白马骨 *S. serissoides*（DC.）Druce 全草（六月雪）能健脾利湿、疏肝、活血。儿茶钩藤 *Uncaria gambier* Roxb. 枝浸膏（方儿茶）能清热化痰、敛疮止血。

29. 忍冬科 Caprifoliaceae $⚥ * \uparrow K_{(4\sim5)}C_{(4\sim5)}A_{4\sim5}\overline{G}_{(2\sim5:1\sim5:1\sim\infty)}$

木本，稀草本。多单叶对生，少羽状复叶；常无托叶；聚伞花序；花两性，辐射对称或两侧对称；花萼 4 ~ 5 裂；花冠管状，通常 5 裂，有时二唇形；雄蕊和花冠裂片同数而互生，着生于花冠管上；子房下位，2 ～ 5 心皮合生，常为 3 室，每室胚珠 1 枚。浆果、核果或蒴果。

本科有 15 属，约 450 种，分布于温带地区。我国有 12 属，260 余种，广布全国。已知药用约 106 种。本科植物以酚性成分和黄酮类为特征，如氯原酸、异氯原酸、忍冬苷、忍冬素等。此外，尚含三萜类成分、皂苷和氰苷等。

【主要药用植物】

忍冬 *Lonicera japonica* Thunb. 半常绿缠绕灌木。幼枝密生柔毛和腺毛；单叶对生；花成对生于叶腋，苞片叶状；花萼 5 裂；花冠二唇形，上唇 4 裂，下唇反卷不裂；刚开时白色，后转黄色，故称“金银花”，具芳香，外面被有柔毛和腺毛；雄蕊 5 枚；子房下位。浆果（图 4-55）。广布全国，山东平邑县（济银花）与河南密县（密银花）为金银花的道地产区。花蕾或初开的花（金银花）能清热解毒、疏散风热；茎枝（忍冬藤）能清热解毒、疏风通络。同属植物灰毡毛忍冬 *L. Macranthoides* Hand. -Mazz.、红腺忍冬 *L. hypoglauca* Miq.、华南忍冬 *L. confusa* DC. 或黄褐毛忍冬 *L. fulvotomentosa* Hsu et S. C. Cheng 的干燥花蕾或带初开的花作中药“山银花”使用，功效同金银花。

本科常用药用植物还有：陆英 *Sambucus chinensis* Lindl. 全草（接骨草）能散瘀消肿、祛风活络、续骨止痛。接骨木 *S. williamsii* Hance 全株（接骨木）能接骨续筋、活血止血、祛风利湿。

30. 葫芦科 *Cucurbitaceae $♂ *K_{(5)}C_{(5)}A_{5,(3\sim5)}$；$♀ * K_{(5)}C_{(5)}G_{(3:1:\infty)}$

草质藤本，具螺旋状卷须。单叶互生，常掌状分裂，有时为鸟趾状复叶；花单性，同株或异株，辐射对称；花萼和花冠裂片 5，稀为离瓣花冠；雄花的雄蕊 3 或 5 枚，分离或合生，花药直或折曲呈“S”形；雌花子房下位，由 3 心皮组成 1 室，侧膜胎座。瓠果。

本科有 113 属，约 800 种，主要分布于热带和亚热带地区。我国有 32 属，约 155 种，全国均有分布，以华南和西南种类最多。已知药用约 92 种。本科植物的特征性活性成分为四环三萜类葫芦烷型皂苷，如葫芦素有抗癌活性，并能阻止肝细胞脂肪变性及抑制肝纤维增生。五环三萜齐墩果烷型皂苷、黄酮及其苷类在本科植物中也较普遍存在。

【主要药用植物】

栝楼 *Trichosanthes kirilowii* Maxim. 多年生草质藤本。块根肥厚，圆柱状。叶常近心形，

图 4-56 栝楼

1 具雄花的枝；2 具雌花的枝；3. 果实；4. 种子

图 4-57 绞股蓝

1. 雄花枝；2. 果枝；3. 雄花；4. 雄蕊；5. 雌花；6. 柱头；7. 果实；8. 种子

掌状浅裂至中裂，少为不裂，中裂片菱状倒卵形；雌雄异株，雄花序总状，雄花有 3 枚雄蕊；雌花单生；花萼、花冠均 5 裂；花冠白色，中部以上细裂成流苏状。瓠果近球形（图 4-56）。分布于长江以北及华东地区。成熟果实（瓜蒌）能清热化痰、利气宽胸、散结消痈、润燥滑肠。

绞股蓝 *Gynostemma pentaphyllum*（Thunb.）Makino 草质藤本。卷须 2 叉，着生叶腋；鸟趾状复叶，有 5 ～ 7 小叶，具柔毛；雌雄异株；雌雄花序均圆锥状。瓠果球形（图 4-57）。分布于长江以南地区。全草（绞股蓝）能清热解毒、止咳祛痰。本种含有绞股蓝皂苷，有类似人参样的生理活性，能增强人体免疫功能。

本科常用药用植物还有：罗汉果 *Siraitis grosvenorii*（Swingle）C. Jeffrey ex Lu et Z. Y. Zhang 果实（罗汉果）能清热凉血、润肺止咳、润肠通便。冬瓜 *Benincasa hispida*（Thunb.）Cogn. 干燥的外层果皮用（冬瓜皮）能清热利尿、消肿；种子（冬瓜子）能清热利湿、排脓消肿。王瓜 *Trichosanthes cucumeroides*（Ser.）Maxim. 块根（王瓜根）有小毒，能清热利尿、解毒消肿、散瘀止痛。果实（王瓜）能清热、生津、消瘀、通乳。雪胆 *Hemsleya chinensis* Cogn. ex Forbes et Hemsl. 块根（雪胆）有小毒，能清利湿热、解毒、消肿、止痛。木鳖 *Momordica cochinchinensis*（Lour.）Spreng. 种子（木鳖子），有小毒，能化积利肠，外用消肿、透毒、生肌。丝瓜 *Luffa cylindrica*（L.）Roem. 果实的维管束（丝瓜络）能通络、清热化痰。葫芦 *Lagenaria siceraria*（Molina）Standl. 果皮及种子（葫芦）能利尿、消肿、散结。

31. 桔梗科 * Campanulaceae ⚥ * ↑ $K_{(5)}C_{(5)}A_{5,(5)}\overline{G}_{(2\sim5:2\sim5:\infty)}$；$\underline{G}_{(2\sim5:2\sim5:\infty)}$

草本，常具乳汁。单叶互生或对生，少轮生，无托叶。花单生或呈聚伞、总状、圆锥花序；花两性，辐射对称或两侧对称；花萼 5 裂，宿存；花冠常钟状或管状，5 裂；雄蕊 5 枚，分离或合生；雌蕊常由 3 心皮合生，中轴胎座，常 3 室，子房下位或半下位。蒴果，稀浆果。

本科有 60 属，约 2000 种，分布全球，以温带和亚热带为多。我国有 16 属，约 172 种，全国分布，以西南地区为多。已知药用 111 种。本科植物主含皂苷、生物碱、多糖类等化学成分。

知识链接

党参古代以产于山西上党郡的为最名贵，故称党参。因产地或来源不同有潞党、西党、东党、川党等。上党在唐代称潞州，故上党党参又称潞党。党参除有传统作用外，还有抑制血小板凝聚作用，并能够增加红细胞和血红蛋白，升高血糖，降低血压等。

【主要药用植物】

桔梗 *Platycodon grandiflorum*（Jacq.）A. DC. 多年生草本，具白色乳汁。根肉质，长圆锥状；叶对生、轮生或互生；花单生或数朵生于枝顶；花萼5裂，宿存；花冠钟状，蓝色，5裂；雄蕊5枚，花丝基部变宽；子房半下位，雌蕊5心皮合生。蒴果顶部5裂（图4-58）。全国广布。根（桔梗）能宣肺祛痰、排脓消肿。

党参 *Codonopsis pilosula*（Franch.）Nannf. 多年生缠绕草质藤本，具白色乳汁。根圆柱状，具多数瘤状茎痕；叶互生；花1～3朵生于分枝顶端；花冠淡绿色，略带紫晕，阔钟状；子房半下位。蒴果（图4-59）。分布于东北地区及内蒙古、陕西、山西、甘肃、四川省区，有栽培；地道产区在山西平顺、长治、壶关等地（潞党）。根（党参）能补脾、益气，生津、养血。同属植物素花党参 *C. pilosula*（Franch.）Nannf. var. *modesta*（Nannf.）L. T. Shen、川党参 *C. tangshen* Oliv. 的根亦作中药党参药用。

图4-58 桔梗

1. 植株；2. 去花萼及花冠后的雄蕊和雌蕊；3. 蒴果

图4-59 党参

1. 花枝；2. 根

本科常用药用植物还有：沙参 *Adenophora stricta* Miq. 根（南沙参）能养阴清肺、祛痰止咳。半边莲 *Lobelia chinensis* Lour. 全草（半边莲）能清热解毒、利水消肿。荠苨 *Adenophora trachelioides* Maxim. 根（荠苨）能清化热痰、解毒消痈。羊乳 *Codonopsis lanceolata*（Sieb. et Zucc.）Trautv. 根（四叶参）能补虚通乳、排脓解毒。

32. 菊科 * Compositae（Asteraceae） ⚥ *，↑ $K_{0,\infty}C_{(3\sim5)}A_{(4\sim5)}\overline{G}_{(2:1:1)}$

常为草本，稀灌木。有的具乳汁或树脂道。头状花序，外有总苞围绕，头状花序再集成总状、伞房状等；常由多朵小花集生于花序托（即缩短的花序轴）上组成头状花序；每朵花的基部有 1 枚苞片（托片），呈毛状或缺；花两性；萼片常变成冠毛，或呈针状、鳞片状，或缺。花冠管状或舌状。雄蕊 5 枚，为聚药雄蕊。雌蕊由 2 心皮合生，1 室，子房下位，柱头 2 裂。头状花序的小花有同型（全为管状花或舌状花组成）和异型的（外围为舌状花，称缘花；中央管状花，称盘花）。连萼瘦果（由花托或萼管参与形成的果实）。

菊科是被子植物第一大科，有 1000 属，约 30 000 种，全球广布。我国有 227 属，约 2300 种，全国广布。已知药用 778 种。本科植物中常见活性成分有倍半萜内酯、黄酮类、生物碱、挥发油、香豆素、三萜皂苷、倍半萜、菊糖等。其中，最具特征性成分为倍半萜内酯和菊糖。

本科通常分为两个亚科：①管状花亚科（Tubuliflorae）：整个花序全为管状花或中央为管状花，边缘为舌状花；植物体无乳汁，有的含挥发油。②舌状花亚科（Liguliflorae）：整个花序全为舌状花，植物体具乳汁。

图 4-60 菊花

1. 花枝；2. 舌状花；3. 管状花

【主要药用植物】

菊花 *Chrysanthemum morifolium* Ramat. 多年生草本，基部木质，全体被白色绒毛。叶缘有粗大锯齿或羽裂；头状花序总苞片多层，外层绿色，边缘膜质；缘花舌状，为雌性花；盘花管状，为两性花，具托片。瘦果无冠毛（图 4-60）。全国各地栽培。花序（菊花）有疏风清热、平肝明目功效。同属植物野菊 *C. indicum* L. 的花序（野菊花）能清热解毒。

知识链接

菊花通过人们的不断选育，形成了各具特色的药用名菊，即亳菊、滁州、杭菊、贡菊、怀菊。其中，亳菊是药用精品，不作茶用；滁菊既是药用精品，又可作为茶用；杭菊是药茶兼用之品；贡菊则是茶用为主，药用为辅；怀菊花为河南四大怀药之一，有很高的药用价值。

红花 *Carthamus tinctorius* L. 一年生草本。叶互生，长椭圆形或卵状披针形，叶缘齿端有尖刺；头状花序具总苞片 2 ～ 3 列，卵状披针形，上部边缘有锐刺，内侧数列卵形，无刺；花序全由管状花组成，初开时黄色，后变为红色。瘦果无冠毛（图 4-61）。全国各地均有栽培。管状花冠（红花）能活血通经、祛瘀止痛。

白术 *Atractylodes macrocephala* Koidz. 多年生草本。根状茎肥大，略呈骨状，有不规则分枝；叶具长柄，3 裂，稀羽状 5 深裂；头状花序顶生；全为管状花，紫红色。瘦果密被柔毛（图 4-62）。分布于华东、华中地区，多栽培。根状茎（白术）能补气健脾、燥湿利水、固表止汗、安胎。

苍术（南苍术、茅苍术）*A. lancea*（Thunb.）DC. 多年生草本。根状茎粗肥，结节状，具香气。叶无柄，下部叶常 3 裂；头状花序顶生；花冠白色。瘦果具棕黄色毛（图 4-63）。分布于华东、华中地区，地道产区为江苏句容、镇江。根状茎（苍术）能燥湿健脾、祛风除湿。

木香 *Aucklandia lappa* Decne. 多年生草本。主根粗壮，干后芳香；基生叶片大，三角状卵形，边缘具不规则浅裂或呈波状，疏生短齿，叶片基部下延成翅；茎生叶互生；头状花序具总苞片约 10 层；托片刚毛状；全为管状花，暗紫色。瘦果具肋，上端有 1 轮淡褐色羽状

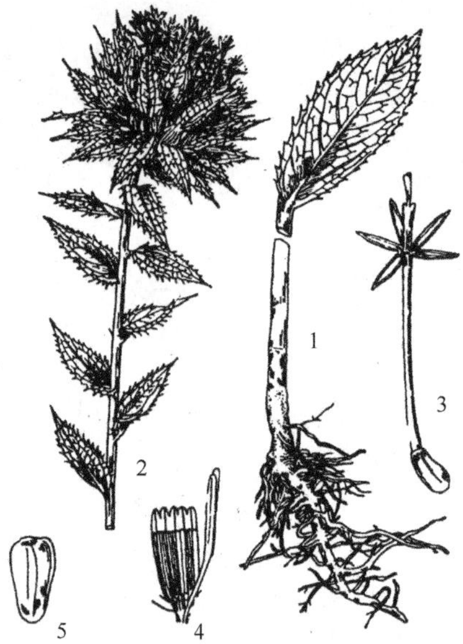

图 4-61　红花

1. 根；2. 花枝；3. 花；4. 聚药雄蕊剖开后，示药室及雌蕊的一部分；5. 瘦果

图 4-62　白术

1. 花枝；2. 管状花；3. 花冠剖开，示雄蕊；4. 雌蕊；5. 瘦果；6. 根状茎

冠毛（图 4-64）。分布于西藏南部、云南、四川等省区，有栽培。根（木香）能行气止痛、健脾消食。川木香 *Vladimiria souliei* (Franch.) Ling 根（川木香）与木香功效相同。

本科常用药用植物还有：黄花蒿 *Artemisia annua* L. 地上部分（青蒿）能清热祛暑、凉血、截疟。其茎叶提制的青蒿素可治疗间日疟、恶性疟。牛蒡 *Arctium lappa* L. 果实（牛蒡子）能

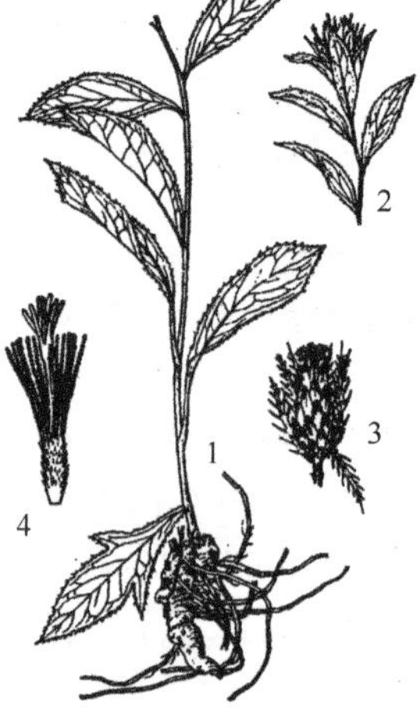

图 4-63　苍术

1. 根状茎及部分茎叶；2. 花枝；3. 头状花序，示总苞及羽裂的叶状苞片；4. 管状花

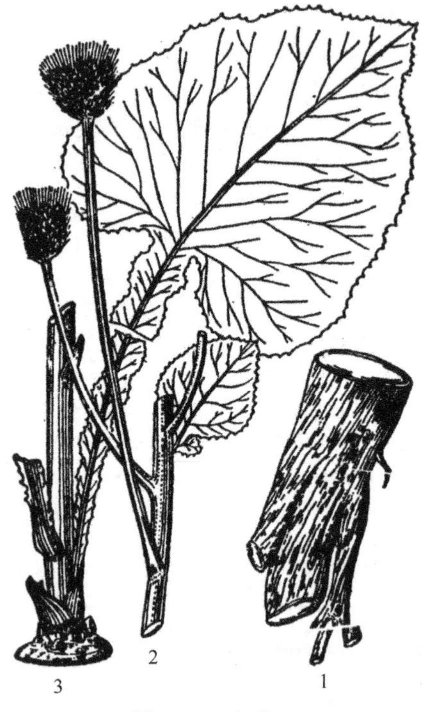

图 4-64　木香

1. 根；2. 花枝；3. 基生叶

疏散风热、宣肺透疹、解毒利咽。奇蒿 *Artemisia anomala* S. Moore 带花全草（刘寄奴）能清暑利湿、活血行瘀、通经止痛。艾蒿 *A. argyi* Levl. et Vant. 叶（艾叶），有小毒，能散寒止痛、温经止血。茵陈蒿 *A. capillaris* Thunb. 幼苗（茵陈）能清湿热、退黄疸。紫菀 *Aster tataricus* L. f. 根及根茎（紫菀）能润肺下气、祛痰止咳。鬼针草 *Bidens bipinnata* L. 全草（鬼针草）能清热解毒、祛风活血。天名精 *Carpesium abrotanoides* L. 果实（鹤虱），有小毒，能杀虫消积。大蓟 *Cirsium japonicum* DC. 地上部分或根（大蓟）能凉血止血、祛瘀消肿。刺儿菜 *C. setosum*（Willd.）M.B. 地上部分（小蓟）能凉血止血、祛瘀消肿。蓝刺头 *Echinops latifolius* Tausch. 根（禹州漏芦）能清热解毒、消痈、下乳。醴肠 *Eclipta prostrata*（L.）L. 地上部分（墨旱莲）能滋补肝肾、凉血止血。佩兰 *Eupatorium fortunei* Turcz. 地上部分（佩兰）能芳香化湿、醒脾开胃、发表解暑。鼠曲草 *Gnaphalium affine* D. Don 全草（鼠曲草）能祛痰、止咳平喘、祛风除湿。菊叶三七 *Gynura segetum*（Lour.）Merr. 根或全草（土三七）能散瘀止血、解毒消肿。旋覆花 *Inula japonica* Thunb. 头状花序（旋覆花）能降气止呕、行水消痰。马兰 *Kalimeris indica*（L.）Sch. Biq. 全草（马兰）能理气消食、清热利湿。绵头雪莲花 *Saussurea laniceps* Hand. Mazz. 全草（雪莲花）能温肾壮阳、调经止血。千里光 *Senecio scandens* Buch.-Ham. ex D. Don 地上部分（千里光）能清热解毒、明目、止痒。豨莶 *Siegesbeckia orientalis* L. 地上部分（豨莶草）能祛风湿、利关节、解毒。一枝黄花 *Solidago decurrens* Lour. 全草（一枝黄花）能清热解毒、疏散风热。蒲公英 *Taraxacum mongolicum* Hand.-Mazz. 全草（蒲公英）能清热解毒、消肿散结、利尿通淋。款冬 *Tussilago farfara* L. 花蕾（款冬花）能润肺下气、止咳化痰。苍耳 *Xanthium sibiricum* Patr. ex Widder 果实（苍耳子），有小毒，能散风湿，通鼻窍。

二、单子叶植物纲 Monocotyledoneae

33. 禾本科 Gramineae ⚥ $* P_{2\sim3}A_{3,1\sim6}\underline{G}_{(2\sim3:1:1)}$

多为草本，竹类为木本。地上茎称秆，节和节间显著，节间常中空；单叶互生，2 列，由叶片、叶鞘和叶舌 3 部分组成；叶片狭长，具明显平行脉；叶鞘抱秆，常 1 侧开裂，叶片与叶鞘连接处内侧呈膜质或毛环称叶舌，叶鞘顶端两侧常各有一突出物称叶耳。花小，常两性，由 1 至多朵组成小穗再排成穗状、总状或圆锥花序；小穗有一很短的小穗轴，基部生有 2 苞片称颖，下方的称外颖，上方的称内颖；每小花外包有 2 小苞片，分别称外稃和内稃，外稃厚硬，顶端或背部常生有芒，内稃膜质；花被生于子房基部，为 2～3 枚肉质透明的小鳞片称浆片；雄蕊常 3 枚，花药丁字着生；雌蕊 1 枚，子房上位，2～3 心皮，1 室，1 胚珠，花柱 2，柱头常羽毛状。颖果，种子富含淀粉质胚乳（图 4-65）。

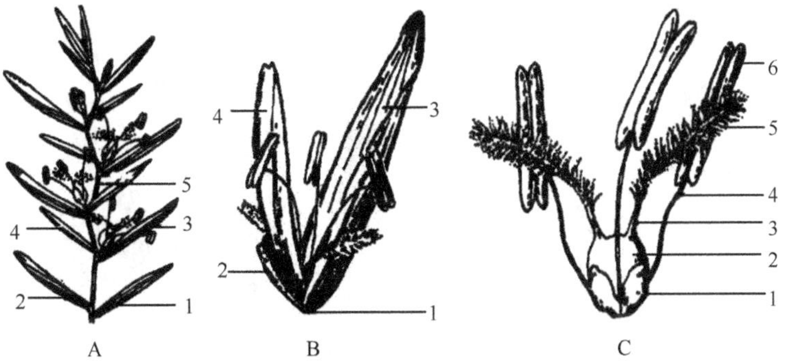

图 4-65　禾本科小穗、小花及花的解剖

A. 小穗（1. 外颖；2. 内颖；3. 外稃；4. 内稃；5. 小穗轴）；B. 小花（1. 基部；2. 小穗轴节间；3. 外稃；4. 内稃）；C. 花的解剖（1. 鳞被；2. 子房；3. 花柱；4. 花丝；5. 柱头；6. 花药）

本科有660属，约10 000多种，广布于全世界，为被子植物四大科之一。我国有228属，1200余种，分布全国。已知药用174种，多为禾亚科植物。本科化学成分多样，有杂氮噁嗪酮类、生物碱类、三萜类、氰苷、黄酮类等。大麦、水稻、小麦、玉米等富含淀粉、多种氨基酸、维生素和各种酶类。

本科分两个亚科：禾亚科 Agrostidoideae（草本）和竹亚科 Bambusoideae（木本）。

知识链接

单子叶植物纲多数为草本植物，木本植物仅占10%左右，主要存在于棕榈科、禾本科的竹亚科和百合科的一些属中。根为须根系，叶通常具平行脉，但在天南星科和百合科重楼属中亦具有网状脉。花的各部常为3基数，稀为4～5基数。花粉粒多为单沟或单孔型。种子的胚具顶生的子叶1枚。

【主要药用植物】

薏苡 *Coix lacryma-jobi* L. var. *ma-yuen*（Roman.）Stapf 一年生草本。叶片条状披针形；花单性同株，总状花序从上部叶鞘抽出，基部有骨质总苞；雄小穗多个位于上部，由2朵小花组成；雌小穗位于基部的总苞骨内，由2～3朵小花组成。颖果球形，包藏于灰白色光滑的骨质总苞内（图4-66）。薏苡分布全国。种仁（薏苡仁）具利水渗湿、健脾止泻、除痹、排脓、解毒散结功效。

白茅 *Imperata cylindrica* Beauv. var. *major*（Nees）C. E. Hubb. 多年生草本。根茎细长横走，节上有卵状披针形鳞片；秆丛生，直立，具2～3节，节上有柔毛；叶多丛集基部，叶片线形或线状披针形，叶鞘口有纤毛，叶舌短，膜质；圆锥花序紧贴呈穗状，密生白色丝状柔毛。白茅全国各地均有分布。根状茎（白茅根）能凉血止血、清热利尿。

淡竹叶 *Lophatherum gracile* Brongn. 草本。须根中部常膨大成纺锤状的块根；叶片宽披针

图4-66 薏苡

1. 植株上部；2. 总苞与雄花序

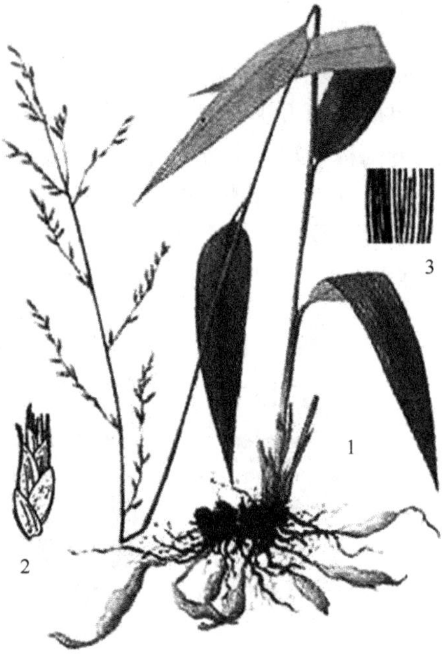

图4-67 淡竹叶

1. 植株；2. 小穗；3. 叶的一部分（示叶脉）

形，有明显的横脉，叶舌截形；圆锥花序顶生；小穗疏生于花序轴上；每小穗有花数朵，仅第一花为两性，其余皆退化，仅有稃片，外稃先端具短芒（图 4-67）。分布于长江以南地区。茎叶（淡竹叶）能清热泻火、除烦止渴、利尿通淋。

本科常用药用植物还有：芦苇 *Phragmites communis* Trin. 根茎（芦根）能清热泻火、生津止渴、除烦、止呕、利尿。大麦 *Hordeum vulgare* L. 颖果发芽后（麦芽）能行气消食、健脾开胃、回乳消胀。小麦 *Triticum aestium* L. 干瘪颖果（浮小麦）能止汗除热。玉蜀黍 *Zea mays* L. 花柱（玉米须）能清热利尿、消肿。稻 *Oryza sativa* L. 颖果发芽后（谷芽）能健脾消食、和中开胃。青皮竹 *Bambusa textilis* McClure 秆内被竹黄蜂咬伤后的分泌液干燥后的块状物（天竺黄）能清热豁痰、凉心定惊。

34. 莎草科 Cyperaceae　⚥ $*P_0A_3\underline{G}_{(2\sim 3:1:1)}$；♂ $*P_0A_3$；♀ $*P_0\underline{G}_{(2\sim 3:1:1)}$

多年生草本，稀一年生。多数具根状茎。秆多实心，通常三棱柱形；单叶基生或茎生，叶片条形或线性，多排成 3 列，一般具闭合的叶鞘，或有时仅有鞘而无叶片。花两性或单性，单生于颖片（苞片）腋内，2 至多朵花组成小穗，再由小穗聚成穗状、总状、头状、圆锥状或聚伞状花序；花序下常有 1 至数枚总苞片；花被缺如或退化为刚毛状或鳞片状；雄蕊 3 枚，稀 1～2 枚，花丝线形，花药底着；子房上位，2～3 心皮合生，1 室，1 胚珠；花柱单一，柱头 2～3 枚。小坚果，有时被苞片形成的果囊所包裹。

本科有 90 属，约 4000 余种，广布于全世界。我国有 33 属，670 种，全国各地均产。已知药用 110 种。本科植物的块茎常含挥发油，油中具多种萜类化合物，如莎草的块茎中含香附烯、香附醇、考布松等。此外，不少植物中尚含黄酮类、生物碱、强心苷、糖类等。

本科与禾本科的主要区别是：秆三棱形，实心，无节。叶 3 列，常无叶舌，叶鞘封闭，小坚果。

【主要药用植物】

莎草 *Cyperus rotundus* L. 多年生草本，块茎具香气。茎直立，三棱形；叶基生，3 列，叶片线形，平行脉；叶鞘闭合包于茎上；花序复穗状，3～6 个在茎顶排成伞状，每个花序具 3～10 个小穗。小坚果具 3 棱状（图 4-68）。全国多数地区有分布。块茎（香附）能疏肝理气、调经止痛。

本科常用药用植物还有：荆三棱 *Scirpus yagara* Ohwi 块茎（黑三棱）具有破血祛瘀、行气止痛功效。荸荠 *Eleocharis tuberosa*（Roxb.）Roem.et Schult. 球茎（荸荠）具有清热生津、开胃解毒功效。

图 4-68　莎草

1. 植株；2. 花序；3. 小穗；4. 鳞片；5. 小坚果；6. 花柱和柱头

35. 天南星科 * Araceae　⚥ $*P_{0,\ 4\sim 6}A_{1\sim 6}\underline{G}_{(1\sim\infty:1\sim\infty:1\sim\infty)}$；♂ $*P_0A_{(1\sim\infty)}$；♀ $*P_0\underline{G}_{(1\sim\infty)}$

多年生草本，稀木质藤本。常具块茎或伸长的根茎；富含苦味水汁或乳汁。单叶或复叶，常基生，叶柄基部常有膜质鞘，叶片全缘时多为箭形、戟形，或掌状、鸟足状、羽状或放射状分裂；大都具网状脉，稀具平行脉（如菖蒲属）；花小，常极臭，排列为肉穗花序；花序外面有佛焰苞包围。花两性或单性；花单性时雌雄同株（同花序）或异株；雌雄同序者雌花居于花序的下部，雄花居于雌花群之上，两者间常有无性花相隔；无花被，雄蕊 1～6 枚，常愈合成雄蕊柱，少分离。两性花辐射对称，常具花被片 4～6 枚，鳞片状；雄蕊通常与花被片同数而互生，花药

2室，退化雄蕊常存在；子房上位，由一至数心皮组成一至数室，每室具一至数枚胚珠。浆果，密集于花序轴上。

本科有115属，约2000余种，主产于热带和亚热带地区。我国有35属，约210余种，多分布于长江以南各省区。已知药用106种。本科植物主要成分有聚糖类、生物碱、挥发油、黄酮类、氰苷等。挥发油，如菖蒲属植物中含有菖蒲酮、菖蒲烯等；聚糖类，如魔芋属植物块茎中含有甘露聚糖等多糖；生物碱，如葫芦巴碱等。多数植物有毒。

【主要药用植物】

天南星 *Arisaema erubescens*（Wall.）Schott 多年生草本。块茎肥厚，扁球形；叶单一，掌状全裂，裂片11～23，披针形，顶端有芒状尾尖；花单性异株，无花被；肉穗花序的附属器棒状，佛焰苞先端芒状，喉部不闭合，无横膈膜。浆果红色，排列紧密（图4-69）。分布几遍全国。块茎（天南星）有毒，具有燥湿化痰、祛风止痉、散结消肿功效。同属植物异叶天南星 *A. heterophyllum* Blume、东北天南星 *A. amurense* Maxim. 的块茎亦作药材天南星应用。

半夏 *Pinellia ternata*（Thunb.）Breit. 多年生草本，块茎扁球形。一年生叶卵状心形，2～3年生叶掌状3全裂，裂片长圆形或披针形；叶柄下部内侧常有一珠芽；花单性同株，无花被，肉穗花序的附属器鼠尾状，伸出佛焰苞外，佛焰苞管喉部闭合，有横隔膜（图4-70）。分布于全国各地。块茎（半夏）有毒，其炮制加工品具有燥湿化痰、降逆止呕、消痞散结功效。

本科常用药用植物还有：石菖蒲 *Acorus tatarinowii* Schott 根状茎（石菖蒲）具有开窍豁痰、

图4-69　天南星

1. 块茎；2. 带花的植株；3. 果序

图4-70　半夏

1. 1年生植株；2. 2～3年生植株；3. 佛焰苞纵剖面

醒神益智、化湿开胃功效。同属植物菖蒲 *A.calamus* L. 根状茎（菖蒲）具有芳香开窍、和中辟秽功效。千年健 *Homalomena occulta*（Lour.）Schott 根状茎（千年健）具有祛风湿、强筋骨功效。独角莲 *Typhonium giganteum* Engl. 块茎（禹白附）具有燥湿化痰、祛风解痉、解毒散结功效。同属植物鞭檐犁头尖 *T. flagelliforme*（Lodd.）Bl. 块茎（水半夏）具有燥湿化痰、消痞散结功效。

36. 百合科 *Liliaceae ⚥ $*P_{3+3,(3+3)}A_{3+3}\underline{G}_{(3:3:\infty)}$

多年生草本。稀灌木或亚灌木，常具鳞茎、根状茎、球茎或块根；单叶，基生或互生，少对生或轮生；花常两性，辐射对称，多为总状或穗状花序；花被片 6，花瓣状，排成 2 轮；雄蕊 6 枚；子房上位，3 心皮合生成 3 室，中轴胎座，每室胚珠常多数。蒴果或浆果。

本科有 233 属，约 4000 种，广布全球，以温带和亚热带地区为多。我国有 60 属，约 570 种，我国各地均产，以西南地区种类较多。已知药用 359 种。本科化学成分复杂多样，已知有生物碱、强心苷、甾体皂苷、蜕皮激素、蒽醌类、黄酮类等化学成分。

【主要药用植物】

百合 *Lilium brownii* F. E. Brown var. *viridulum* Baker 多年生草本。鳞茎近球形，白色；叶互生，倒披针形至倒卵形；花大，喇叭状，乳白色，外面稍带紫色，1 ～ 3 朵生于茎顶；花被片 6；雄蕊 6 枚；子房上位，圆柱形，柱头 3 裂。蒴果长圆形，具棱（图 4-71）。分布于华北、华南及西南地区。鳞茎（百合）具有养阴润肺、清心安神功效。同属植物卷丹 *L. lancifolium* Thunb.、细叶百合 *L. pumilum* DC. 的鳞茎也作中药百合应用。

黄精 *Polygonatum sibiricum* Red. 多年生草本。根状茎横卧，圆柱形结节肉质肥大；地上茎单一；叶狭披针形，先端卷须状，4 ～ 5 片轮生，无柄；花白色，筒状。浆果（图 4-72）。分布于东北、黄河流域至长江中下游地区。根茎（黄精）具有润肺滋阴、补脾益气功效。同属植物多花黄精 *P. cyrtonema* Hua、滇黄精 *P. kingianum* Coll. et Hemsl. 的根茎亦作中药黄精应用。

麦冬 *Ophiopogon japonicus*（L.f.）Ker-Gawl. 多年生草本。根状茎细长横走；块根纺锤形；叶基生，条形；总状花序短于叶；花淡紫色，子房半下位。浆果熟时蓝黑色（图 4-73）。分布于华东、中南、西南地区。块根（麦冬）具有养阴生津、润肺清心功效。此外，山麦冬属（*Liriope*）植物湖北麦冬 *L. spicata*（Thunb.）Lour. var. *prolifera*. Y. T. Ma.、短葶山麦冬 *L. muscari*（Desne）Baily. 块根（山麦冬）的功效与“麦冬”近似。

图 4-71 百合

1. 植株上部；2. 鳞茎；3. 雌蕊；4. 雄蕊；5. 内花被片；6. 外花被片

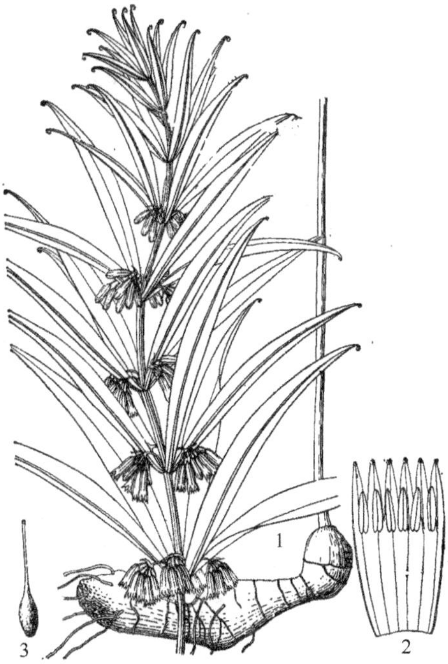

图 4-72 黄精

1. 植株；2. 剖开的花被；3. 雄蕊

浙贝母 *Fritillaria thunbergii* Miq. 多年生草本。鳞茎较大，扁球形，常由2片肥厚鳞叶组成；叶对生或轮生；狭披针形或条状披针形，中部以上叶先端卷曲呈钩状；花下垂，钟状；花被片淡黄绿色，内面具紫色方格斑纹。蒴果具宽翅（图4-74）。主要分布于浙江、江苏。鳞茎（浙贝母）具有清热化痰、开郁散结功效。

贝母属植物我国约有60种，多数可入药。其中：暗紫贝母 *F. unibracteata* Hsiao et K. C. Hsia.、川贝母 *F. cirrhosa* D. Don、甘肃贝母 *F. przewalskii* Maxim et Batal.、梭砂贝母 *F. delavayi* Franch.、太白贝母 *F. taipaiensis* P. Y. Li 和瓦布贝母 *F. unibracteata* Hsiao et K. C. Hsia var. *wabuensis*(S. Y. Tang et S. C. Yue) Z. D. Liu,S.Wang et S. C. Chen 的干燥鳞茎为中药“川贝母”，具有清热化痰、润肺止咳、散结消痈功效。此外，伊贝母 *F. pallidiflora* Schrenk. 或新疆贝母 *F. walujewii* Regel. 的鳞茎（伊贝母），平贝母 *Fritillaria ussuriensis* Maxim. 的鳞茎（平贝母），均具有清热化痰、润肺止咳功效。

图4-73　麦冬

1. 植株；2. 花；3. 花纵切面；4. 雄蕊

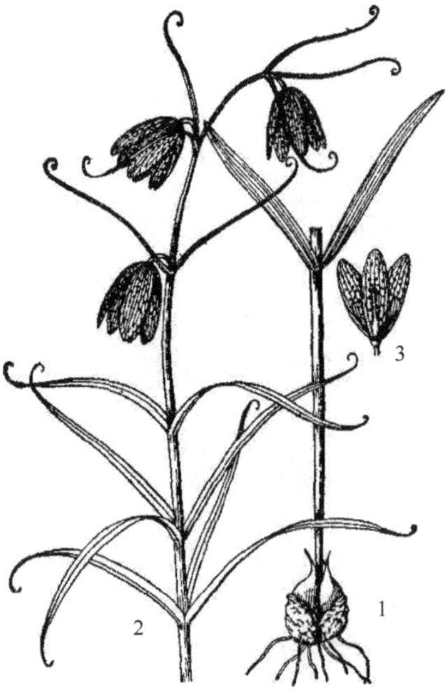

图4-74　浙贝母

1. 植株下部；2. 植株上部；3. 花被

本科常用药用植物还有：云南重楼 *Paris polyphylla* Smith var.*yunnanensis*(Franch.) Hand.-Mazz. 或七叶一枝花 *P.polyphylla* Smith var *chinensis*（Franch.）Hara 根茎（重楼）能清热解毒、消肿散结、凉肝定惊。小根蒜 *Allium macrostermon* Bge. 或薤 *A. chinense* G. Don 鳞茎（薤白）能通阳散结、行气导滞；同属植物葱 *A. fistulosum* L. 鳞茎（葱白）能发汗解表、通阳利尿；韭 *A.tuberosum* Rottl. ex Spreng. 种子（韭菜子）能温补肝肾、壮阳固精；大蒜 *A.sativum* L. 鳞茎（大蒜）能抗菌、杀虫、降血脂。玉竹 *P. odoratum*（Mill.）Druce 根状茎（玉竹）能滋阴润肺、生津养胃。知母 *Anemarrhena asphodeloides* Bge. 根状茎（知母）能清热泻火、滋阴润燥。天冬 *Asparagus cochinchinensis*（Lour.）Merr. 块根（天冬）能清肺降火、滋阴润燥。萱草 *Hemerocallis fulva*（L.）L. 根（萱草）能凉血、利水。菝葜 *Smilax china* L. 根茎（菝葜）能祛风利湿、解毒消肿。光叶菝葜 *S. glabra* Roxb. 根茎（土茯苓）能清热解毒、通利关节、除湿。藜芦 *Veratrum nigrum* L. 鳞茎（藜芦）有毒，能催吐、杀虫。库拉索芦荟 *Aloe barbadensis* Miller 叶的汁液浓缩干燥物（芦荟）能泻下通便、清肝泻火、杀虫疗疳。

37. 薯蓣科 Dioscoreaceae ♂ $*P_{(3+3)}A_{3+3}$；♀ $*P_{3+3}\overline{G}_{(3:3:2)}$

多年生缠绕性草质藤本，具根状茎或块茎。单叶或掌状复叶，多互生，具掌状网状脉，叶柄扭转；花小，辐射对称，单性异株，少同株；穗状或总状、圆锥花序生于叶腋；花被6，2轮，基部常合生；雄花雄蕊6枚，有时3枚退化；子房下位，3心皮合生3室，每室胚珠2枚，花柱3，分离。蒴果3棱形，每棱翅状。种子常具膜质翅。

本科有10属，约650种，广布于热带和温带地区。我国仅有薯蓣属，约60种，主要分布于长江以南各省区。已知药用37种。本科植物的特征性活性成分为甾体皂苷，如薯蓣皂苷、纤细薯蓣皂苷等。此外，还含有生物碱，如薯蓣碱、山药碱等。

图 4-75 薯蓣

1. 根状茎；2. 雄枝；3. 雄花序一部分；4. 雌花；5. 果枝

【主要药用植物】

薯蓣 *Dioscorea opposita* Thunb. 多年生草质藤本。根状茎肥厚，直生，圆柱形；叶对生或轮生，叶腋常有珠芽（零余子）；叶三角形至三角状卵形，基部宽心形，边缘常耳状3裂，基出脉7～9条；花小，绿白色，穗状花序腋生；雌雄异株，雄花序直立，2～4个丛生；雌花序下垂，单生。蒴果有3翅，被白粉。种子具薄膜状宽翅（图4-75）。分布于全国各地。根状茎（山药）具有益气养阴、补脾肺肾功效。

本科常用药用植物还有：粉背薯蓣 *D. hypoglauca* Palib. 根状茎（粉萆薢）能利湿浊、祛风湿。穿龙薯蓣 *D. nipponica* Makino 根状茎（穿山龙）能舒筋活血、祛风止痛。盾叶薯蓣 *D. zingiberensis* C. H. Wright 根状茎(黄姜)能消肿解毒。绵萆薢 *D. Spongiosa* J.Q.Xi,M.Mizuno et W.L Zhao 或福州薯蓣 *D. futschauensis* Uline ex R.Kunth 根状茎（绵萆薢）能利湿浊、祛风湿。黄独 *D. bulbifera* L. 块茎（黄药子）有小毒，能解毒消肿、化痰散瘀。

38. 鸢尾科 Iridaceae ⚥ *，↑ $P_{(3+3)}A_3\overline{G}_{(3:3:\infty)}$

多年生草本。具根状茎或球茎；叶常基生，多为条形或剑形，常沿中脉对折成2列排列，基部鞘状，互相套叠；花两性，常大而鲜艳，两侧对称或辐射对称；单生、数朵排成聚伞花序或伞形花序；花被片6，排成2轮；雄蕊3枚；子房下位，3心皮合生成3室，中轴胎座；柱头3裂，有时扁平呈花瓣状或圆柱状。蒴果。

本科有60属，约800余种，分布于热带和温带地区，主产于东非和热带美洲。我国有11属，80余种及变种，分布长江以南各省。已知药用39种。本科化学成分主要含苷类、醌类、萘芳香族等化合物等。

【主要药用植物】

射干 *Belamcanda chinensis*（L.）DC. 多年生草本。根状茎横走，粗厚，结节状，外皮鲜黄色，生有多数须根；茎光滑，略显“之”字形；叶剑形，2列，叶缘有骨质白边，基部套叠，鞘状抱茎；2～3歧聚伞花序顶生；花橙黄色，散生暗红色斑点。蒴果（图4-76）。分布于全国大部分地区。根状茎（射干）具有清热解毒、祛痰利咽功效。

番红花 *Crocus sativus* L. 多年生草本。具球茎，外被褐色膜质鳞片；叶基生，条形；花1～2朵从球茎抽出；花两性，辐射对称；花被6，白色、紫色、蓝色；雄蕊3枚；子房下位；花柱细长，橙红色至深红色，上部三分枝，分枝弯曲而下垂；柱头略膨大呈喇叭状（图4-77）。原产于西班牙等国，后经印度转至西藏，运销内地，故又称“藏红花”。我国现已在浙江、上海、河南、北京等地引种成功。柱头（西红花）具有活血化瘀、凉血解毒、解郁安神功效。

本科常用药用植物还有：马蔺 *Iris lactea* Pall. var. *chinensis*（Fisch.）Koidz. 种子（马蔺子）能凉血止血、清热利湿。鸢尾 *I. tectorum* Maxim. 根茎（川射干）能清热解毒、祛痰利咽。蝴蝶花 *I. japonica* Thunb. 根状茎（扁竹根）能清热解毒、消肿止痛。唐菖蒲 *Gladiolus gandavensis* Van Houtte 球茎（搜山黄）有毒，能解毒散瘀、消肿止痛。

39. 姜科 Zingiberaceae ⚥ $\uparrow K_{(3)} C_{(3)} A_1 \overline{G}_{(3:3:\infty)}$

多年生草本，通常有芳香气或辛辣味的块茎或根茎。单叶茎生或基生，通常2列状排列，叶片大，羽状平行脉，有叶鞘和叶舌。花两性，两侧对称；穗状、总状或圆锥花序；花被片6，外轮萼状，常合生成管，一侧开裂，顶端又3齿裂；内轮花冠状，上部3裂，位于后方的1片常较两侧的大，下部合生成管；退化雄蕊2或4枚，其中外轮的2枚为侧生退化雄蕊，常呈花瓣状、齿状或不存在，内轮的2枚联合成显著而美丽的唇瓣；能育雄蕊1枚，花丝细长具槽；子房下位，3心皮合生，中轴胎座，3室，每室胚珠常多数；花柱丝状，沿能育雄蕊花丝的沟槽从药室间伸出。蒴果，3裂，稀浆果状。种子有假种皮。

本科有51属，约1500种，主产于热带、亚热带地区。我国有26属，约200种，主要分布于西南、华南至东南地区。已知药用100余种。本科植物主要含挥发油，其中多为单萜和倍半萜。另外还含有黄酮类、皂苷、生物碱等。

图4-76　射干

1. 植株；2. 花枝；3. 雄蕊；4. 果实；5. 开裂的蒴果

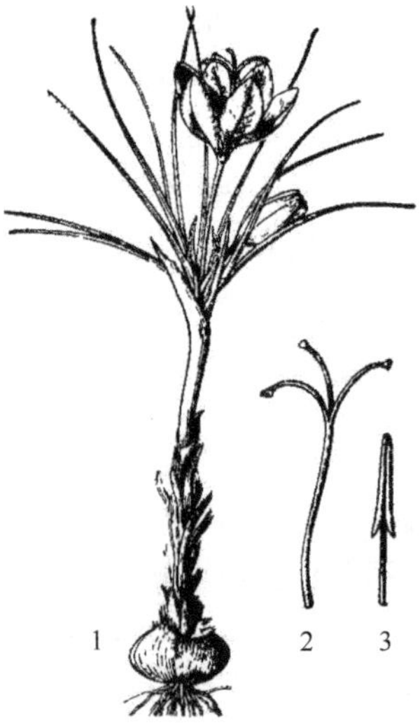

图4-77　番红花

1. 植株；2. 花柱和柱头；3. 雄蕊

【主要药用植物】

姜 *Zingiber officinale* Rosc. 多年生草本。根状茎肉质多节，断面淡黄色，有辛辣味；叶片披针形；穗状花序呈球果状，从根状茎抽出；苞片卵形，绿白色，边缘黄色；花黄绿色，唇瓣中裂片长圆状倒卵形，有紫色条纹和淡黄色斑点（图 4-78）。各地均有栽培。根茎（生姜）具有发汗解表、温胃止呕、温肺化饮功效。

砂仁（阳春砂）*Amomum villosum* Lour. 多年生草本。根状茎伸长而为匍匐状；叶片条状披针形或长椭圆形，顶端具尾尖；穗状花序从根状茎抽出；苞片披针形，黄绿色，膜质；花白色，唇瓣圆匙状，有黄色或红色斑点。蒴果椭圆形，紫红色，被柔刺（图 4-79）。分布于华南地区及云南、福建等省区。果实（砂仁）具有行气宽中、健胃消食功效。其变种绿壳砂 *A. villosum* Lour. var. *xanthioides* T.L.Wu et Senjen 或海南砂 *A. longiligulare* T.L.Wu 的干燥成熟果实也作中药砂仁使用。

图 4-78 姜

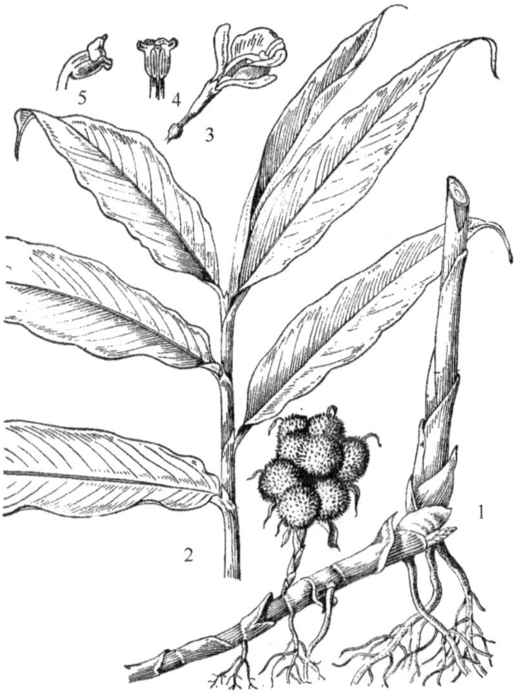

图 4-79 砂仁

1. 根茎及果序；2. 叶枝；3. 花；4、5. 雄蕊

本科常用药用植物还有：姜黄 *Curcuma longa* L. 根状茎（姜黄）能破血行气、通经止痛；蓬莪术 *C.phaeocaulis* Val.、广西莪术 *C. kwangsiensis* S.G.Lee et C.F.Liang、温郁金 *C. wenyujin* Y.H.Chen et C.Ling 根状茎（莪术）能破血行气、消积止痛。白豆蔻 A*momum kravanh* Pierre ex Gagnep. 果实（豆蔻）能化湿行气、温中止呕。草果 *A.tsaoko Crevos*t et Lemarie 果实（草果）能燥湿散寒、除痰截疟。大高良姜 *Alpinia galanga* Willd. 根状茎（高良姜）能散寒、暖胃、止痛；果实（红豆蔻）能温中散寒、止痛消食。益智 *A.oxyphylla* Miq. 果实（益智）能暖肾、固精缩尿、温脾止泻。草豆蔻 *A. katsumadai* Hayata 种子（草豆蔻）能燥湿散寒、温中止呕。

40. 兰科 *Orchidaceae ⚥ ↑ $P_{3+3}A_{2\sim1}\overline{G}_{(3:1:\infty)}$

多年生草本，陆生、附生或腐生。具根状茎、块茎或球茎；地上茎基部或全部膨大为具 1 节或多节，呈各种形状的假鳞茎；叶常互生，2 列或螺旋状排列，基部常有鞘；花两性，两侧对称；单生或穗状、总状、圆锥花序；花被片6，排成2轮，外轮3片称萼片，上方1片称中萼片，下方2片称侧萼片；内轮侧生的2片称花瓣，中间的1片称唇瓣，位于下方，常具有复杂的构造，呈各种形状和色彩；雄蕊与雌蕊的花柱合生成合蕊柱，呈半圆柱形，与唇瓣对生；能育雄蕊常1枚，生于合蕊柱顶端，稀2枚生于合蕊柱两侧；花药2室，花粉粒结合成花粉块（多由花粉团，花粉块柄和黏盘、蕊喙柄合生而成），2～8个；柱头侧生，常凹陷，2～3裂，有黏液；在雄蕊与柱头之间有1舌状突起称蕊喙；子房下位，常作180°扭转；3心皮合生，1室，侧膜胎座。蒴果，种子极多，微小粉状（图4-80）。

本科有730属，约20 000余种，主产于热带及亚热带地区。我国有166属，约1000余种，主产于南方地区，以云南、海南、台湾种类最为丰富。已知药用289种。本科主要活性成分有：倍半萜类生物碱，如石斛碱、毒豆碱；酚苷类成分，如天麻苷、香荚兰苷。此外，尚含吲哚苷了、黄酮类、香豆素类、甾醇类和芳香油等。

【主要药用植物】

石斛（金钗石斛）*Dendrobium nobile* Lindl. 多年生附生草本。茎丛生，黄绿色，上部较扁平而弯曲，具槽纹；叶矩圆形，先端偏斜状凹缺，近革质；总状花序有小花2～3朵；花大而艳丽，白色，先端粉红色，唇瓣卵圆形，基部有一深紫色斑块，两侧有紫色条纹（图4-81）。分布于长江以南地区。茎（石斛）能养胃生津、滋阴清热。同属植物鼓槌石斛 *D. chrysotorum* Lindl. 或流苏石斛 *D. fimbriatum* Hook. 的栽培品及其同属植物近似种的新鲜或干燥茎也作药材石斛应用。同属植物铁皮石斛 *D. officinale* Kimura et Mlgo 茎（铁皮石斛）功效同石斛。

天麻 *Gastrodia elata* Bl. 多年生腐生草本，无根，依靠侵入体内的蜜环菌菌丝获取营养。块茎肉质肥厚，椭圆形，具环节；茎直立，黄红色；叶退化为膜质鳞片状，无叶绿体，互生；总状花序顶生，苞片呈披针形或狭披针形，膜质；花黄绿色，花被片下部合生成歪壶状，顶端5裂，唇瓣白色，3裂，中裂片舌状，具乳突。蒴果长圆形（图4-82）。分布于全国大部分

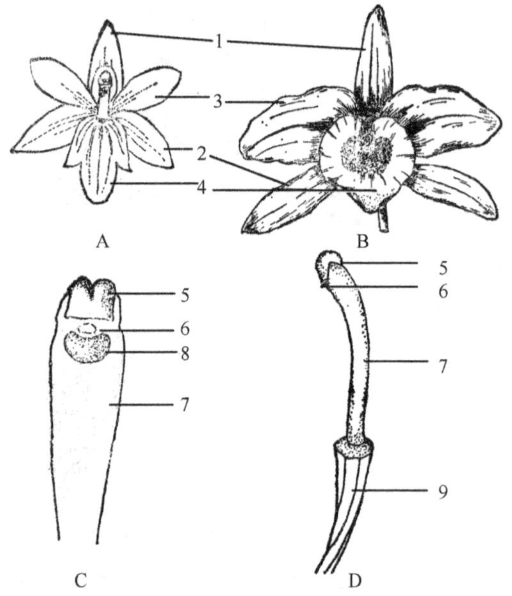

图4-80　兰科花的构造

A. 兰花的花被片各部分示意图；B. 石斛的花被片各部分示意图；C. 合蕊柱；D. 子房和合蕊柱；
1. 中萼片；2. 侧萼片；3. 花瓣；4. 唇瓣；5. 花药；6. 蕊喙；7. 合蕊柱；8. 柱头；9. 子房

图4-81　石斛

1. 植株；2. 唇瓣

地区。块茎（天麻）能熄风止痉、平肝潜阳、祛风除痹。

知识链接

天麻是一种特殊的植物，无根无叶，不能进行光合作用制造营养成分，仅依靠蜜环菌供应其营养而生长繁殖。蜜环菌是一种真菌，它先腐坏树木，从中吸收养料，然后用菌丝包裹天麻并伸到天麻块茎中，为天麻输送养料。当人们还没有掌握天麻与蜜环菌共生规律时，认为天麻是“天生的神麻”，全靠挖野生满足药用，从而导致野生天麻濒临灭绝。经过多年研究试验，目前人们已掌握了天麻的生长发育规律，在安徽、湖北的大别山区已有大量的人工栽培，成为我国天麻药材的重要生产基地。

白及 *Bletilla striata*（Thunb.）Reichb. f. 多年生草本。块茎肉质肥厚，数个相连接，三角状扁球形，有环节，断面富黏性；叶3～5片，条状披针形，基部鞘状；总状花序顶生，小花3～8朵；花淡紫红色，唇瓣3裂，有5纵皱褶。蒴果圆柱状（图4-83）。广布于长江流域。块茎（白及）具有收敛止血、消肿生肌功效。

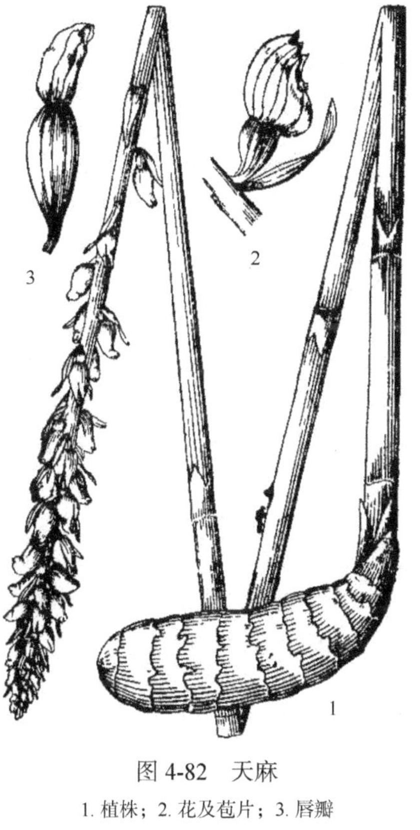

图4-82 天麻

1. 植株；2. 花及苞片；3. 唇瓣

图4-83 白及

1. 植株；2. 花；3. 唇瓣

本科常用药用植物还有：杜鹃兰 *Cremastra appendiculata*（D. Don）Makino、独蒜兰 *Pleione bulbocodioides*（Franch.）Rolfe、云南独蒜兰 *P. yunnanensis* Rolfe 假鳞茎（山慈菇）能清热解毒、消肿散结。手参 *Gymnadenia conopsea*（L.）R. Br. 块茎（手参）能补益气血、生津止渴。盘龙参 *Spiranthes sinensis*（Pers.）Ames. 全草（盘龙参）能滋阴清热、润肺止咳。羊耳兰 *Liparis nervosa*（Thunb.）Lindl. 全草（见血清）能清热、凉血止血。毛唇芋兰 *Nervilia fordii* (Hance) Schltr. 全草（青天葵）能润肺止咳、清热解毒、散瘀止痛。石仙桃 *Pholidota chinensis* Lindl. 全草（石仙桃）能养阴清肺、化痰止咳。大斑叶兰 *Goodyera schlechtendaliana* Reichb. F. 全草（斑叶兰）能清热解毒、消肿止痛。

目标检测

一、选择题

（一）A型题（最佳选择题）

1. 苔藓植物的孢子落地后萌发形成（　　）
   A. 孢子体　B. 原叶体
   C. 原丝体　D. 茎叶体
2. 地钱植物体为（　　）
   A. 雌雄同株　B. 雌雄异株
   C. 雌雄同序　D. 无性植物
3. 有助于地钱孢子散发的结构是（　　）
   A. 蒴帽　B. 蒴齿
   C. 蒴柄　D. 弹丝
4. 组成藓纲植物的假根为（　　）
   A. 单列细胞　B. 多细胞
   C. 多列细胞　D. 多类型细胞
5. 在蕨类植物的生活史中（　　）
   A. 孢子体发达　B. 孢子体退化
   C. 配子体发达　D. 孢子体不能独立生活
6. 蕨类植物的配子体称（　　）
   A. 颈卵器　B. 原叶体
   C. 原植体　D. 外植体
7. 蕨类植物的茎多为（　　）
   A. 根茎　B. 块茎
   C. 球茎　D. 鳞茎
8. 蕨类植物的大型叶幼时（　　）
   A. 折叠　B. 拳卷
   C. 外翻　D. 退化
9. 真蕨纲植物的叶均为（　　）
   A. 大型叶　B. 小型叶
   C. 能育叶　D. 不育叶
10. 木贼科植物茎的表面富含（　　）
    A. 角质　B. 黏液
    C. 硅质　D. 木质
11. 卷柏科植物的叶常（　　）
    A. 互生　B. 基生
    C. 二列对生　D. 交互排列
12. 裸子植物的叶形极少数为（　　）
    A. 针形　B. 鳞片形
    C. 条形　D. 阔叶
13. 裸子植物特征性的化学成分是（　　）
    A. 生物碱　B. 黄酮类
    C. 树脂　D. 挥发油
14. 种子具单翅的植物是（　　）
    A. 银杏　B. 马尾松
    C. 侧柏　D. 榧树
15. 药材土荆皮的原植物为（　　）
    A. 马尾松　B. 金钱松
    C. 红松　D. 云南松
16. 具有明显抗癌作用的紫杉醇来源于（　　）
    A. 松属植物　B. 银杏属植物
    C. 三尖杉属植物　D. 红豆杉属植物
17. 蓼科植物的果实常包于宿存的（　　）
    A. 花托内　B. 花萼内
    C. 花冠内　D. 花被内
18. 乌头花中呈盔状的是（　　）
    A. 上萼片　B. 侧萼片
    C. 中萼片　D. 花瓣
19. 大戟属植物的花序为（　　）
    A. 总状花序　B. 单歧聚伞花序
    C. 二歧聚伞花序　D. 杯状聚伞花序
20. 牛膝的果实为（　　）
    A. 荚果　B. 蒴果
    C. 坚果　D. 胞果
21. 五加科的花序为（　　）
    A. 伞形花序　B. 伞房花序
    C. 复伞形花序　D. 聚伞花序
22. 丹参根的外皮为（　　）
    A. 黄色　B. 砖红色
    C. 褐色　D. 土黄色
23. 地黄的入药部位是膨大的（　　）
    A. 块根　B. 圆锥根
    C. 根茎　D. 块茎
24. 金银花为（　　）植物。
    A. 唇形科　B. 忍冬科
    C. 玄参科　D. 葫芦科

25. 禾本科植物的柱头常呈（ ）
A. 膜状 B. 尾状
C. 羽毛状 D. 球状

26. 天南星和半夏的入药部位是（ ）
A. 根茎 B. 球茎
C. 块茎 D. 鳞茎

27. 药材“西红花”是植物的（ ）
A. 雄蕊 B. 雌蕊
C. 花冠 D. 花柱及柱头

28. 石斛属植物为（ ）
A. 腐生草本 B. 共生草本
C. 寄生草本 D. 附生草本

29. 具有攀缘茎的植物是（ ）
A. 栝楼 B. 菟丝子
C. 裂叶牵牛 D. 党参

30. 属于茜草科植物的是（ ）
A. 薄荷 B. 党参
C. 苍术 D. 钩藤

31. 金银花要用什么植物的花蕾（ ）
A. 红花 B. 忍冬
C. 苍术 D. 藿香

32. 具侧膜胎座，果实为瓠果的植物是（ ）
A. 颠茄 B. 枸杞
C. 栝楼 D. 五味子

33. 菊科果实为（ ）
A. 四枚小坚果 B. 瘦果
C. 蓇葖果 D. 蒴果

34. 水稻、小麦、玉米、麦冬等的叶脉同属（ ）
A. 射出平行脉 B. 二叉分枝脉
C. 羽状网脉 D. 直出平行脉

35. 姜科植物花中的唇瓣来自于（ ）
A. 花萼 B. 苞片
C. 花瓣 D. 退化雄蕊

36. 下列植物具有块茎，蒴果和粉尘状微小种子的一组是（ ）
A. 天南星和知母 B. 黄精和石仙桃
C. 半夏和石斛 D. 天麻和白及

37. 百合科植物具有的特征为（ ）
A. 单被花，单性花，花被 4 枚，子房 1 室
B. 单被花，两性花，花被 3 基数，两轮排列，子房 1 室
C. 单被花，单性花，花被缺或 5 枚，子房 3 室
D. 单被花，两性花，花被 6 枚，两轮排列，子房 3 室

38. 禾本科的果实为（ ）
A. 瘦果 B. 蒴果
C. 颖果 D. 翅果

39. 下列植物中属天南星科的一组是（ ）
A. 独角莲和乌头
B. 天南星和七叶一枝花
C. 半夏和菖蒲
D. 石菖蒲和石蒜

40. 花中只有一个雄蕊的科是（ ）
A. 姜科 B. 菊科
C. 锦葵科 D. 兰科

41. “杆”是指（ ）
A. 禾本科植物茎 B. 伞形科植物茎
C. 百合科植物茎 D. 豆科植物茎

42. 雄蕊 3 枚的科是（ ）
A. 木兰科 B. 百合科
C. 毛茛科 D. 禾本科

43. 以下不属于百合科的植物是（ ）
A. 水葱 B. 韭
C. 麦冬 D. 暗紫贝母

（二）X 型题（多项选择题）

44. 苔藓植物的主要特征有（ ）
A. 生活史中配子体占优势
B. 植物体具有真正的根、茎、叶分化
C. 孢子体寄生在配子体上
D. 生活在潮湿地区
E. 自养生活

45. 苔藓植物孢子体的组成部分包括（ ）
A. 茎 B. 叶
C. 孢蒴 D. 蒴柄
E. 基足

46. 苔藓植物的主要化学成分有（ ）
A. 脂类 B. 烃类
C. 萜类 D. 生物碱类
E. 黄酮类

47. 裸子植物属于（ ）
A. 低等植物 B. 维管植物
C. 颈卵器植物 D. 孢子植物
E. 种子植物

48. 裸子植物的共同特征有（ ）

A. 多为常绿木本　B. 木质部具管胞
C. 叶多针形、线形　D. 花单性
E. 具多胚现象

49. 裸子植物的花（　　）
A. 无花被
B. 单性
C. 雄蕊聚生成雄球花
D. 雌蕊心皮包卷形成子房
E. 胚珠裸露

50. 植物体为雌雄异株的有（　　）
A. 苏铁　B. 银杏
C. 侧柏　D. 三尖杉
E. 草麻黄

51. 被子植物的主要特征为（　　）
A. 具有真正的花　B. 孢子体高度发达
C. 胚珠包被在子房内　D. 形成果实
E. 具双受精现象

52. 双子叶植物的主要特征有（　　）
A. 多直根系　B. 维管束散生
C. 具网状脉　D. 花通常为 4 或 5 基数
E. 子叶 2 枚

53. 植物体常有白色乳汁的科是（　　）
A. 桑科　B. 蓼科
C. 大戟科　D. 桔梗科
E. 罂粟科

54. 十字花科植物的主要特征有（　　）
A. 多总状花序　B. 辐状花冠
C. 四强雄蕊　D. 侧膜胎座
E. 角果

55. 豆科蝶形花亚科的主要特征是（　　）
A. 常有托叶　B. 花两侧对称
C. 旗瓣位于最内方　D. 二体雄蕊
E．荚果

56. 具有侧膜胎座的科为（　　）
A. 罂粟科　B. 豆科
C. 葫芦科　D. 十字花科
E. 蓼科

57. 伞形科植物的主要特征为（　　）
A. 常含挥发油　B. 茎常中空
C. 叶柄基部扩大成鞘状　D. 子房下位
E. 双悬果

58. 唇形科的主要特征为（　　）
A. 芳香草本　B. 茎四棱形
C. 叶对生　D. 二强雄蕊
E.4 枚小坚果

59. 葫芦科繁殖器官的主要特征是（　　）
A. 花单性　B. 花萼及花冠 5 裂
C. 子房下位　D. 中轴胎座
E. 瓠果

60. 植物体常含有菊糖的有（　　）
A. 桔梗科　B. 茄科
C. 菊科　D. 玄参科
E. 锦葵科

61. 菊科的头状花序中小花的类型有（　　）
A. 全为舌状花
B. 全为管状花
C. 全为辐状花
D. 中央舌状花，周围管状花
E. 中央管状花，周围舌状花

62. 属于菊科的植物有（　　）
A. 红花　B. 白术
C. 苍术　D. 茵陈
E. 桔梗

63. 具有乳汁的科有（　　）
A. 茜草科　B. 桔梗科
C. 萝藦科　D. 玄参科
E. 忍冬科

64. 植物体含有菊糖的科有（　　）
A. 茄科　B. 桔梗科
C. 茜草科　D. 萝藦科
E. 菊科

65. 具中轴胎座的科有（　　）
A. 唇形科　B. 葫芦科
C. 茄科　D. 玄参科
E. 桔梗科

66. 具钟形花冠的植物有（　　）
A. 桔梗　B. 枸杞
C. 沙参　D. 党参
E. 菊花

67. 菊科的头状花序中小花的类型有（　　）
A. 全为舌状花
B. 全为管状花
C. 全为唇形花
D. 外围为管状花，中央为舌状花

E. 外围为舌状花，中央为管状花

68. 禾本科的主要特征包括（　　）

A. 由小穗组成各种花序

B. 浆片 2～3，雄蕊 3 枚

C. 子房上位

D. 颖果

E. 种子富含脂肪油

69. 天麻的特征是（　　）

A. 具花粉块　　B. 具唇瓣

C. 具叶鞘　　D. 寄生植物

70. 兰科植物常见的特征有（　　）

A. 唇瓣　　B. 上位子房

C. 合蕊柱　　D. 花被片

E. 花粉块

71. 百合科植物的果实是（　　）

A. 瘦果　　B. 蒴果

C. 胞果　　D. 浆果

E. 核果

二、填空题

1. 苔藓植物的孢子体是由 _____、_____、_____ 三部分组成。

2. 蕨类植物既是高等的 _____，又是原始的 _____，还可以称为 _____。

3. 蕨类植物的叶仅能进行光合作用而不产生孢子囊和孢子的称为 _____ 或 _____。能产生孢子囊和孢子的叶，称为 _____ 或 _____。

4. 裸子植物既是 _____，又是 _____。

5. 银杏的种子呈核果状，外种皮 ____，中种皮 ____，内种皮 ____。

6. 被子植物的 _____ 高度发达，_____ 极度退化。

7. 被于植物的胚珠被包藏在由 _____ 闭合而形成的 _____ 内。

8. 被子植物门将分为 _____ 和 _____，而双子叶植物纲又可分为 _____ 和 _____。

9. 生药大黄的原植物应是 _____、_____ 和 _____，其入药部位为 _____。

10. 何首乌为多年生缠绕草本，其入药部位是 _____ 和 _____，其药材名分别为 _____ 和 _____。

11. 乌头的栽培种的母根入药，药材名为 _____，其侧根入药，药材名为 _____。

12. 十字花科植物菘蓝的根入药，其药材名为 _____，叶入药，药材名为 _____。

13. 蔷薇科分为 _____、_____、_____、_____ 四个亚科。

14. 荆芥的地上部分入药称 _____，花序入药称 _____；夏枯草的 _____ 入药，称为夏枯草。

15. 栝楼的成熟果皮入药，称 _____；成熟果实入药，其药材名为 _____；成熟的 _____ 入药；药材名为 _____。

16. 菊花为多年生草本，其药用部位是 _____，药材名为 _____。

17. 宁夏枸杞的 _____ 入药，称 _____。枸杞和宁夏枸杞的根皮入药，药材名为 _____。

18. 单子叶植物纲的根系为____，叶脉为____，花各部分基数为________

19. 天南星科植物最主要的特征是具有_____花序。

20. 具有合蕊柱和合蕊冠的科是______科。

21. 具有肉穗花序，佛焰苞的科是__科。

22. ____科、____植物虽然是单子叶植物，但其叶脉为网状脉。

23. ______科、______科植物的花具有唇瓣。

三、名词解释

1. 同型叶　　2. 裸子植物

3. 被子植物　　4. 双子叶植物

5. 单子叶植物　　6. 高等植物

四、简答题

1. 简述高等植物的主要特征。

2. 如何识别双子叶植物和单子叶植物？

3. 裸子植物的主要特征是什么？

4. 蕨类植物与苔藓植物有哪些主要区别？

5. 麻黄科的主要特征是什么？

6. 简述十字花科的主要特征。并举出该科常见的 4 种药用植物。

7. 简述伞形科的主要特征。并举出该科常见的 4 种药用植物。

8. 简述五加科的主要特征。并举出该科常见的 4 种药用植物。

9. 简述葫芦科、桔梗科、菊科的主要特征。并写出各科常用的药用植物名称。

10. 菊科的 2 个亚科有哪些异同点？

11. 比较姜科和兰科的异同点。

第五章　药用植物的显微结构

学习目标

1. 掌握：淀粉粒和草酸钙结晶的类型及鉴别特征；保护组织、分泌组织、机械组织和输导组织的主要特征；根、茎的初生构造。

2. 熟悉：细胞壁的组成和特化；薄壁组织的特征；维管束的类型；根、茎的次生构造和叶的构造。

3. 了解：植物细胞的基本结构；分生组织的特征；维管束的组成；根、茎的异常构造。

植物细胞是构成植物体形态结构和生命活动的基本单位。单细胞植物是由一个细胞构成的个体，一切生命活动都由这个细胞来完成，如小球藻。高等植物的个体是由许多形态和功能不同的细胞组成，细胞间相互依存，彼此协作，共同完成复杂的生命活动。

植物细胞的形状多种多样，并随植物种类及存在部位和执行功能不同而异，有类圆形、球形、椭圆形、多面体形、纺锤形、圆柱形等多种形状。一般而言，分离的单个细胞或单细胞植物体处于游离状态，常呈类圆形、椭圆形和球形；排列紧密的细胞呈多面体形或其他形态；起输导作用的细胞多呈长管状；起支持作用的细胞多细胞壁增厚，呈纺锤形或圆柱形。

植物细胞直径多在 10 ～ 100μm，但也有相差悬殊的。最原始的细菌、能独立生活的支原体细胞，直径只有 0.1μm。西瓜果肉细胞储藏了大量的水分及色素，直径可达 1mm。苎麻茎中的纤维细胞一般长达 200mm，有的甚至可达 550mm。

第一节　植物细胞的基本结构

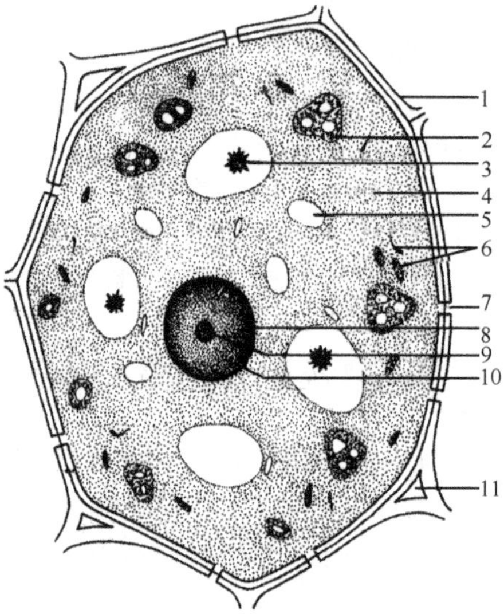

图 5-1　植物细胞构造

1. 细胞壁；2. 叶绿体；3. 晶体；4. 细胞质；5. 液泡；6. 线粒体；7. 纹孔；8. 细胞核；9. 核仁；10. 核质；11. 细胞间隙

植物细胞多数较小，肉眼一般不能直接观察出来，必须借助显微镜才能看到。用光学显微镜观察到的细胞内部结构，称为显微结构。光学显微镜的分辨极限不小于 0.2μm，有效放大倍数一般不超过 1200 倍。要观察更细微的结构，必须应用电子显微镜，其有效放大倍数已超过 100 万倍。在电子显微镜下观察到的细胞内部结构，称为亚显微结构或超显微结构。

各种植物细胞的形态、构造和功能是不相同的，就是同一个细胞在不同的发育阶段，其构造也不一样，因此不可能在一个细胞里同时看到细胞的全部构造。为了便于学习和掌握细胞的构造，现将各种细胞的主要构造集中在一个细胞里加以说明，这个细胞称为典型的植物细胞或模式植物细胞。

一个典型植物细胞的结构，可见外面包围着一层比较坚韧的细胞壁，壁内为原生质体。原生质体主要包括细胞质、细胞核、质体等有生命的物质。此外，细胞中尚含有多种非生命的物质，它们是原生质的代谢产物，称为后含物。另外，还存在一些生理活性物质（图 5-1）。

一、原生质体

原生质体（protoplast）是细胞内有生命物质的总称，是细胞内各种代谢活动的主要场所。原生质体包括细胞质、细胞核、质体、线粒体、高尔基体、核糖体、溶酶体等，是细胞的主要成分，细胞的一切代谢活动都在这里进行。

（一）细胞质

细胞质（cytoplasm）在细胞壁和细胞核之间，是原生质体的基本组成部分，为半透明、半流动、无固定结构的基质。在年幼的植物细胞里，细胞质充满整个细胞，随着细胞的逐渐长大和液泡的形成、扩大，细胞质被挤压到细胞的周围，并紧贴细胞壁。细胞质与细胞壁相接触的膜称作细胞质膜，与液泡相接触的膜称作液泡膜。细胞质膜与液泡膜之间的部分称作中质。

细胞质膜对各种物质的通过具有选择性，既能从周围环境不断地取得所需要的水和营养物质，又能阻止有害物质的进入，同时把代谢的废物排除出去。细胞质膜与液泡膜还具有半渗透现象，即细胞质与细胞外部液体之间存在着渗透作用。此外，细胞质膜还能接受和传递外界的信号，调节细胞的生命活动。

（二）细胞核

细胞核（neucleus）是具有较高折光率、黏滞性较大的球状体，是生命活动的控制中心。高等植物每个细胞通常只有一个细胞核，但一些低等植物如藻类、菌类和种子植物的乳管细胞存在双核和多核现象。

细胞核位于细胞质中，一般大小在 10 ～ 20μm，其位置和形状随细胞生长而变化。幼期细胞核位于细胞中央，呈球形，并占有较大的体积；随着细胞的生长，由于中央液泡的形成，细胞核随细胞质一起被挤向靠近细胞壁的部位，变成半球形或扁球形，只占细胞总体积的一小部分。

细胞核由核膜、核液、核仁和染色质组成。核膜是细胞核与细胞质的界膜，膜上有许多小孔称核孔，是物质进出的通道。核液是细胞核膜内呈黏滞性的液体，主要成分是蛋白质、RNA 和多种酶，这些物质保证了 DNA 的复制和 RNA 的转录。核仁是细胞核中折光率更强的小球体，通常有一个或几个，主要由蛋白质、RNA 组成，还可能有少量的类脂和 DNA。染色质散布在核液中，是细胞核内易被碱性染料着色的物质。染色质主要由 DNA 和蛋白质组成，和植物的遗传有着重要的关系。

细胞核是细胞遗传和代谢的调控中心。遗传信息的载体 DNA 在核中储藏、复制和转录，从而控制细胞和植物体的生长、发育和繁殖。失去细胞核的细胞通常不能进行正常的生长、代谢和分裂。同时，细胞核总是包埋在细胞质中，其生理功能的实现也离不开细胞质。

（三）细胞器

细胞器（organelle）是细胞中具有一定形态结构、成分和特定功能的微器官，也称拟器官。其主要包括质体、线粒体、液泡、内质网、高尔基体、核糖体和溶酶体等，一般在光学显微镜下只能观察到质体、线粒体和液泡。

1. 质体（plastid）　是植物细胞特有的细胞器，其基本组成为蛋白质和类脂，含有色素，与糖类的合成与储藏有着密切的关系。根据色素的有无和类型，可将质体分为叶绿体、有色体和白色体（图 5-2）。

（1）叶绿体（chloroplast）：高等植物的叶绿体一般呈球形、卵形或扁球形的绿色颗粒状，广泛存在于绿色植物的叶、茎及花和果实的绿色部分，根一般不含叶绿体。叶绿体主要含有叶绿素 a、叶绿素 b、叶黄素和胡萝卜素四种色素，其中叶绿素含量最多，是最重要的光合色素。

叶绿体是绿色植物进行光合作用的场所。

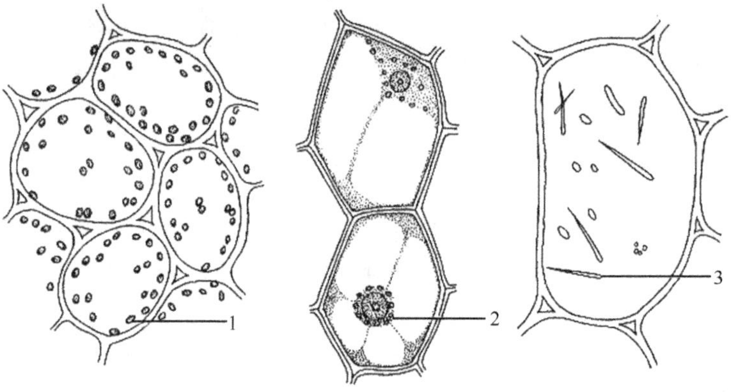

图 5-2　质体的类型

1. 叶绿体；2. 有色体；3. 白色体

（2）有色体（chromoplast）：又称杂色体，通常呈针形、球形、杆状、多角形或不规则形，常存在于花、果实和根中。其所含色素主要是胡萝卜素和叶黄素，使植物呈黄色、橙色或橙红色。例如，胡萝卜的根、蒲公英的花瓣、番茄的果肉细胞中均可看到有色体。

（3）白色体（leucoplast）：是一类最小的不含色素的质体。通常呈圆形、椭圆形、纺锤形或其他形状的无色小颗粒，多存在于不曝光的器官如块根或块茎等储藏细胞中，与积累储藏物质有关。白色体包括合成淀粉的造粉体，合成脂肪和脂肪油的造油体，合成蛋白质的造蛋白体。

叶绿体、有色体和白色体都是由前质体发育分化而来的，在一定条件下，三种质体可以相互转变。例如，番茄最初的质体是白色体，使番茄子房呈现白色；形成幼果后暴露在光线中，白色体转变成叶绿体，使幼果呈现绿色；在成熟过程中果实由绿变红，是因为叶绿体又转变成为有色体。

2. 线粒体（mitochondrion）　是细胞质中呈颗粒、棒状、丝状或有分枝的细胞器，比质体小。线粒体含有 100 多种酶，大部分参与呼吸作用，其呼吸释放的能量能够转运到细胞的其他部分，以提供各种代谢活动的需要。因此，线粒体是细胞的呼吸中心，又被称为细胞中的“动力工厂”。

3. 液泡（vacuole）　是植物细胞特有的细胞器。在光学显微镜下，幼小的植物细胞有许多小液泡。随着细胞的长大成熟，液泡逐渐增大，并彼此合并成几个大液泡或一个中央大液泡，可占据细胞体积的 95% 以上，而细胞质和细胞核被中央液泡推挤贴近细胞壁。

液泡外有一层膜，称为液泡膜，是有生命的，是原生质体的组成部分之一，具有特殊的选择透性。膜内充满细胞溶胶，是细胞新陈代谢过程中产生的各种物质的混合液，是无生命的。其主要成分除水分外，还有糖类、盐类、生物碱类、苷类、鞣质、有机酸、挥发油、色素、树脂、结晶等，其中不少化学成分具有很强的生理活性，往往是植物药的有效成分。

液泡的主要功能是积极参与细胞内的分解活动，调节细胞的渗透压，参与细胞内物质的积累和移动，在维持细胞质内环境的稳定上起着重要的作用。

二、植物细胞的后含物

植物细胞在生活过程中，由于新陈代谢的活动而产生的各种非生命物质，统称为后含物。后含物的种类很多，它们以液状、晶体状和非结晶固体形状存在于细胞质和液泡中，其形态和性质往往随物种的不同而异，因而细胞的后含物是植物药显微鉴定和理化鉴定的重要依据之一。光镜下成型可见的后含物主要有淀粉、菊糖、蛋白质、脂肪和脂肪油、晶体。

（一）淀粉

淀粉（starch）为储藏的营养物质，由多分子葡萄糖脱水缩合而成，储存于植物的根、茎及种子的薄壁细胞中。在细胞中一般以淀粉粒的形式存在，多呈圆球形、卵圆形或多角形。造粉体（白色体）积累淀粉时，先从一处开始，形成淀粉粒的脐点，脐点位于淀粉粒的中间或偏于一端，形状有点状、线状、裂隙状、分叉状、星状等；然后环绕着脐点形成许多亮暗相间的层纹，这是由于直链淀粉和支链淀粉相互交替分层沉积的缘故。淀粉粒有单粒淀粉、复粒淀粉、半复粒淀粉三种类型（图 5-3）。

图 5-3　淀粉粒的类型

1. 单粒淀粉；2. 复粒淀粉；3. 半复粒淀粉

1. 单粒淀粉（simple starch grain）　每个淀粉粒通常只有一个脐点，环绕脐点有多数层纹。

2. 复粒淀粉（compound starch grain）　每个淀粉粒具有 2 个或 2 个以上的脐点，各脐点分别有各自的层纹，淀粉粒之间有面的接触。

3. 半复粒淀粉（half compound starch grain）　每个淀粉粒具有 2 个或 2 个以上的脐点，各脐点除自身层纹外，外面还包围着共同的层纹。

各种植物所含的淀粉粒在类型、形状、大小、脐点的位置等方面各有其特征，因此，淀粉粒的有无和形态，可以作为鉴定药材的依据之一。淀粉加稀碘液显蓝紫色。

（二）菊糖

菊糖（inulin）由果糖分子聚合而成，多存在于菊科、桔梗科和龙胆科部分植物根的细胞里。菊糖能溶于水，不溶于乙醇，所以新鲜的植物体细胞不能直接看到菊糖。在显微镜下观察，细胞中的菊糖结晶呈球状、半球状或扇状结晶（图 5-4）。菊糖遇 α- 萘酚 - 浓硫酸试液显紫红色而溶解。

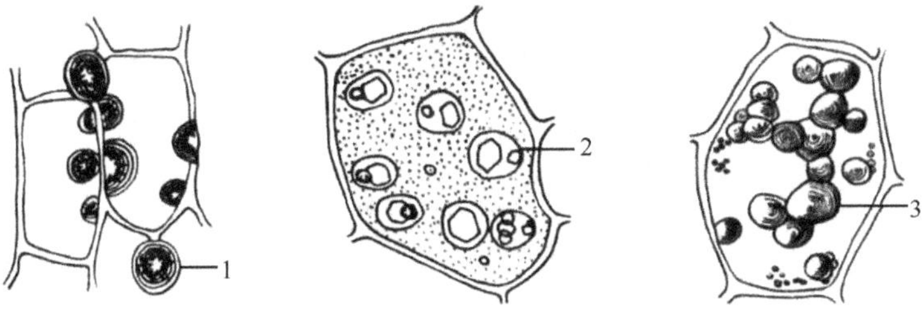

图 5-4　营养物质

1. 菊糖；2. 糊粉粒；3. 油脂

（三）蛋白质

植物细胞中的储藏蛋白质（protein）是化学性质稳定的无生命物质，它与构成原生质体的活性蛋白质完全不同。在种子的胚乳和子叶细胞内多含有丰富的蛋白质，它们通常是以糊粉粒的状态存在于细胞质或液泡里，体积很小；有的是以无定形的状态分布在细胞中，如小麦的胚乳细胞（图 5-4）。储藏蛋白质溶液加浓硝酸并微热，可见黄色沉淀析出，冷却片刻再加过量氨液，沉淀变为橙黄色；遇碘液显暗黄色；加硫酸铜和苛性碱的水溶液则显紫红色。

（四）脂肪和脂肪油

脂肪和脂肪油，是由脂肪酸和甘油结合而成的酯，存在于植物各器官中，种子中尤为常见。

一般在常温下呈固态或半固态的称脂肪，如乌桕脂、可可豆脂；呈液态的称脂肪油，呈小油滴状态分布在细胞质里。有些植物种子含脂肪油特别丰富，如花生、蓖麻子等。脂肪和脂肪油均不溶于水，易溶于有机溶剂，遇碱则皂化（图 5-4）。脂肪和脂肪油加苏丹Ⅲ试液显橘红色、红色或紫红色，加紫草试液显紫红色，加四氧化锇显黑色。

（五）晶体

晶体（crystal）是植物细胞新陈代谢过程中所产生的废弃物，积累到一定程度会结晶析出，常见的有草酸钙结晶和碳酸钙结晶。

1. 草酸钙结晶（calcium oxalate crystal）　植物体内草酸钙结晶的形成，被认为是在起解毒作用，即对植物有毒害的大量草酸被钙中和。在某些植物的器官中，随着组织衰老，部分细胞内的草酸钙结晶也逐渐增多。草酸钙常为无色透明的晶体，以不同的形状分布于细胞液中。常见类型主要有以下几种（图 5-5）：

（1）簇晶：晶体由许多八面体、三棱形单晶体聚集而成，常呈多角形星状，如人参、大黄、天竺葵等。

（2）针晶：晶体呈两端尖锐的针状，在细胞中多成束存在，称针晶束，常存在于黏液细胞中，如半夏、黄精、玉竹等。

（3）方晶：又称单晶或块晶。晶体常呈正方体形、长方形、八面形、三棱形等形状，常为单独存在的单晶体，如甘草、黄柏、秋海棠等。有时单晶交叉而形成双晶，如莨菪叶等。

（4）砂晶：晶体呈细小的三角形、箭头状或不规则形，聚集于细胞里，如牛膝、地骨皮、颠茄等。

（5）柱晶：晶体呈长柱形，长度是直径的四倍以上，如射干、淫羊藿等。

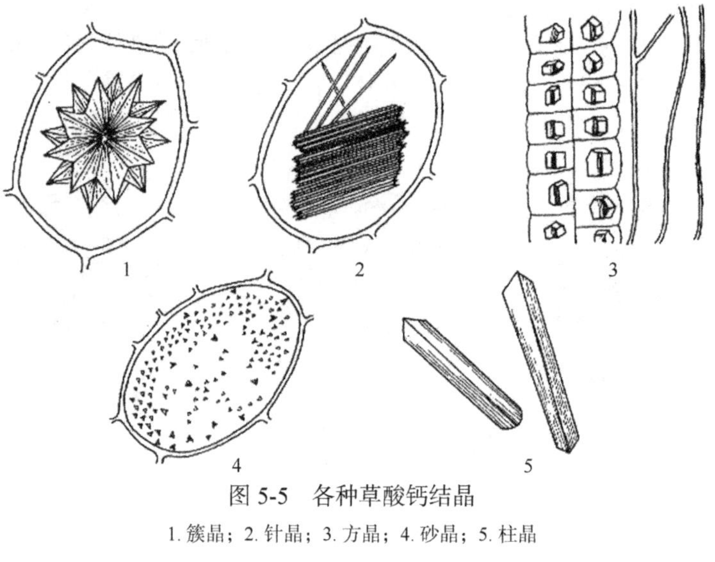

图 5-5　各种草酸钙结晶

1. 簇晶；2. 针晶；3. 方晶；4. 砂晶；5. 柱晶

2. 碳酸钙结晶（calcium carbonate crystal）　通常呈钟乳状态存在，又称钟乳体。它是细胞壁上的特殊瘤状突起物，形状如一串悬垂的葡萄。常存在于桑科、爵床科、荨麻科等植物叶的表皮细胞中，如无花果叶、穿心莲叶、大麻叶等（图 5-6）。

草酸钙结晶不溶于稀乙酸，加稀盐酸溶解而无气泡产生；碳酸钙结晶加乙酸或稀盐酸则溶解，并有 CO_2 气体放出，这可与草酸钙结晶相区别。

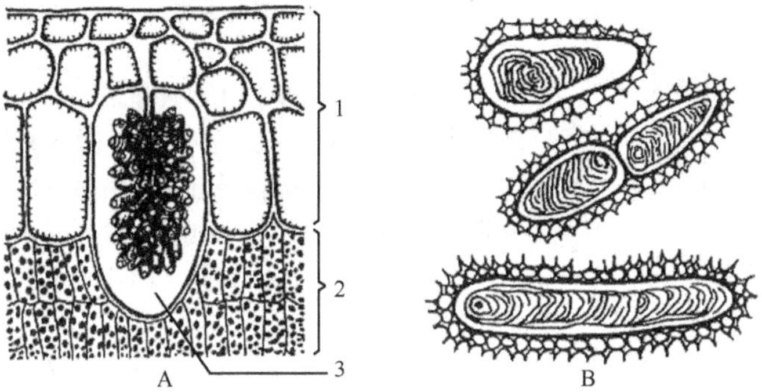

图 5-6　碳酸钙结晶

A. 无花果叶内的钟乳体（1. 表皮和皮下层；2. 栅栏组织；3. 钟乳体）；B. 穿心莲叶内的钟乳体

此外，细胞中还含有酶、维生素、植物激素和抗生素等物质，对植物的生长、发育起着非常重要的作用，统称为生理活性物质。

三、细　胞　壁

细胞壁（cell wall）是原生质体分泌的非生命物质包围在植物细胞外面的一个坚韧的外壳，主要起保护作用。细胞壁是植物细胞特有的结构，与液泡、质体一起构成了植物细胞区别于动物细胞的三大结构特征。

（一）细胞壁的分层

细胞壁根据形成的先后和化学成分的不同分为三层：胞间层、初生壁和次生壁（图 5-7）。

1. 胞间层（intercellular layer）　又称中层，存在于细胞壁的最外面，是相邻的两个细胞共有的一层。其主要成分为果胶，具有很强的亲水性与可塑性，使相邻细胞彼此粘连在一起。果胶很容易被酸或酶等溶解，从而导致细胞相互分离。

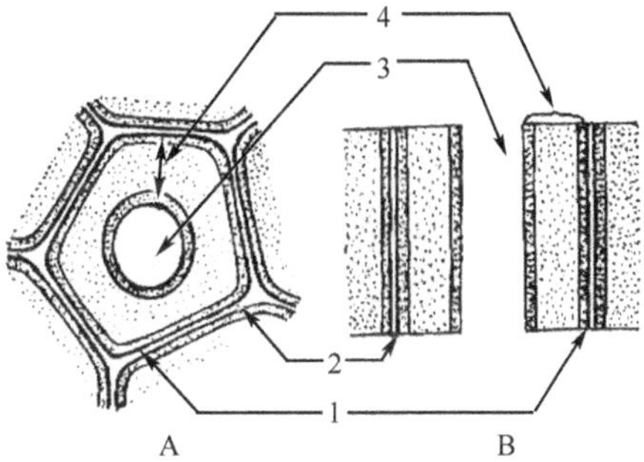

图 5-7　细胞壁的组成

A. 横切面；B. 纵切面

1. 初生壁；2. 胞间层；3. 细胞腔；4. 次生壁

2. 初生壁（primary wall）　是植物细胞在生长过程中，由原生质体分泌所形成的，主要成分为纤维素、半纤维素和少量果胶质。初生壁处于胞间层的内侧，一般较薄而有弹性，可塑性强，能随细胞的生长而延伸，许多植物细胞终生只具有初生壁。

3. 次生壁（secondary wall）　是细胞停止生长后，由原生质体分泌所形成的，主要成分为纤维素和少量的半纤维素。次生壁处于初生壁的内方，一般较厚而坚硬，无可塑性，可以增强细胞壁机械强度，起支持和保护植物体的作用。植物细胞一般都具有初生壁，但不是都具有次生壁。当次生壁增厚到一定程度，细胞腔缩小，原生质体死亡，留下细胞壁围成的空腔，称细胞腔。

（二）纹孔

细胞壁形成时，次生壁在初生壁上是不均匀增厚的，在很多地方留有一些没有增厚的呈凹陷孔状的结构，称为纹孔。纹孔处只有胞间层和初生壁，没有次生壁，因此是比较薄的区域。相邻两个细胞壁的纹孔常成对存在，称为纹孔对。纹孔对之间由初生壁和胞间层所构成的膜称为纹孔膜；纹孔膜两侧没有次生壁的腔穴常呈圆筒形或半球形，称为纹孔腔；纹孔腔通往

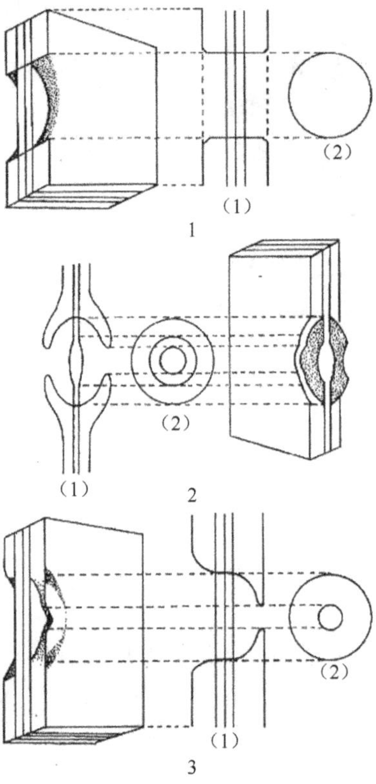

图 5-8　纹孔的类型

1. 单纹孔；2. 具缘纹孔；3. 单缘纹孔

（1）切面图；（2）正面图

细胞腔的开口，称为纹孔口。纹孔的存在有利于细胞间物质的交换。

纹孔对具有一定的形状和结构，常见的有单纹孔、具缘纹孔和半具缘纹孔三种类型（图 5-8）。

1. 单纹孔（simple pit）　次生壁上未加厚的部分呈圆孔形或扁圆形，纹孔对中间由纹孔膜所隔离。在光学显微镜下正面观察，纹孔口是一个圆。单纹孔存在于薄壁组织、韧皮纤维和石细胞中。

2. 具缘纹孔（bordered pit）　又称重纹孔。纹孔边缘的次生壁向细胞腔内拱起，形成拱形的边缘，纹孔口直径明显较小。在光学显微镜下正面观察，纹孔口和纹孔腔呈两个同心圆，如被子植物导管壁上的纹孔。松科和柏科植物管胞壁上的具缘纹孔，纹孔膜中间极度增厚形成了纹孔塞，因而从正面看起来呈三个同心圆。

3. 半缘纹孔（half-bordered pit）　由具缘纹孔和单纹孔组成的纹孔对，常存在于管胞或导管与薄壁细胞之间。

（三）胞间连丝

细胞间有许多纤细的原生质细丝从纹孔处穿过纹孔膜，使相邻细胞连接，这种原生质细丝称为胞间连丝（plasmodesmata）。胞间连丝使植物各个细胞连成一个整体，有利于细胞间物质的转运和信息传递。胞间连丝通常不容易观察到，柿核、马钱子等种子胚乳细胞中较明显（图 5-9）。

（四）细胞壁的特化

细胞壁主要由纤维素构成，具有韧性和弹性。由于环境的影响和生理功能的不同，常常发生各种不同的特化。常见的有木质化、木栓化、角质化、黏液质化和矿质化。

图 5-9　胞间连丝（柿核）

1. 木质化（lignification）　细胞壁内渗入木质素，使细胞壁的硬度增强。当木质化细胞壁变得很厚时，其细胞多趋于衰老或死亡，如导管、管胞、石细胞、木纤维等。木质化的细胞壁加入间苯三酚和浓盐酸，即显红色或紫红色。

2. 木栓化（suberization）　细胞壁内渗入脂肪性木栓质，木栓化后的细胞壁不透气、不透水，所以最后细胞死亡。通常木栓化细胞出现在保护组织中，如树干上褐色的树皮。木栓化细胞壁加苏丹Ⅲ试液，即显橘红色或红色。

3. 角质化（cutinization）　原生质体产生的角质除了填充到细胞壁的本身以外，还常积聚在细胞壁的表面形成一层无色透明的角质层。细胞壁的表面形成角质层，可以防止水分过度的蒸发和微生物的侵害。角质化细胞壁加苏丹Ⅲ试液，即显橘红色或红色。

4. 黏液质化（mucilagization）　细胞壁中所含的部分果胶质和纤维素等成分发生变化而成黏液状。黏液质化所形成的黏液在细胞的表面常呈固体状态，吸水膨胀后则呈黏滞状态。

如车前子、亚麻子的表皮细胞中具有黏液化细胞。黏液质化细胞壁加入钌红试液，即可染成红色。

5. 矿质化（mineralization）　细胞壁内渗入硅质或钙质，增强了细胞壁的坚固性，可增强植物茎、叶的机械支持能力。矿质化细胞壁不溶于硫酸或乙酸，但溶于氟化氢。

第二节　植物的组织

植物组织是由许多来源相同、形态结构相似、功能相同而又紧密联系的细胞群所组成。植物组织按其形态结构和功能的不同，一般分为分生组织和成熟组织两大类。其中成熟组织包括薄壁组织、保护组织、分泌组织、机械组织和输导组织。

一、分生组织

分生组织（meristem）是一群具有分生能力的细胞群，位于植物体生长的部位，如根尖和茎尖。细胞体积一般较小，排列紧密，没有细胞间隙，细胞壁薄且不具纹孔，细胞核较大，细胞质浓，没有明显的液泡。

（一）按性质、来源分类

1. 原生分生组织（promeristem）　来源于植物种子胚的原始细胞，具有持续而强烈的分生能力，位于植物根、茎和枝的先端。

2. 初生分生组织（primary meristem）　由原生分生组织衍生而来仍保持分生能力的细胞组成，其分生活动的结果，形成根、茎的初生构造。

3. 次生分生组织（secondary meristem）　由成熟组织中的某些薄壁细胞重新恢复分生能力而形成，包括形成层和木栓形成层。

（二）按存在部位分类

1. 顶端分生组织（apical meristem）　位于植物根、茎和枝的先端，包括原生分生组织和初生分生组织，其分生活动的结果，使根、茎和枝不断地伸长和长高。

2. 侧生分生组织（lateral meristem）　位于裸子植物和双子叶植物根、茎和枝的四周，包括形成层和木栓形成层，其分生的结果，产生次生构造，使根、茎不断增粗。单子叶植物没有侧生分生组织，因此不会加粗生长。

3. 居间分生组织（intercalary meristem）　位于有些植物的节间和叶的基部，能在短时间内进行迅速的生长，从来源看它属于初生分生组织。如水稻、小麦等植物的拔节、抽穗，韭菜、葱、蒜等植物叶子的上部被割后，叶子的下部仍可再生长，均是居间分生组织活动的结果。

二、薄壁组织

薄壁组织（parenchyma）又称基本组织，在植物体内分布很广又占有相当大的体积。薄壁组织细胞较大，多呈球形或各种形状，细胞壁薄，细胞排列疏松，具有明显的细胞间隙。根据其结构、生理功能的不同，薄壁组织可分为以下几种类型：

1. 基本薄壁组织（ordinary parenchyma）　普遍存在于植物体根、茎的皮层和髓部。通常细胞质较稀薄，液泡较大，细胞排列疏松，富有细胞间隙，主要起填充和联系其他组织的作用，并具有转化为次生分生组织的可能。

2. 同化薄壁组织（assimilation parenchyma）　又称绿色薄壁组织，多存在于植物的叶肉细胞中和幼茎、幼果的表面，细胞中含有大量的叶绿体，能进行光合作用，制造有机营养物质。

3. 储藏薄壁组织（storage parenchyma）　多存在于植物的果实、种子、根和根状茎中。

细胞较大，储藏有大量的营养物质，如淀粉、蛋白质、油脂等。

4. 吸收薄壁组织（absorption parenchyma） 位于植物根尖的根毛区。细胞壁薄，部分表皮细胞外壁向外凸起，形成根毛，能从土壤中吸收水分和无机盐，满足植物的生长需要。

5. 通气薄壁组织（aerenchyma parenchyma） 多存在于水生植物和沼泽植物中，细胞间隙特别发达，常形成大的气腔和通道，具有储藏空气的功能，如灯心草的茎髓和莲的叶柄等。

三、保护组织

保护组织（protective tissue）是分布于植物体表面起保护作用的组织，它的作用是防止病虫的侵袭和机械损伤，减少体内水分的蒸腾，控制植物与环境的气体交换等。根据来源和形态的不同，其又分为表皮和周皮两类。

（一）表皮

表皮（epidermal）分布于幼嫩的根、茎、叶、花、果实和种子的表面，由初生分生组织分生而来，又称初生保护组织。常为一层扁平的长方形、多边形或波状不规则形的细胞组成，彼此嵌合，排列紧密，无细胞间隙。表皮细胞一般不含叶绿体，外壁常角质化，有的角质层上还有蜡被，防止水分流失。表皮细胞可分化形成气孔或突起的毛茸。

1. 气孔（stomata） 植物的表皮上由两个半月形保卫细胞以凹入面相对而形成的结构，中间孔隙即气孔。保卫细胞含叶绿体，与表皮细胞相邻的细胞壁较薄，相对的凹入处细胞壁较厚，当吸水膨胀时，气孔即张开，当其失水时，气孔关闭，所以气孔的开张和关闭有控制气体交换和调节水分蒸腾的作用（图 5-10）。

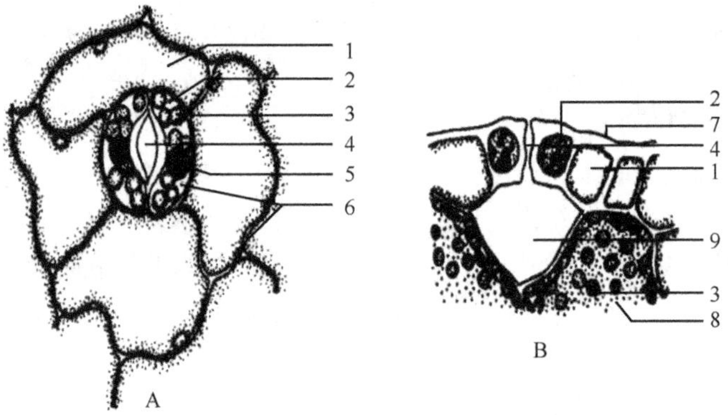

图 5-10 叶的表皮与气孔

A. 正面图；B. 切面图

1. 表皮细胞；2. 保卫细胞；3. 叶绿体；4. 气孔；5. 细胞核；6. 细胞质；7. 角质膜；8. 栅栏组织细胞；9. 气室

在保卫细胞周围有 2 或多个和表皮细胞形状不同的细胞，称为副卫细胞。保卫细胞与副卫细胞之间的排列方式，称为气孔的轴式或类型。气孔的轴式随植物种类而异，是鉴定叶类、全草类药材的依据之一。双子叶植物中常见的气孔轴式有 5 种（图 5-11）。

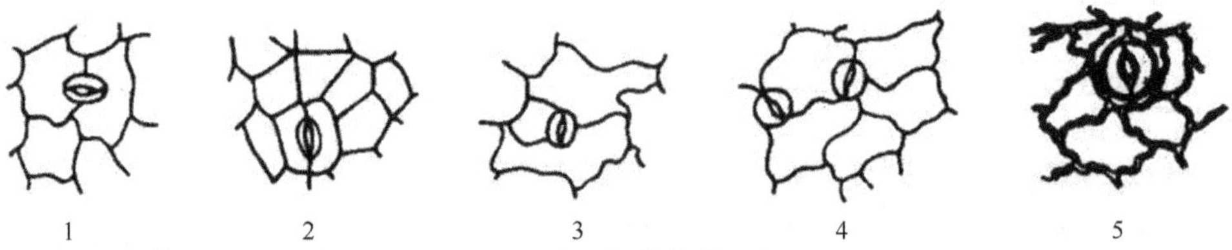

图 5-11 气孔的类型

1. 直轴式；2. 平轴式；3. 不等式；4. 不定式；5. 环式

（1）直轴式（diacytic type）：气孔周围的副卫细胞有 2 个，其长轴与保卫细胞和气孔的长轴垂直，如石竹、穿心莲、薄荷等。

（2）平轴式（paracytic type）：气孔周围的副卫细胞有 2 个，其长轴与保卫细胞和气孔的长轴平行，如茜草、番泻叶、马齿苋等。

（3）不等式（anisocytic type）：气孔周围的副卫细胞常有 3 ～ 4 个，但大小不等，其中一个特别小，如菘蓝、曼陀罗、烟草等植物。

（4）不定式（anomocytic type）：气孔周围的副卫细胞数目不定，其大小基本相等，形状与表皮细胞相似，如毛茛、艾、桑等。

（5）环式（actinocytic type）：气孔周围的副卫细胞数目不定，其形状较表皮细胞狭窄，围绕气孔排列成环状，如茶、桉叶等。

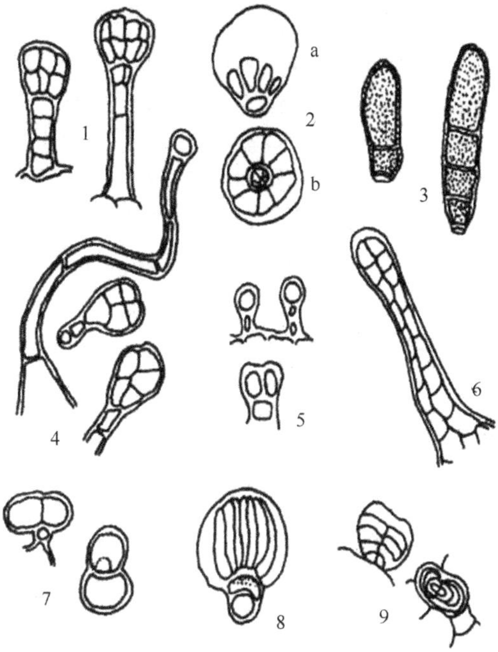

图 5-12　腺毛及腺鳞

1. 金银花；2. 薄荷叶（a. 侧面观；b. 顶面观）；3. 谷精草；4. 洋金花；5. 洋地黄叶；6. 款冬花；7. 密蒙花；8. 凌霄花；9. 石胡荽叶

2. 毛茸（trichome hair）　是由表皮细胞向外形成的突起物，具有保护、减少水分蒸发、分泌物质等作用。毛茸分为腺毛和非腺毛。

（1）腺毛（glandular hair）：由腺头与腺柄组成。腺头具有分泌功能，由一个或者几个分泌细胞组成，能够分泌挥发油、黏液、树脂等物质。腺柄也具有单细胞和多细胞之分。唇形科植物薄荷等叶片上有一种头部由 6 ～ 8 个细胞组成、柄极短的腺毛，称腺鳞（图 5-12）。

（2）非腺毛（non-glandular hair）：是不具分泌功能的毛茸，由单细胞或多细胞组成，无头、柄之分，顶端常狭尖，种类较多（图 5-13）。

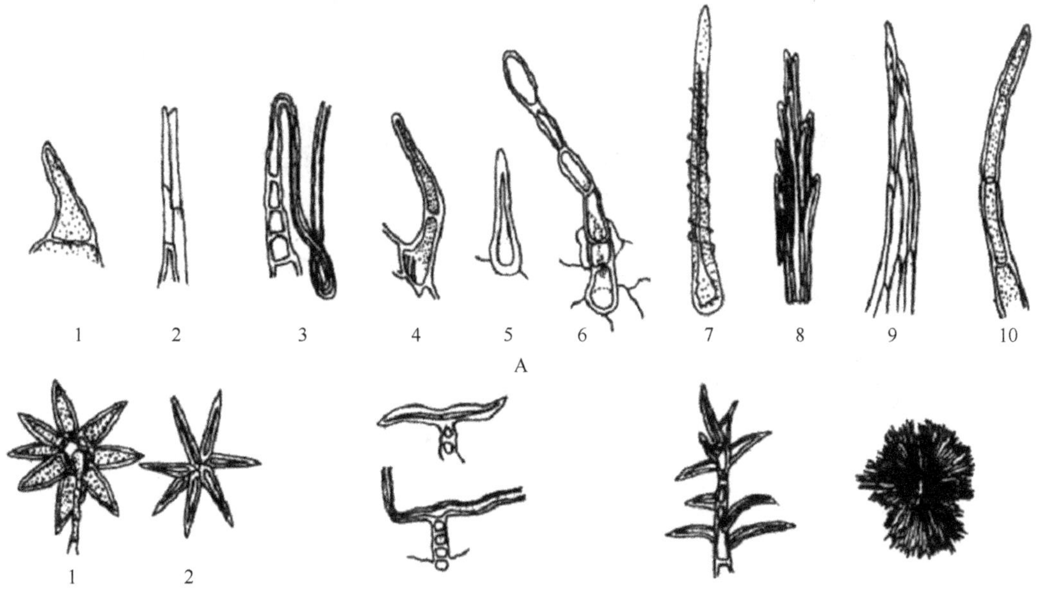

图 5-13　各种非腺毛

A. 线状毛（1. 白曼陀罗花；2. 旋覆花；3. 刺儿菜叶；4. 薄荷叶；5. 益母草叶；6. 蒲公英叶；7. 金银花；8. 款冬花冠毛；9. 蓼蓝叶；10. 洋地黄叶）；B. 星状毛（1. 石韦叶；2. 芙蓉叶）；C. 丁字毛（艾叶）；D. 分枝毛（裸花紫珠叶）；E. 鳞毛（胡颓子叶）

（二）周皮

周皮（periderm）是代替表皮行使保护功能，是次生保护组织。木本植物茎和根在增粗生长过程中表皮被破坏，植物表皮下的某些薄壁细胞恢复分裂能力，转变成木栓形成层，它向外分生出木栓化的木栓层，向内分生出生活的栓内层。茎的栓内层细胞中有时含有叶绿体，称为绿皮层。木栓层、木栓形成层、栓内层统称为周皮（图 5-14）。

当周皮形成时，原来位于气孔下面的木栓形成层向外分生出许多非木栓化的填充细胞，将表皮突破，形成圆形或椭圆形的裂口，称为皮孔。皮孔是周皮上的通气结构（图 5-15）。

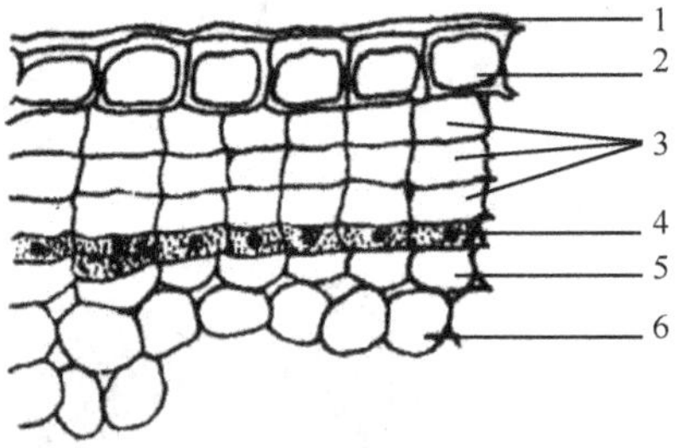

图 5-14　周皮

1. 角质膜；2. 表皮；3. 木栓层；4. 木栓形成层；5. 栓内层；6. 皮层

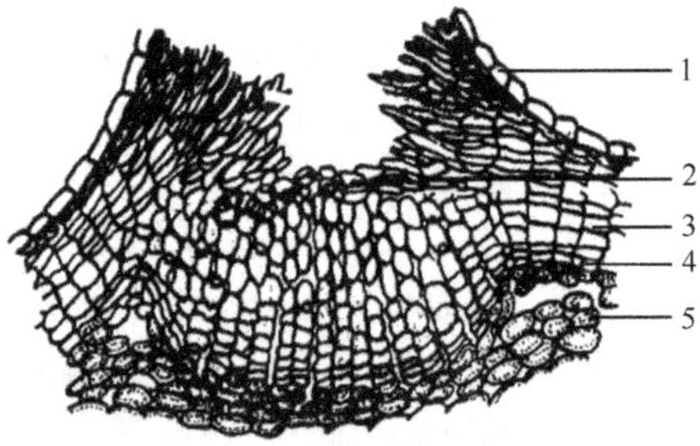

图 5-15　皮孔横切面

1. 表皮；2. 填充细胞；3. 木栓层；4. 木栓形成层；5. 栓内层

四、分泌组织

分泌组织（secretory tissue）是由具有分泌作用，能分泌挥发油、树脂、乳汁、黏液、蜜汁等的细胞所组成。根据分泌组织在植物体内所分布的位置，分为外部分泌组织和内部分泌组织（图 5-16）。

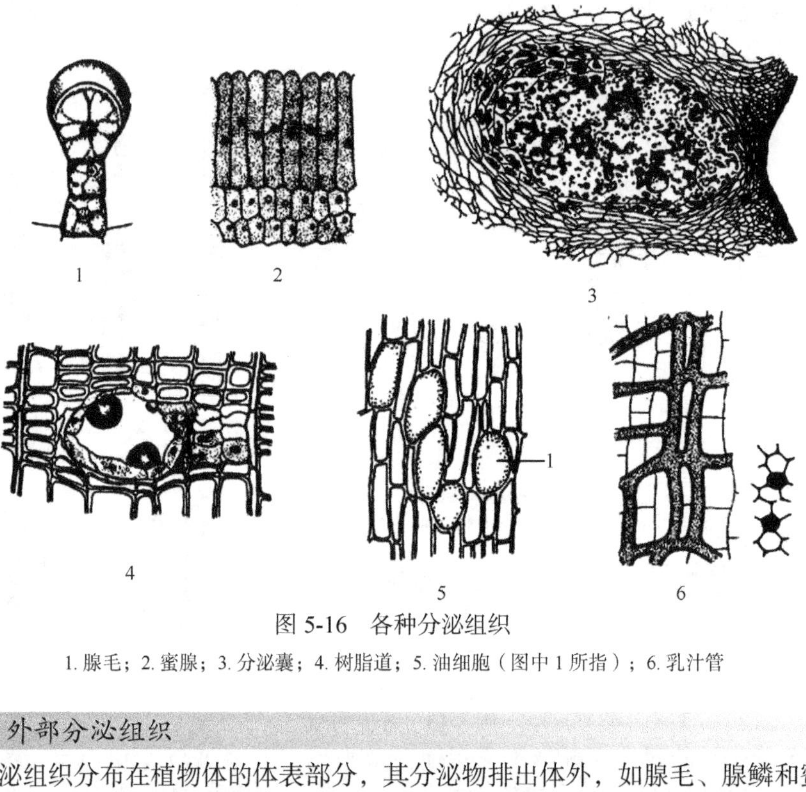

图 5-16　各种分泌组织

1. 腺毛；2. 蜜腺；3. 分泌囊；4. 树脂道；5. 油细胞（图中 1 所指）；6. 乳汁管

（一）外部分泌组织

外部分泌组织分布在植物体的体表部分，其分泌物排出体外，如腺毛、腺鳞和蜜腺等。

1. 腺毛和腺鳞　是具有分泌能力的表皮毛，腺头的细胞覆盖着较厚的角质层，其分泌物积聚在细胞壁与角质层之间。分泌物可由角质层渗出，或角质层破裂后散发出来。腺毛多存在于植物的茎、叶、芽鳞、子房、花萼、花冠等部分。

2. 蜜腺（nectary）　是能分泌蜜汁的腺体，由一层表皮细胞或其下面数层细胞分化而形成。腺体细胞的细胞壁较薄，细胞质浓，细胞质产生蜜汁。蜜汁可通过细胞壁上角质层破裂向外扩散，或经腺体表皮上的气孔排出。蜜腺常存在于虫媒花植物的花的基部、花柄或花托上，如油菜花等。

（二）内部分泌组织

内部分泌组织分布在植物体内，其分泌物储存于细胞内或细胞间隙中。根据内部分泌组织的组成、形状和分泌物的不同，可分为：

1. 分泌细胞（secretory cell）　是植物体内单独存在的具有分泌能力的细胞，分泌细胞通常比周围的细胞大，当分泌物充满整个细胞时，细胞壁也常木栓化。由于储藏的分泌物不同，又分为油细胞（含挥发油，如桂皮、厚朴、姜等）、黏液细胞（含黏液质，如天南星、半夏等）。

2. 分泌腔（secretory cavity）　又称分泌囊，由一群分泌细胞所形成的腔室，分泌物大多是挥发油，储存在腔室内，故又称油室。分两种类型：一种是溶生式分泌腔，由于细胞分泌物积累增多，使细胞壁破裂溶解，在体内形成一个含有分泌物的腔室，腔室周围的细胞常破碎不完整，如陈皮、橘叶等；另一种是裂生式分泌腔，由于分泌细胞彼此分离，细胞间隙扩大而形成的腔室，分泌细胞完整地围绕着腔室，如当归根和金丝桃叶等。

3. 分泌道（secretory canal）　是由许多分泌细胞形成的管道，其分泌物储存在管道中。分泌道顺轴分布，故横切面观呈管状。根据分泌物的不同分为树脂道（分泌树脂，如人参）、油管（分泌挥发油，如小茴香）、黏液道（分泌黏液，如美人蕉、椴树等）。

4. 乳汁管（laticifer）　是由单个或多个细长管状的乳汁细胞形成，乳汁细胞是生活细胞，具有分泌功能，其分泌的乳汁储存在细胞中。根据乳汁管发育过程可分两种类型：一种称为无节乳汁管，它由一个乳细胞构成，细胞不断伸长和分枝形成的，长度常达数米，如夹竹桃科、萝藦科的乳汁管；另一种称为有节乳汁管，是由许多管状细胞连接而成的管道系统，连接处的细胞壁融化消失，如菊科、桔梗科的乳汁管。

五、机械组织

机械组织（mechanical tissue）是细胞壁明显增厚的一群细胞，对植物体起支持和巩固作用。根据细胞壁增厚方式及程度的不同，可分为厚角组织和厚壁组织。

（一）厚角组织

厚角组织（collenchyma）的细胞是生活细胞，常含有叶绿体，细胞最明显的特征是初生壁不均匀增厚，增厚的部位通常在角隅处，细胞在横切面上常呈多角形。细胞壁由纤维素和果胶质组成，不木质化。厚角组织是植物地上部分幼嫩器官（茎、叶柄、花梗）的支持组织，常集中分布于嫩茎的棱角处，如益母草、薄荷的茎（图 5-17）。

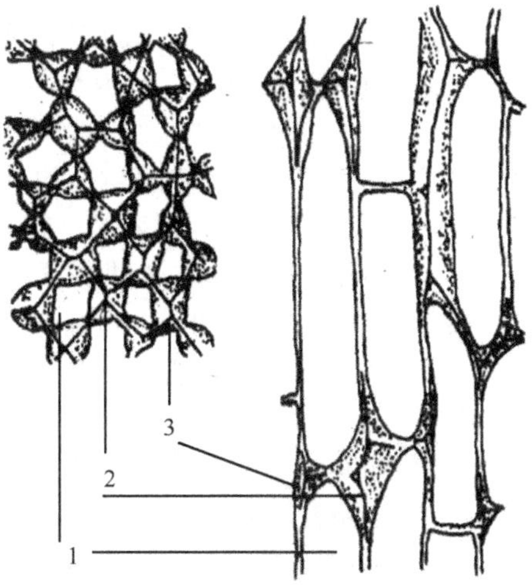

图 5-17　厚角组织

1. 细胞腔；2. 胞间层；3. 增厚的壁

（二）厚壁组织

厚壁组织（sclerenchyma）和厚角组织不同，细胞具有全面增厚的次生壁，并且常常木质化，具层纹和纹孔，细胞成熟后，成为死细胞。根据细胞形状的不同，分为纤维和石细胞。

1. 纤维（fiber） 是细胞壁纤维素或木质素增厚且两端尖的细长细胞，细胞腔小或无，细胞质和细胞核消失，多为死细胞。通常成束存在。每个纤维细胞末端彼此嵌插，因此，纤维具有良好的支持和巩固作用。根据纤维在植物体内所处位置的不同，分为以下几类（图5-18）：

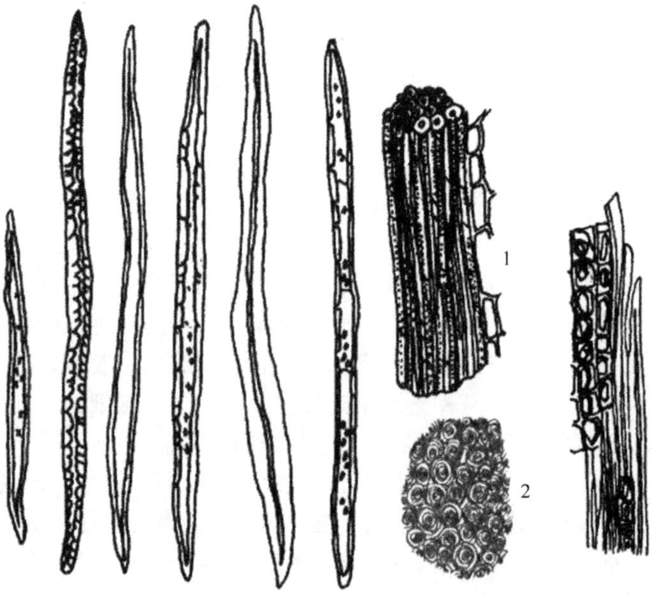

图 5-18 纤维

A. 丹参；B. 五加皮；C. 苦木；D. 关木通；E. 肉桂；F. 姜；
G. 纤维束（1. 侧面；2. 横切面）；H. 甘草（晶纤维）

（1）韧皮纤维（phloem fiber）：分布在韧皮部中，细胞呈长梭形，横切面观呈现出同心环纹层，细胞壁增厚的成分主要是纤维素，因此韧性较大，拉力强，如肉桂、亚麻等。

（2）木纤维（wood fiber）：分布在被子植物的木质部中，也是长梭形细胞，但较韧皮纤维短，细胞壁均木质化，壁上有纹孔，如川木通、椴树等。

此外，在药材鉴定中，还有分隔纤维，这种纤维细胞腔中有菲薄的横膈膜，如姜；嵌晶纤维，纤维次生壁外层密嵌细小的草酸钙方晶或砂晶，如南五味子根；晶鞘纤维，由纤维束和外侧含有晶体的薄壁细胞所组成的复合体。这些薄壁细胞中有的含有方晶，如甘草、黄柏等；有的含有簇晶，如石竹、瞿麦等；有的含有石膏结晶，如柽柳等。另有分枝纤维，长梭形纤维顶端具有明显的分枝，如东北铁线莲根中的纤维。

2. 石细胞（stone cell） 是细胞壁极度增厚且木质化，成为具坚硬细胞壁的死细胞。细胞壁上未增厚的部分呈细管状，有时分枝，向四周射出。因此，细胞壁上可见到细小的壁孔，称为纹孔或孔道；而细胞壁增厚所形成的纹理称为层纹。石细胞的形状大多是近于球形或多面体形，但也有短棒状或分枝状，大小也不一致。石细胞常单个或成群分布在植物的根皮、茎皮、果皮、果核及种皮中，如党参、黄柏、八角茴香等。有些植物的叶或花亦有分布，这些石细胞通常呈分枝状，所以又称为畸形石细胞（图5-19）。

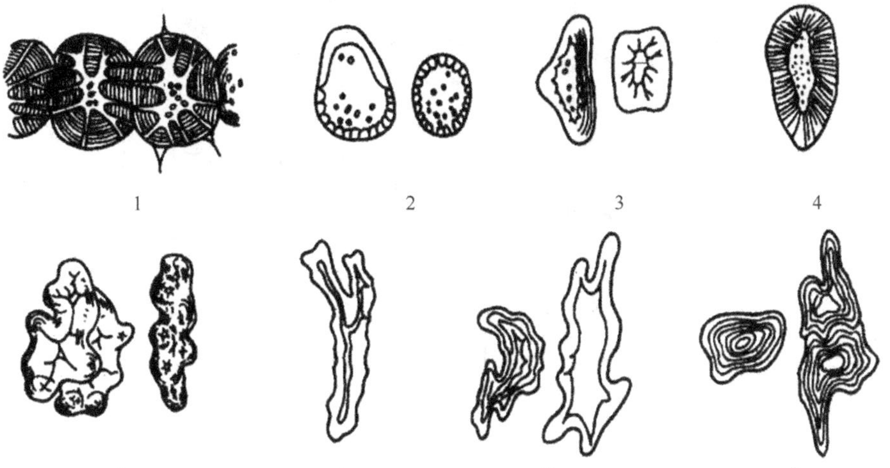

图 5-19　石细胞

1. 梨肉果；2. 苦杏仁；3. 土茯苓；4. 五味子；5. 川楝子；6. 茶叶；7. 厚朴；8. 黄柏

六、输导组织

输导组织（conducting tissue）是植物体内运输水分、无机盐和营养物质的细胞群。输导组织的细胞一般呈管状，常上下相连，贯穿于整个植物体内，形成适合于运输的管道。根据输导组织的构造和运输物质的不同，可分为下列两类：

（一）管胞和导管

管胞和导管是自下而上运输水分和无机盐的输导组织，存在于植物体的木质部中。

1. 管胞（tracheid）　是蕨类植物和绝大多数裸子植物的输导组织，同时兼有支持作用。管胞呈狭长管状，两端斜尖，末端无穿孔，为死细胞。细胞壁增厚并形成纹孔，相邻的管胞依靠侧壁上的纹孔运输水分，效率较低，是一类较原始的输导组织（图 5-20）。

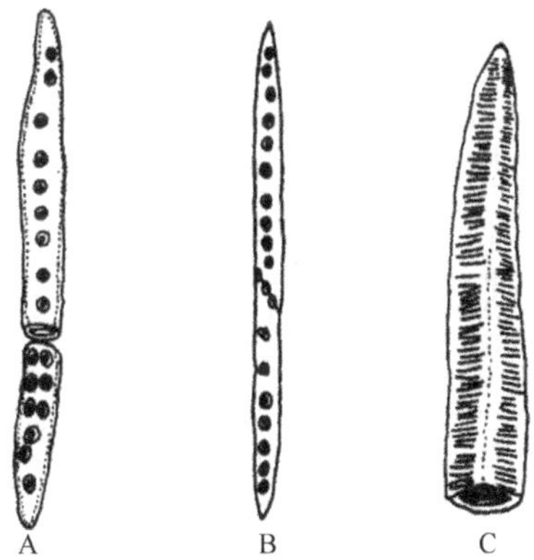

图 5-20　管胞

A. 孔纹管胞；B. 管胞连接情况；C. 梯纹管胞

2. 导管（vessel）　是被子植物主要的输水组织，少数裸子植物中也有导管，如麻黄。导管是由许多导管分子纵向连接而成的，其上下两端的横壁常溶解形成穿孔，使导管上下相通成为一个管道，其输水效率远比管胞强。导管在形成过程中，侧壁上木质化的次生壁并非均匀增厚。根据导管增厚所形成的纹理不同，可分为下列几种导管类型（图 5-21）。

（1）环纹导管（annular vessel）：增厚部分呈环状，导管直径较小，存在于植物幼嫩器官中，如玉米、凤仙花幼茎。

（2）螺纹导管（spiral vessel）：增厚部分呈螺旋状，导管直径较小，存在于幼嫩器官中，如“藕断丝连”中的细丝，就是一种常见的螺纹导管。

（3）梯纹导管（scalariform vessel）：增厚部分与未增厚部分间隔呈梯形，即导管壁上既有横的增厚，也有纵的增厚，交接构成梯形，多存在于成长器官中，如葡萄茎。

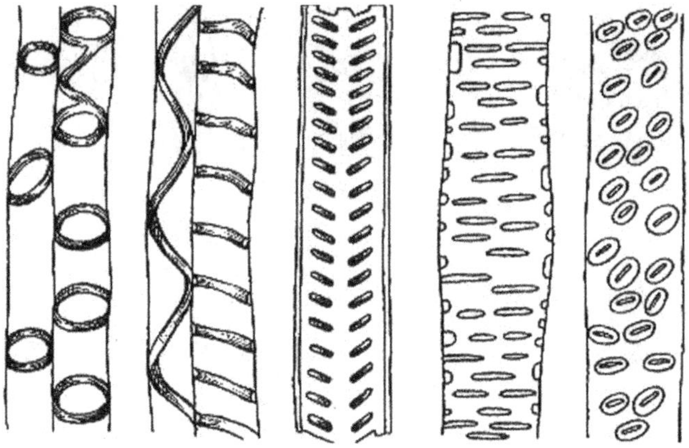

图 5-21　导管的类型

1. 环纹导管；2. 螺纹导管；3. 梯纹导管；4. 网纹导管；5. 孔纹导管

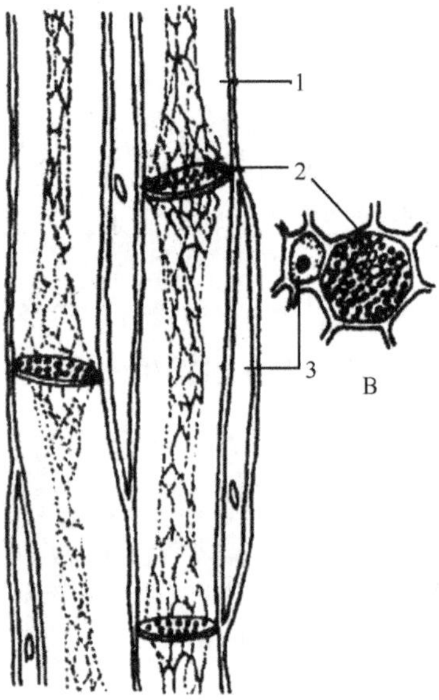

图 5-22　筛管与伴胞

A. 纵切面；B. 横切面

1. 筛管；2. 筛板；3. 伴胞

（4）网纹导管（reticulated vessel）：增厚部分与未增厚部分密集交织形成网状，网眼是未增厚的细胞壁，导管直径较大，多存在于器官的成熟部分，如大黄、南瓜茎。

（5）孔纹导管（pitted vessel）：细胞壁几乎全面增厚，未增厚处为单纹孔或具缘纹孔，前者为单纹孔导管，后者为具缘纹孔导管，导管直径较大，多存在于器官成熟部分，如甘草、苍术。

（二）筛管、伴胞和筛胞

筛管、伴胞和筛胞是自上而下输送光合作用制造的有机营养物质到植物其他部分的输导组织，存在于植物的韧皮部中。

1. 筛管与伴胞　筛管（sieve tube）是被子植物输送有机物的主要组织。它由许多筛管分子纵向连接而成，其上下两端的横壁上由于不均匀增厚而形成筛板，筛板上有许多小孔，称为筛孔。筛板两边相邻细胞中的原生质，通过筛孔而彼此相连，形成上下相通的通道。

伴胞（companion cell）是被子植物的筛管分子旁，常有一个或多个与筛管分子相伴的薄壁细胞。伴胞的细胞质浓，细胞核较大，并含有多种酶类，生理上很活跃。筛管的输导功能与伴胞有密切关系。伴胞为被子植物所特有，蕨类和裸子植物中不存在（图 5-22）。

2. 筛胞（sieve cell）　是蕨类和裸子植物运输有机养料的输导组织。筛胞是单分子的狭长细胞，直径较小，端壁倾斜，没有特化成筛板，只是在侧壁或有时在端壁上有一些凹入的小孔，称为筛域，输导能力较弱。

第三节　维管束及其类型

一、维管束的概念及组成

维管束（vascular bundle）是除苔藓植物以外的所有高等植物所具有的输导和支持功能的

复合组织。维管束的出现使植物从水生走向陆地。维管束是一种束状结构，贯穿整个植物体。

维管束主要由韧皮部和木质部组成。韧皮部主要是由筛管、伴胞、筛胞、韧皮薄壁细胞与韧皮纤维构成，这部分木质较柔韧，故称韧皮部；木质部主要是由导管、管胞、木薄壁细胞和木纤维组成，这部分木质坚硬，故称木质部。

二、维管束的类型

双子叶植物和裸子植物的维管束，在韧皮部和木质部之间有形成层存在，能持续不断的分生生长，称为无限维管束或开放性维管束。单子叶植物和蕨类植物的维管束中没有形成层，不能进行不断的分生生长，称为有限维管束或闭锁性维管束。

根据维管束中韧皮部与木质部的排列方式的不同，将维管束分为下列几种类型（图 5-23）。

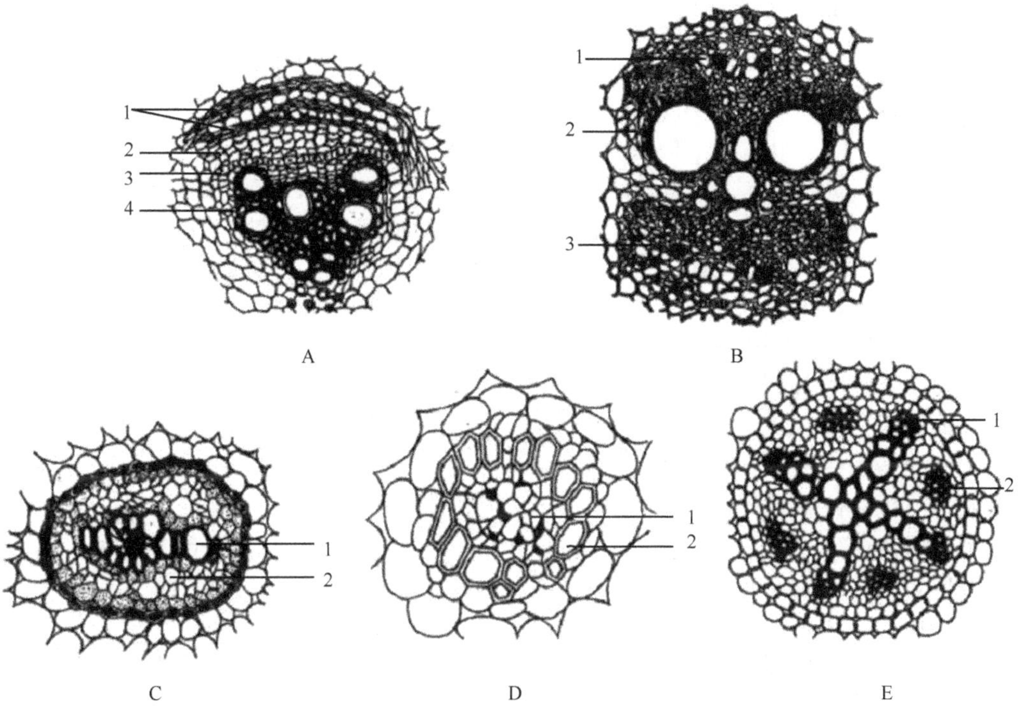

图 5-23 维管束的类型

A. 外韧维管束（马兜铃，1. 压扁的韧皮部；2. 韧皮部；3. 形成层；4. 木质部）；B. 双韧维管束（南瓜茎，1、3. 韧皮部；2. 木质部）；C. 周韧维管束（真蕨的根茎，1. 木质部；2. 韧皮部）；D. 周木维管束（菖蒲根茎，1. 韧皮部；2. 木质部）；E. 辐射维管束（毛茛幼根，1. 原生木质部；2. 韧皮部）

1. 外韧维管束（closed collateral bundle） 维管束中韧皮部位于外侧，木质部位于内侧，中间没有形成层，不能进行增粗生长，称为有限外韧维管束，如单子叶植物茎中的维管束；韧皮部和木质部中间有形成层，能不断进行增粗生长，称为无限外韧维管束，如裸子植物和双子叶植物茎中的维管束。

2. 双韧维管束（bicollateral bundle） 维管束中木质部内外两侧都有韧皮部，并在外侧的韧皮部和木质部之间常有形成层。常见于葫芦科、茄科、夹竹桃科等植物茎中的维管束。

3. 周韧维管束（amphicribral bundle） 维管束中木质部位于中央，韧皮部围绕在木质部周围。常见于百合科、禾本科、蓼科及某些蕨类植物（如贯众根茎）。

4. 周木维管束（amphivasal bundle） 维管束中韧皮部位于中央，木质部围绕在韧皮部周围。

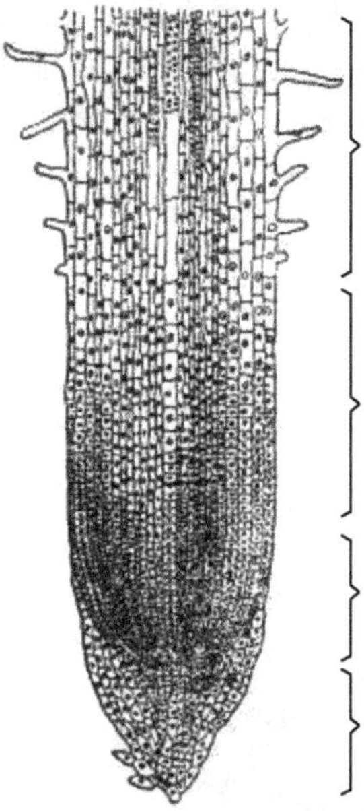

图 5-24　根尖的构造

1. 根冠；2. 分生区；3. 伸长区；4. 成熟区

常见于少数单子叶植物的根状茎，如菖蒲、石菖蒲、铃兰等。

5. 辐射维管束（radial bundle）　维管束中韧皮部与木质部相间排列，呈辐射状。常见于被子植物根的初生构造中，如毛茛根的初生构造。

第四节　植物器官的内部构造

一、根的内部构造

（一）根尖的构造

根尖（root tip）是根的最先端到生有根毛的部分，是根中生命活动最旺盛、最重要的部分。根的伸长、对水分与养分的吸收，以及根内组织的形成，均主要在此部分进行。根据外部构造和内部组织分化的不同，根尖自下而上可以分为根冠、分生区、伸长区和成熟区四个部分（图 5-24）。

1. 根冠（root cap）　位于根的最顶端，像帽子一样包被在分生区的外围，由薄壁细胞组成，具有保护作用。根在土壤中不断地向下延伸生长时，根冠在前，和土壤发生摩擦，遭受伤害，甚至死亡脱落。有些根冠的外层细胞还能产生黏液，使根尖穿越土粒缝隙时，得以减少摩擦，对分生区起到保护作用。除了一些寄生根和菌根外，绝大多数植物的根尖部分都有根冠存在。

2. 分生区（division zone）　又称生长锥，是位于根冠内方的顶端分生组织所在的位置，长约 1mm，具有很强的分生能力。分生区细胞可不断地进行分裂，增加细胞数目，将来进一步分化形成根的各种组织。分生区细胞为多面体，排列紧密，细胞壁薄，细胞质浓，核相对较大。

3. 伸长区（elongation zone）　位于分生区上方，到出现根毛的地方，长 2 ～ 5mm。此处细胞分裂已逐渐停止，体积扩大，细胞显著地沿根的长轴方向延伸，使根不断地深入土中。同时细胞也开始分化，相继出现导管和筛管。

4. 成熟区（maturation zone）　位于伸长区上方，细胞已分化成熟，形成了各种初生组织。最显著的特点是表皮中一部分细胞的外壁向外突出，形成根毛，所以又称根毛区。根毛的产生大大增加了根的吸收面积。水生植物常无根毛。

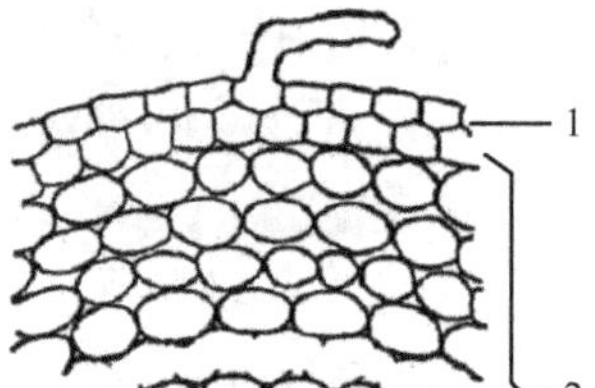

图 5-25　双子叶植物毛茛幼根的初生结构

1. 表皮；2. 皮层；3. 内皮层；4. 维管柱鞘；5. 原生木质部；6. 后生木质部；7. 初生韧皮部；8. 未成熟的后生木质部

（二）根的初生构造

通过根尖的成熟区作一横切面，就可以看到根的初生结构，由外至内分别为表皮、皮层和维管柱三个部分（图 5-25）。

1. 表皮（epidermis）　位于根的最外方，多为一层细胞，由原表皮发育而成，细胞排列整齐而紧密，无细胞间隙，细胞壁薄，富有通透性，不角质化，没有气孔。部分表皮细胞的外壁向外突起，延伸成根毛，具有吸收能力，故有“吸收表皮”之称。有的根表皮为多列细胞，称为根被，如麦冬。

2. 皮层（cortex）　位于表皮的内方，是由基本分生组织发育而成，由多层薄壁细胞组成，细胞排列疏松，有着显著的细胞间隙，占根相当大的部分。皮层可以分为外皮层、皮层薄壁组织和内皮层。

（1）外皮层（exodermis）：为皮层最外的一层细胞，细胞排列紧密、整齐，无细胞间隙。当表皮破坏后，外皮层的细胞壁增厚并木栓化，代替表皮起保护作用。

（2）皮层薄壁组织：为外皮层内方的多层细胞，细胞壁薄，排列疏松，有细胞间隙。具有吸收、运输和储藏作用。

（3）内皮层（endodermis）：为皮层最内方的一层细胞，细胞排列整齐紧密，无细胞间隙。内皮层细胞壁增厚通常有两种，一种是内皮层细胞的径向壁（侧壁）和上下壁（横壁）局部增厚，增厚部分呈带状，环绕径向壁和上下壁而成一整圈，称凯氏带（casparian strip）。其宽度不一，但常远比其所在的细胞壁狭窄，故从横切面观，增厚的部分呈点状，故又称凯氏点（casparian dots）。另一种是内皮层细胞进一步发育，其径向壁、上下壁及内切向壁（内壁）显著增厚，只有外切向壁（外壁）比较薄，横切面观时内皮层细胞增厚部分呈马蹄形。也有的内皮层细胞壁全部木栓化加厚。在内皮层细胞壁增厚的过程中，有少数正对初生木质部角的内皮层细胞的胞壁不增厚，这些细胞称为通道细胞（passage cell），起着皮层与维管束间物质内外流通的作用（图 5-26、图 5-27）。

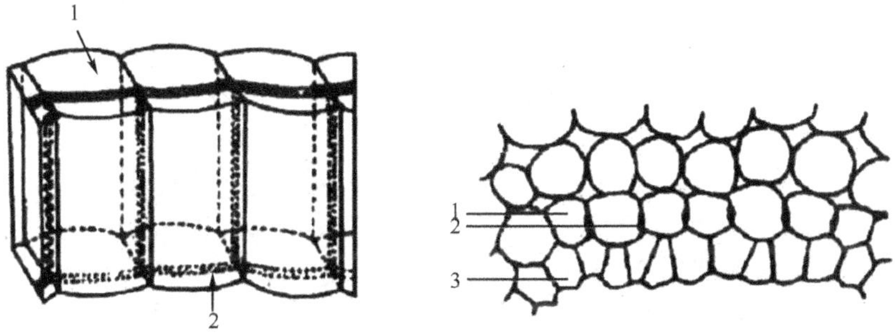

图 5-26　内皮层及凯氏带

A. 内皮层细胞立体图；B. 内皮层细胞切面图

1. 内皮层；2. 凯氏带（点）；3. 维管柱鞘

3. 维管柱（vascular cylinder）　位于内皮层以内的部分，包括中柱鞘和维管束两个主要部分。

（1）中柱鞘（pericycle）：又称维管柱鞘，紧贴着内皮层，为维管柱最外方的组织，通常由一层薄壁细胞组成。根的中柱鞘的细胞是由原形成层的细胞发育而成，保持着潜在的分生能力，在一定的时期，可以产生侧根、不定根、不定芽、部分形成层和木栓形成层等。

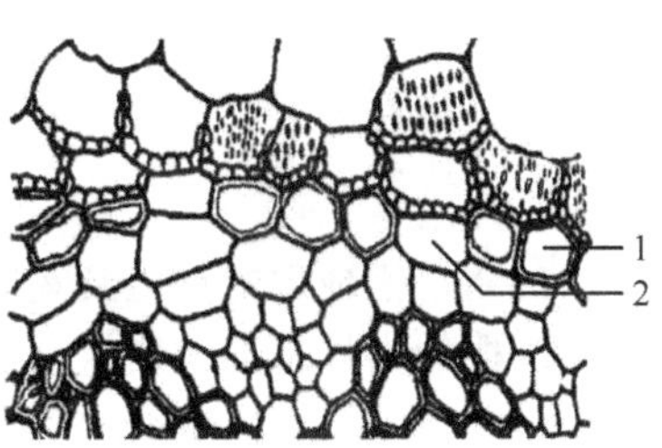

图 5-27　麦冬块根横切面的一部分

1. 内皮层；2. 通道细胞

（2）维管束：位于根的最内方，包括初生木质部和初生韧皮部，两者相间排列，呈辐射状，称辐射维管束。根的初生木质部在分化过程中，是由外方开始向内方逐渐发育成熟，称为外始式。先分化的初生木质部，称为原生木质部，它是由管腔较小的环纹导管或螺纹导管组成；后分化的初生木质部，称后生木质部，它是由管腔较大的梯纹、网纹或孔纹等导管组成。根的初生木质部通常分为几束，其束（星角）的数目随植物种类而异。一般双子叶植物木质部束数较少，多为 2 ～ 6 束，称二至六原型；单子叶植物木质部束数较多，称多原型。初生木质部的结构比较简单，主要是导管、管胞，也有木纤维和木薄壁组织。裸子植物的初生木质部只有管胞。

初生韧皮部发育成熟的方式，也是外始式，即原生韧皮部在外方，后生韧皮部在内方。被子植物的初生韧皮部由筛管和伴胞组成，也含有韧皮薄壁组织和韧皮纤维。裸子植物的初生韧皮部只有筛胞。

双子叶植物根的初生木质部一般一直分化到根的中心，不具髓部；单子叶植物的根多有发达的髓部。

（三）根的次生构造

绝大多数蕨类和单子叶植物的根，在整个生活期内，一直保持着初生构造。但是，大多数双子叶植物和裸子植物的根，可发生次生生长，形成次生构造，使根逐渐加粗。

1. 形成层的产生及其活动 当根进行初生生长时，在初生木质部和初生韧皮部之间的一些薄壁组织恢复分裂能力，转变为呈弧形的形成层，并向两端发展，位于初生木质部外方的中柱鞘部位也恢复分裂能力转变为形成层，两者相连成为一个凹凸相间的形成层环。形成层细胞不断进行平周分裂，向外产生次生韧皮部，向内产生次生木质部，向内分裂的速度快于向外分裂的速度，故凹凸的形成层环逐渐变为圆形环并逐渐外移。此时的维管束由相间排列，转变为木质部在内方，韧皮部在外方的外韧型维管束。而初生韧皮部被挤压破碎成为颓废组织，初生木质部仍留在根的中央。次生木质部和次生韧皮部，合称次生维管组织，是次生构造的主要组成部分（图 5-28）。

形成层细胞活动时，还有一些径向延长的薄壁细胞，呈放射状贯穿于次生维管组织中，位于木质部的称木射线，位于韧皮部的称韧皮射线，合称维管射线，具有横向运输水分和养料的功能。

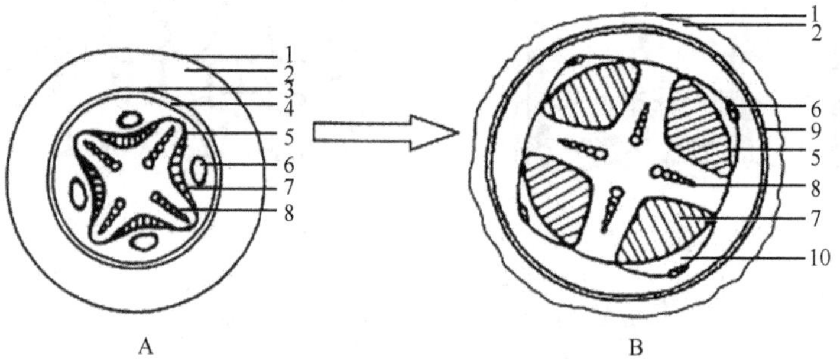

图 5-28 根的次生结构（模式图）

A. 根的次生生长初期；B. 根的次生生长成熟期

1. 表皮；2. 皮层；3. 内皮层；4. 维管柱鞘；5. 形成层；6. 初生韧皮部；7. 次生韧皮部；8. 初生木质部；9. 周皮；10. 次生韧皮部

2. 木栓形成层的产生及其活动 形成层的活动结果，使根加粗，导致原有的表皮破裂。同时，根的中柱鞘细胞恢复分裂能力转变为木栓形成层（phellogen），向外分生木栓层，向内分生栓内层。木栓层细胞由多层木栓细胞组成，呈扁平状，排列整齐，细胞壁木栓化，具有良好的保护作用；栓内层由生活的薄壁细胞构成，但不含叶绿体，有些植物根的栓内层比较发达，称“次生皮层”。木栓层、木栓形成层、栓内层三者合称周皮。

植物学上的根皮是指周皮这个部分，而药材中的根皮是指形成层以外的部分，主要包括韧皮部和周皮等，如五加皮、地骨皮、牡丹皮等。

（四）根的异常构造

某些双子叶植物的根，除正常的次生构造外，还产生一些特有的维管束，称异型维管束，并形成根的异常构造（anomalous structure），与初生构造、次生构造共称为三生构造。常见的有两种类型（图 5-29）。

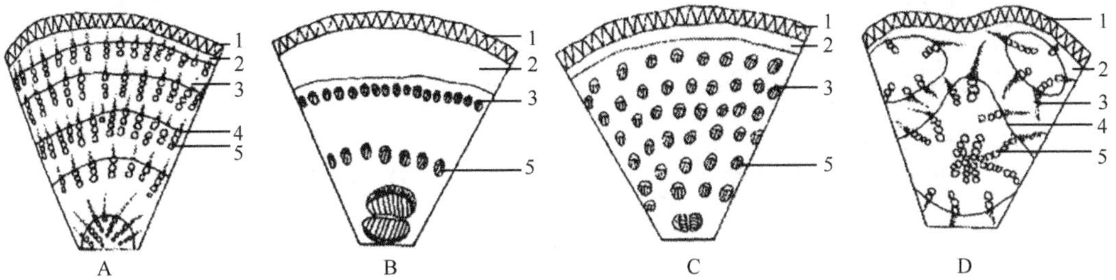

图 5-29　根的异常构造横切面模式简图

A. 商陆根；B. 牛膝根；C. 川牛膝根；D. 何首乌根

1. 木栓层；2. 皮层；3. 韧皮部；4. 形成层；5. 木质部

1. 在根的正常维管束形成不久，在相当于中柱鞘部位的薄壁细胞恢复分生能力，形成新的形成层，向外分裂产生大量薄壁细胞和一圈异型的无限外韧维管束，如此反复多次，形成多圈异型维管束，并有薄壁细胞相隔，一圈套住一圈，呈同心环状排列。这种类型的，又可分为两种情况：

（1）新形成层环均始终保持分生能力，并使层层同心性排列的异型维管束不断增大，而呈年轮状，如商陆根。

（2）新形成层环仅最外一层保持有分生能力，而里面各层环于异型维管束形成后即停止活动，如牛膝、川牛膝的根。

2. 在根的正常维管束形成后，皮层中部分薄壁细胞恢复分生能力，形成多个新的形成层环，由于该形成层的活动，产生多个大小不等的由外韧型维管束聚成类圆形的维管束环，即异型维管束。故在横切面上可看到一些大小不等的圆圈状的花纹，是其鉴别的重要特征，如何首乌的块根，习称为“云锦花纹”。

二、茎的内部构造

（一）茎尖的构造

茎尖是指茎或枝的顶端，自上而下由分生区、伸长区和成熟区 3 部分组成。茎尖与根尖的构造基本相同，但也有一些不同：茎尖的顶端没有类似根冠的构造，而是由幼小的叶片包围着；分生区的四周表面能向外突起形成叶原基或腋芽原基，后分别发育为叶或腋芽，腋芽再发育成枝；成熟区的表皮不具有根毛，但常有气孔和毛茸（图 5-30）。

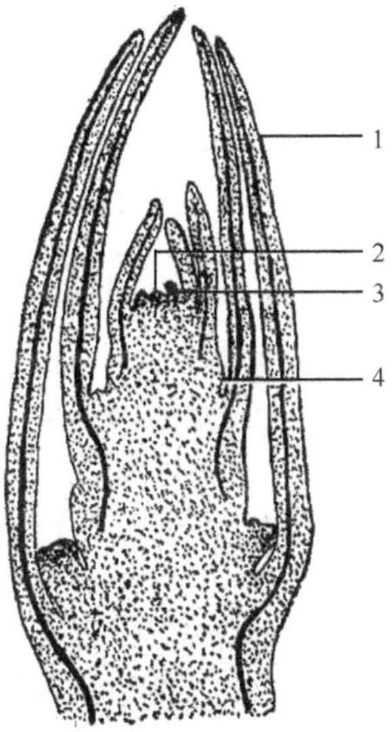

图 5-30　忍冬芽的纵切面

1. 幼叶；2. 生长锥；3. 叶原基；4. 腋芽原基

（二）双子叶植物茎的初生构造

通过茎尖的成熟区作一横切面，就可以看到茎的初生结构，由外至内为表皮、皮层和维管柱三个部分（图 5-31）。

1. 表皮（epidermis）　位于茎的最外方一层细胞，由原表皮层发育而来，由一层长方形、扁平、排列整齐无细胞间隙的细胞组成。表皮一般不具叶绿体，通常具有气孔、毛茸或其他附属物。表皮细胞的外壁较厚，通常角质化并形成角质层，有的还有蜡质。

2. 皮层（cortex）　位于表皮的内方，由基本分生组织发育而成，由多层生活细胞构成，细胞通常较大，壁薄，排列疏松，具细胞间隙，占有较小的比例。靠近表皮的细胞常具叶绿体，故嫩茎呈绿色。

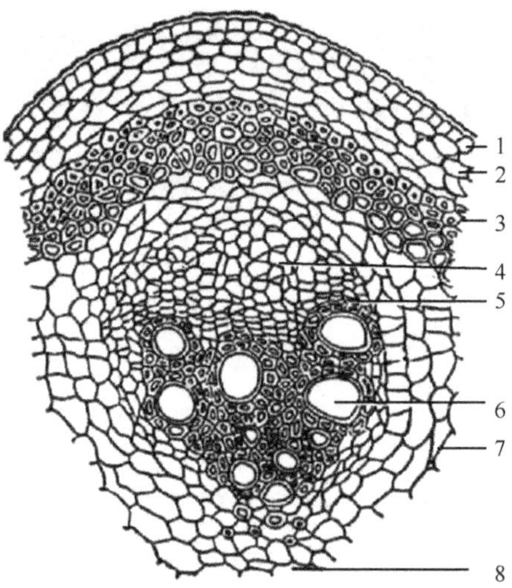

图 5-31　双子叶植物茎（马兜铃）的初生结构

1. 表皮；2. 皮层；3. 纤维；4. 韧皮部；5. 形成层；6. 木质部；7. 髓射线；8. 髓

皮层主要由薄壁组织构成，但在紧靠表皮的部位常具厚角组织，以加强茎的韧性，有的厚角组织呈环形排列，如葫芦科、菊科的某些植物；有的分布在茎的棱角处，如芹菜、薄荷；有的皮层中还可有纤维、石细胞和分泌组织。

皮层最内一层细胞通常不像根的内皮层那么明显，仍为一般的薄壁细胞，因此皮层与维管柱之间无明显分界。少数植物的该层细胞含有许多淀粉粒而称为淀粉鞘，如马兜铃、蚕豆、蓖麻等。

3. 维管柱（vascular cylinder）　是皮层以内的所有部分，包括初生维管束、髓和髓射线，占较大的比例。

（1）初生维管束：双子叶植物的初生维管束常为无限外韧型，包括初生韧皮部、初生木质部和束中形成层。

初生韧皮部位于维管束外侧，由筛管、伴胞、韧皮薄壁细胞和韧皮纤维组成，分化成熟方向和根相同，是外始式。韧皮纤维常成群地位于初生韧皮部的最外侧，如向日葵。

初生木质部位于维管束的内侧，由导管、管胞、木薄壁细胞和木纤维组成，分化成熟的方向是由内向外，与根分化成熟方向相反，称内始式。

束中形成层位于初生韧皮部和初生木质部之间，由 1 ～ 2 层具有分生能力的细胞组成，可使茎不断加粗。

（2）髓：位于维管柱的中心部位，草本植物茎的髓部较大，木本植物茎的髓部一般较小。髓由薄壁细胞组成，通常含有较多的内含物。有些植物茎的髓部在发育过程中消失形成中空的茎，如连翘、芹菜、南瓜。

（3）髓射线：又称初生射线。位于初生维管束之间的薄壁组织，内通髓部，外达皮层，具横向运输和储藏作用。一般草本植物的髓射线较宽，而一般树木的髓射线则较窄。

（三）双子叶植物茎的次生构造

双子叶植物茎在初生构造形成后，在形成层和木栓形成层活动下，进行次生生长，形成次生构造，使茎不断加粗。

1. 双子叶植物木质茎的次生构造

（1）形成层及其活动：当茎进行次生生长时，邻接束中形成层的髓射线部位的细胞恢复分裂能力转变成为束间形成层，和束中形成层相连接，形成一圈连续的形成层环。形成层细胞具有强烈的分生能力，向内分裂产生次生木质部，增添于初生木质部的外方；向外分裂产生次生韧皮部，增添于初生韧皮部内方。同时，形成层也不断分裂产生射线细胞，贯穿于次生木质部与次生韧皮部，位于次生木质部的称为木射线，位于次生韧皮部的称为韧皮射线，统称维管射线，形成横向联系组织（图 5-32）。

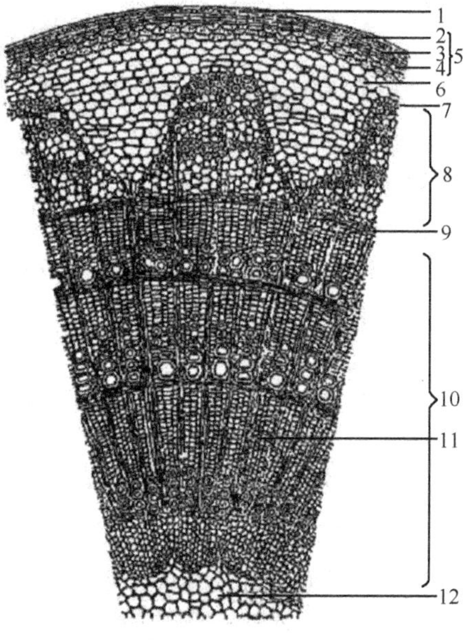

图 5-32　双子叶植物木植物茎的次生结构

1. 表皮；2. 木栓层；3. 木栓形成层；4. 栓内层；5. 周皮；6. 皮层；7. 纤维束；8. 韧皮部；9. 形成层；10. 木质部；11. 髓射线；12. 髓

形成层的分裂活动受季节的影响，春季气候适宜，雨量充沛，形成层的分裂活动较强烈，所产生的细胞体积大，壁较薄，导管直径大，数目多，材质疏松，颜色淡，称为早材或春材；秋季气温下降，雨量稀少，形成层的分裂活动逐渐减弱，所产生的细胞体积较小，壁较厚，导管直径小，数目少，材质紧密，颜色较深，称晚材或秋材。当年的晚材与第二年的早材界限明显，形成明显的年轮。根据树干基部年轮数目，可估测植物的年龄。

在木质茎（木材）横切面上，靠近形成层的部分颜色较浅，质地较松软，具输导作用，称为边材；而中心部分颜色较深，质地较坚固，不具输导作用，称为心材。心材中一些细胞常积累代谢产物，如单宁、树脂、树胶、色素等，取心材入药的茎木类药材有沉香、降香、檀香等。

要充分地了解茎的次生结构及鉴定木类药材，通常采用三种切面，即横切面、径向切面和切向切面，进行比较观察（图 5-33）。

横切面是与茎纵轴垂直所作的切面，可见同心性的年轮及木射线的长度和宽度。

径向切面是通过茎的中心所作的纵切面，可见垂直平行的带状的年轮及射线的高度和长度。

切向切面是不通过茎的中心而垂直于茎的半径所作的纵切面，可见“U”形的年轮、射线的宽度和高度及细胞列数。

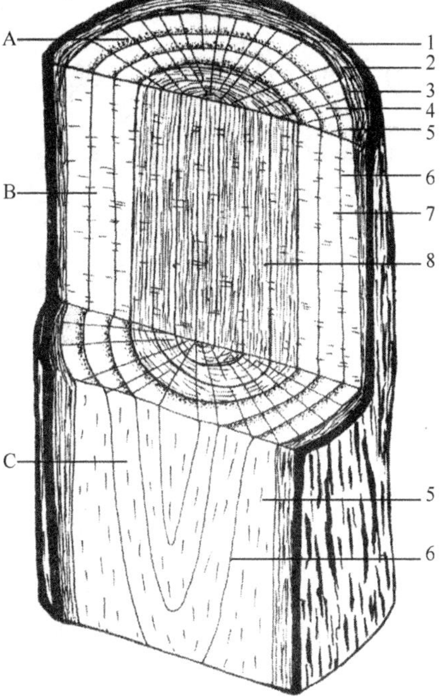

图 5-33　木材的三种切面与年轮

A. 横切面；B. 径向切面；C. 切向切面

1. 外树皮；2. 内树皮；3. 形成层；4. 次生木质部；5. 射线；6. 年轮；7 边材；8. 心材

（2）木栓形成层及其活动：多数植物茎由表皮内侧皮层薄壁组织细胞恢复分生能力而产生周皮，代替表皮起保护作用。一般木栓形成层的活动只不过数月，多数树木又可依次在其内方产生新的木栓形成层，形成新的周皮。老周皮内方的组织被新周皮隔离后逐渐枯死，常形成易于剥离的死亡组织综合体，称落皮层，如白皮松、白桦、悬铃木。但也有些植物茎的周皮可常年积累而不脱落，形成很厚且有弹性的树皮，如黄柏。落皮层是狭义的树皮概念，但广义的树皮是指形成层以外的所有组织，包括落皮层和木栓形成层以内的次生韧皮部。多数皮类药材如厚朴、杜仲、肉桂、黄柏均指广义树皮。

2. 双子叶植物草质茎的次生构造　双子叶植物草质茎的生长期较短，只产生少量的次生组织，因此次生构造不发达，质地较柔软。其结构特征为：

（1）最外层为表皮，常具角质层、蜡被、气孔、毛茸等附属物，表皮细胞中有叶绿体，因此草质茎大多呈绿色，具有光合作用的能力。

（2）有些种类仅具束中形成层，没有束间形成层；还有些种类不仅没有束间形成层，束中形成层也不明显，如毛茛科植物。

（3）髓部发达，髓射线一般较宽，有的种类的髓部中央破裂成空洞状（图 5-34）。

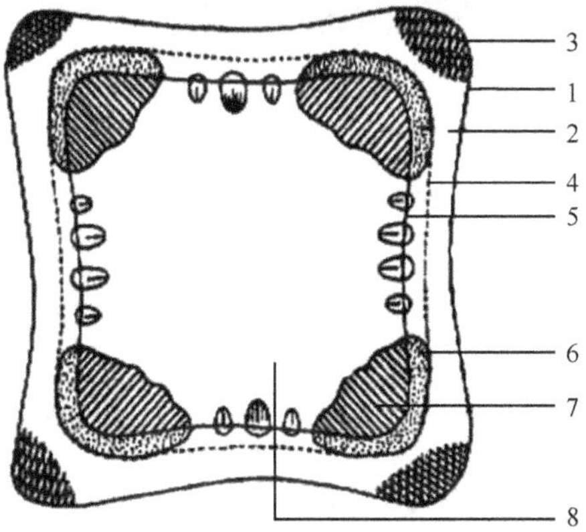

图 5-34　薄荷茎横切面简图

1. 表皮；2. 皮层；3. 厚角组织；4. 内皮层；5. 形成层；6. 韧皮部；7. 木质部；8. 髓

3. 双子叶植物根状茎的构造　双子叶植物根状茎一般指草本双子叶植物的根状茎，其构造与地上茎类

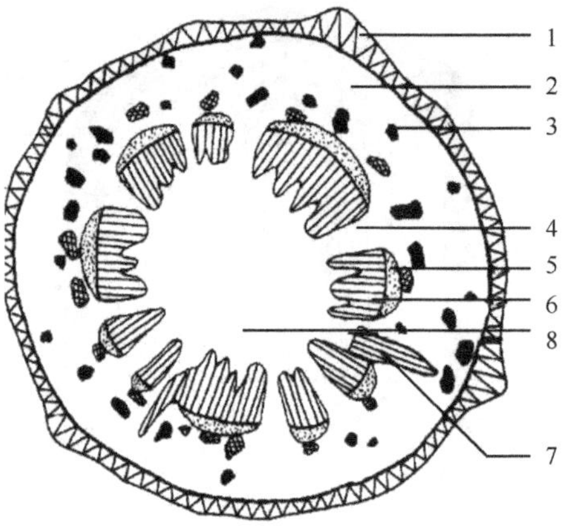

图 5-35　双子叶植物根状茎结构简图（黄连）

1. 木栓层；2. 皮层；3. 石细胞群；4. 射线；5. 韧皮部；6. 木质部；7. 根迹维管束；8. 髓

似，它的构造特征：

（1）表面一般为木栓组织，少数具表皮或鳞叶。

（2）皮层中常有根迹或叶迹维管束。

（3）维管束呈环状排列，为外韧型，外侧有纤维或石细胞。

（4）储藏薄壁细胞发达，常有较多的储藏物质（如黄连的根状茎），机械组织多不发达。

（5）中央有明显的髓部（图 5-35）。

4. 双子叶植物根茎的异常构造　某些双子叶植物的根状茎除了形成正常构造外，常有部分薄壁细胞恢复分生能力，转化成形成层，产生多数异型维管束，形成了异常构造。例如，大黄的根茎，由髓部薄壁细胞恢复分生能力产生许多点状的异型维管束，称星点。其形成层呈环状，中央为韧皮部，外侧为木质部，是特殊的周木型维管束；射线细胞深棕色，呈星芒状射出；近形成层处有时可见黏液腔；薄壁细胞中含大量淀粉粒和草酸钙簇晶（图 5-36）。

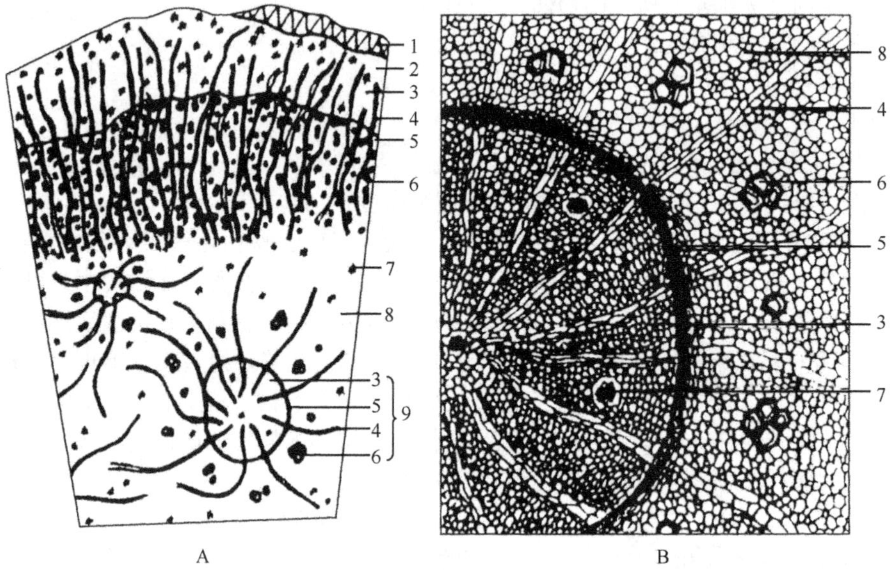

图 5-36　大黄根茎组织图

A. 大黄根茎横切面简图；B. 大黄根茎星点横切面详图

1. 木栓层；2. 皮层；3. 韧皮部；4. 射线；5. 形成层；6. 木质部；7. 草酸钙簇晶；8. 髓；9. 异型维管束

（四）单子叶植物茎和根茎的构造

1. 单子叶植物茎的构造特征　与双子叶植物茎相比较，两者的主要区别是：

（1）单子叶植物茎一般没有形成层和木栓形成层，终身只具初生构造。但少数热带单子叶植物除外，如龙血树、芦荟等。

（2）单子叶植物茎的最外层一般为表皮，通常不产生周皮。禾本科植物茎秆的表皮下方，往往有数层厚壁细胞，形成较坚硬的下皮层，以增强支持作用。

（3）表皮以内为基本薄壁组织和散布在其中的维管束，无皮层和髓及髓射线之分。维管束为有限外韧型。多数禾本科植物茎的中央部位（相当于髓部）萎缩破坏，形成中空的茎秆（图 5-37）。

2. 单子叶植物根茎的构造特征

（1）单子叶植物根状茎的最外层一般为表皮，通常不产生周皮。但有些种类的皮层细胞转变为木栓细胞，以代替表皮行使保护功能，如生姜、知母等。

（2）单子叶植物根状茎的皮层常占较大部分，其中往往有叶迹维管束散在，内皮层大多明显，具凯氏带。

（3）单子叶植物根状茎的内皮层之内为基本薄壁组织，其中散生多数有限外韧型维管束，少数为周木型维管束，如香附。有些植物有两种维管束类型，如石菖蒲（图 5-38）。

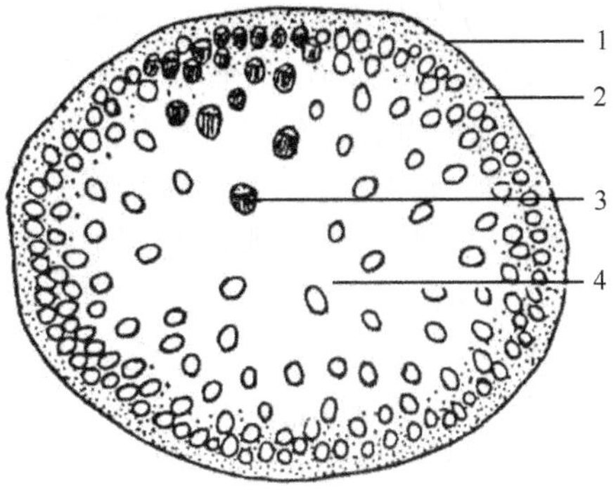

图 5-37 单子叶植物茎的结构简图（玉米）

1. 表皮；2. 机械组织；3. 维管束（有限外韧型）；4. 基本组织

（五）裸子植物茎的构造

裸子植物茎均为木本，它的构造与双子叶木本植物茎相似，不同点为：

1. 次生木质部主要由管胞、木薄壁细胞、射线组成，一般无导管（除麻黄和买麻藤以外）。裸子植物无典型的木纤维，管胞兼有输送水分和支持作用。

2. 次生韧皮部是由筛胞、韧皮薄壁组织和射线所组成，无筛管、伴胞和韧皮纤维。

3. 松柏类植物茎的皮层、韧皮部、木质部、髓，甚至髓射线中常有树脂道。

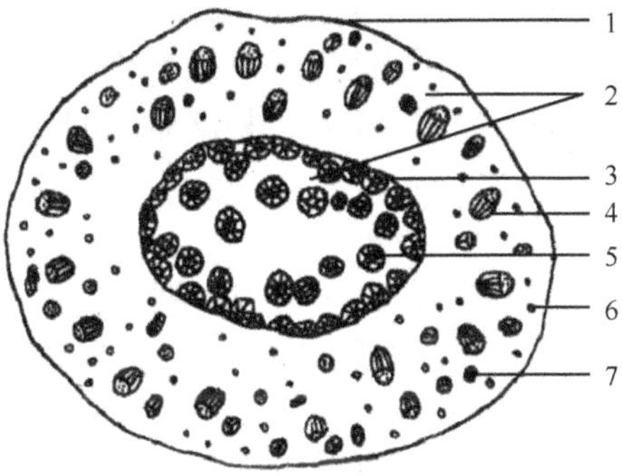

图 5-38 单子叶植物根状茎结构简图（石菖蒲）

1. 表皮；2. 薄壁组织；3. 内皮层；4. 叶迹维管束；5. 周木维管束；6. 油细胞；7. 纤维束

三、叶的内部构造

叶由茎上的叶原基发育而来，通过叶柄与茎相连。叶柄的构造和茎的构造很相似，是由表皮、皮层和维管柱组成，维管束结构与茎的初生构造相似，但木质部位于上方，韧皮部位于下方。而叶片是一个较薄的扁平体，在构造上与茎有明显的不同之处。

（一）双子叶植物叶片的构造

将叶片作横切面，一般双子叶植物叶片的构造可分为表皮、叶肉和叶脉 3 部分（图 5-39）。

1. 表皮（multiple epidermis） 包被着整个叶片的表面，通常由一层生活的细胞组成。但也有由多层细胞组成的，称为复表皮，如夹竹桃等。在叶片上面的称上表皮，在叶片下面的称下表皮。叶片的表皮细胞中一般不具叶绿体。在横切面上，叶片的表皮细胞较规则，呈长方形，外壁较厚，常具角质层，有的还具有蜡被、毛茸等附属物。一般下表皮的气孔多于上表皮，气孔的数目、形状及轴式是叶类药材的重要鉴别特征。

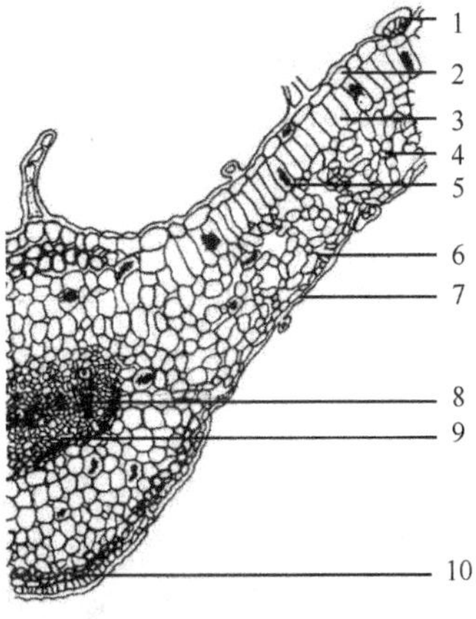

图 5-39 薄荷叶的横切面详图

1. 腺毛；2. 上表皮；3. 栅栏组织；4. 海绵组织；5. 橙皮苷结晶；6. 气孔；7. 下表皮；8. 木质部；9. 韧皮部；10. 厚角组织

2. 叶肉（mesophyll） 是上、下表皮之间的含有叶绿体的薄壁细胞的总称，是叶的主要组成部分，是绿色植物进行光合作用的主要场所。叶肉通常分为栅栏组织和海绵组织两部分。

（1）栅栏组织（palisade tissue）：位于上表皮之下，由一层或数层排列紧密的长圆柱形细胞构成，其细胞的长轴与表皮垂直，横切面排列如栅栏。栅栏组织细胞内含大量叶绿体，因此叶片上面的颜色常较深，光合作用效能较强。

（2）海绵组织（spongy tissue）：位于栅栏组织和下表皮之间，由一些排列疏松的近球形或不规则长球形的薄壁细胞构成，细胞间隙大，排列疏松如海绵。海绵组织细胞内含叶绿体一般比栅栏组织少，所以叶片下面颜色常较浅，光合作用效能较弱。

叶肉中有栅栏组织和海绵组织明显分化的叶称两面叶，如薄荷叶等。有些植物的叶没有明显栅栏组织和海绵组织分化称为等面叶，如番泻叶、桉叶等。在上下表皮的气孔内侧有较大的空隙，称为孔下室，有利于内外气体的交换。有些植物叶肉组织中含有油室，如桉叶、橘叶等；有些含有各种单个分布的石细胞，如茶叶；还有的含有结晶体，如薄荷叶。

3. 叶脉（vein）　是叶片的维管束，与茎中的维管束相连，具有输导和支持叶片的作用，其内部结构因叶脉的大小而不同。例如，粗大的中脉，它的内部结构是由维管束和机械组织组成。叶片中的维管束的构造和茎的大致相同，在茎中维管束的木质部在内方，韧皮部在外方，而进入叶片后木质部在上方，略呈半月形，韧皮部在下方，这是由于维管束由茎从侧方进入叶中必然的结果。在木质部和韧皮部之间还常有形成层，但分生能力很弱，维管束外常具厚壁或厚角组织，起支持作用，在叶的背面最为发达，因此在叶片背面常形成显著的隆起。叶脉越分越细，构造也趋于简单，最初消失的是形成层和机械组织，其次是韧皮部，到叶脉末端只留下木质部中 1 ～ 2 个螺纹管胞。

（二）单子叶植物叶片的构造

单子叶植物叶片的构造与双子叶植物叶片的构造基本相同，可分为表皮、叶肉和叶脉三部分，但其内部结构又不同于双子叶植物叶片的内部结构。现以禾本科植物为例，加以说明（图 5-40）。

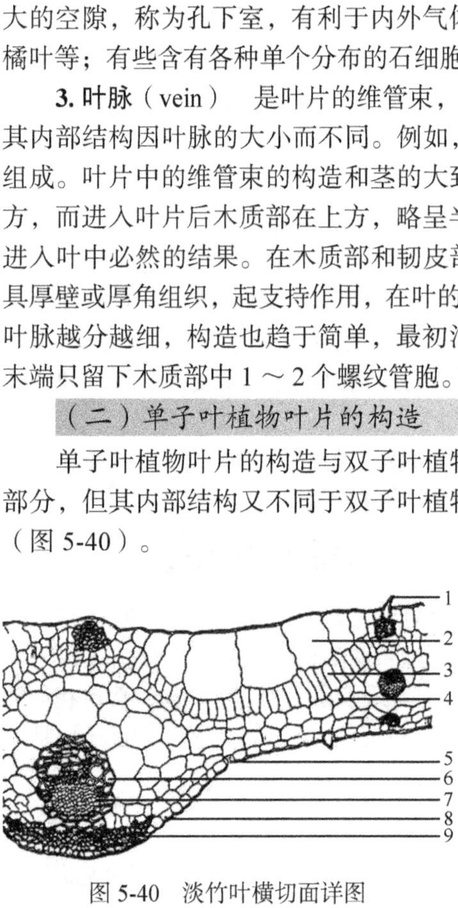

图 5-40　淡竹叶横切面详图

1. 非腺毛；2. 运动细胞；3. 栅栏组织；4. 海绵组织；5. 气孔；6. 木质部；7. 韧皮部；8. 下表皮；9. 纤维群

1. 表皮　表皮细胞的形状比较规则，排列成行，通常为长方形和方形，细胞壁不仅角质化，并含有硅质。在表皮上常形成乳头状突起，因而叶片比较粗糙。上、下表皮上都有气孔，数目基本相等，与双子叶植物不同，气孔由 2 个呈哑铃形保卫细胞组成，每个保卫细胞的外侧各有 1 个略呈三角形的副卫细胞。在上表皮中有一些特殊的大型薄壁细胞，有较大的液泡，称泡状细胞（bulliform cell）。这些细胞常位于两个维管束之间，横切面排列成扇形，干旱时，泡状细胞容易失水收缩，叶片内卷成筒状以减少蒸腾；水分充足时，泡状细胞吸水膨胀，叶片展开利于接受阳光进行光合作用，因此又称运动细泡。

2. 叶肉　叶肉组织比较均一，不分化成栅栏组织和海绵组织，所以禾本科植物叶属于等面叶。

3. 叶脉　禾本科植物叶脉内的维管束为有限外韧维管束，主脉维管束上下表皮间常有发达的厚壁组织。维管束外围常有 1 至多层的薄壁细胞或厚壁细胞包围，这一结构称维管束鞘。

（三）裸子植物叶片的构造

裸子植物多为常绿植物，叶多为针形。以松属植物马尾松为例，其叶小、横切面呈半圆形。表皮细胞壁较厚，角质层发达，表皮下有多层厚壁细胞，称下皮层，气孔内陷。叶肉细胞的细胞壁向内凹陷，形成无数褶皺，叶绿体沿褶皺分布，扩大了光合作用的面积。叶肉细胞实际上就是绿色折叠的薄壁细胞，叶内具树脂道，在叶肉内方有明显的内皮层。维管组织两束，居叶的中央。

目标检测

一、选择题

（一）A型题（最佳选择题）

1. 淀粉在植物体内存在的形式是（　　）
   A. 菊糖　B. 淀粉粒
   C. 两者均是　D. 两者均非
2. 在细胞壁特化中、显色反应用间苯三酚加盐酸呈红色或紫红色者为（　　）
   A. 木栓化　B. 矿质化
   C. 黏液质化　D. 木质化
3. 穿过细胞壁上微细孔隙的原生质丝称（　　）
   A. 细胞质丝　B. 染色丝
   C. 大纤丝　D. 胞间连丝
4. 韭菜叶切断后，能继续生长，是因为下列何种生长的结果（　　）
   A. 顶端生长　B. 侧生生长
   C. 居间生长　D. 产生离层
5. 植物体内，进行各种代谢活动的主要组织是（　　）
   A. 机械组织　B. 保护组织
   C. 分泌组织　D. 薄壁组织
6. 在方形或多棱形（如芹菜）的茎中，棱角部分常分布有（　　）
   A. 厚角组织　B. 厚壁组织
   C. 输导组织　D. 分泌组织
7. 裸子植物靠________输导水分（　　）
   A. 导管　B. 管胞
   C. 筛管　D. 筛胞
8. 根的吸收作用主要在（　　）
   A. 根冠　B. 分生区
   C. 根毛区　D. 伸长区
9. 植物根初生结构的中央部分是（　　）
   A. 后生木质部　B. 原生木质部
   C. 原生韧皮部　D. 后生韧皮部
10. 根部形成层产生之初为（　　）
    A. 条状　B. 环状
    C. 波状　D. 圆环
11. 茎中初生射线是指（　　）
    A. 髓射线　B. 维管射线
    C. 木射线　D. 韧皮纤维
12. 植物茎木质部中无输导能力的是（　　）
    A. 早材　B. 晚材
    C. 边材　D. 心材
13. 双子叶植物茎的初生结构特点主要是（　　）
    A. 周皮
    B. 凯氏点
    C. 通道细胞
    D. 维管束排成不连续的一轮
14. 两面叶是（　　）
    A. 叶上、下表皮色泽不同
    B. 叶上、下表皮气孔分布不同
    C. 叶上、下表皮分别为单层和多层细胞
    D. 叶肉分化为栅栏组织和海绵组织
15. 水稻叶上、下表皮的主要区别在于（　　）
    A. 气孔多少　B. 表皮细胞形状
    C. 有无硅质细胞　D. 有无泡状细胞

（二）X型题（多项选择题）

16. 属于细胞后含物的有（　　）
    A. 淀粉　B. 蛋白质
    C. 结晶　D. 植物激素
    E. 菊糖
17. 组成细胞初生壁的物质有（　　）
    A. 果胶质　B. 木质
    C. 纤维素　D. 半纤维素
    E. 木栓质
18. 属于外分泌结构的有（　　）
    A. 腺毛　B. 油室
    C. 分泌道　D. 蜜腺
    E. 乳汁管
19. 根尖可划分为（　　）
    A. 分生区　B. 伸长区

C. 成熟区　D. 根冠
E. 分化区

20. 周皮由________组成（　　）
A. 木栓层　B. 形成层
C. 木栓形成层　D. 内皮层
E. 栓内层

21. 一般双子叶植物叶片的解剖包括（　　）
A. 表皮　B. 叶肉
C. 叶脉　D. 叶柄
E. 托叶

22. 植物细胞区别与动物细胞，为植物特有的结构结构是（　　）
A. 细胞壁　B. 线粒体
C. 质体　D. 细胞核
E. 液泡

23. 菊糖常可在下列科的植物中见到（　　）
A. 五加科　B. 桔梗科
C. 葫芦科　D. 菊科
E. 唇形科

24. 维管射线包括（　　）
A. 髓射线　B. 木射线
C. 韧皮射线　D. 导管群
E. 纤维束

25. 双子叶植物根的初生构造包括以下几部分（　　）
A. 表皮　B. 皮层
C. 周皮　D. 维管柱
E. 根冠

二、填空题

1. 植物细胞壁可分为________、________和________三层。
2. 质体根据所含色素的不同，分为________、________、________。
3. 药用植物细胞中的淀粉粒多呈圆球形，有三种类型，即________、________、________。
4. 菊糖多存在于________、________和________植物中。
5. 晶体常见的有两种类型：________、________。
6. 气孔周围有3～4个副卫细胞，其中一个特别小，这种气孔轴式称________。
7. 保护组织因其来源及形态结构的不同，可分为________和________。
8. 薄壁组织按照功能分为________、________、________、________和________。
9. 植物输导组织中，运输水和无机盐的是________和________；运输有机物的是________、________和________。
10. 根尖可分为________、________、________和________四个部分。

三、名词解释

1. 复粒淀粉　2. 植物组织　3. 平轴式气孔
4. 外韧维管束　5. 凯氏点

四、简答题

1. 淀粉粒有哪几种主要的类型？如何鉴识淀粉粒？
2. 质体有哪几种类型？它们之间有何区别？
3. 根据木质部、韧皮部排列方式可将维管束分为哪些类型？画图说明。
4. 简述气孔的组成和类型，并画图。
5. 绘制根的初生构造和次生构造图形，并标明相应的部位。
6. 绘制双子叶植物茎的初生构造，并标明相应的部位。
7. 比较植物根的初生构造和茎的初生构造的异同点。
8. 绘制双子叶植物叶的显微图，并标明相应位置。

第六章　我国药用植物资源概况与可持续利用

学习目标

1. 熟悉：药用植物资源的分布。
2. 了解：药用植物资源的开发利用。

第一节　我国药用植物资源概况与分布

一、我国药用植物资源概况

我国幅员辽阔，地貌复杂，气候多样，蕴藏着丰富的药用植物资源，20 世纪 60 ～ 80 年代我国先后进行了三次大规模药用植物资源普查。普查结果显示，我国有药用植物 11 146 种（含变种），占全世界 25 000 种药用植物的 40% 以上。其中，低等植物（藻类、菌类、地衣类）有 459 种，苔藓类、蕨类有 499 种，种子植物有 10 188 种（其中，裸子植物 124 种，被子植物中的双子叶植物 8632 种，单子叶植物 1432 种）。药用植物种类超过 100 种的科有毛茛科、大戟科、蔷薇科、豆科、伞形科、萝藦科、茜草科、玄参科、菊科、百合科和兰科等。在调查与研究过程中，各地还相继发现了许多新的药源及某些进口药材的国产药用植物资源，如诃子、阿魏、云南马钱、安息香（白花树）、土沉香（白木香）、萝芙木等。目前，我国已建立符合 GAP 标准的药用植物生产基地 53 个，同时对珍稀濒危植物加以保护，实施引种栽培，取得了一定进展。

近年来，国家实施生态建设和环境保护工程，改善了药用植物的生长环境，促进了野生资源的天然更新。中药现代化战略的实施为药用植物发展带来了强大的动力，特别是药用植物规范化种植与 GAP 基地建设得到了各级政府的引导和扶持，部分紧缺资源的矛盾得到了缓解。随着有关生物与环境保护的国际公约及我国有关法律法规的实施，人们的生态保护意识日益加强，为珍稀濒危药用植物保护提供了人文基础和法律保障。

二、我国药用植物资源分布

结合中国自然区划和中药区划，将我国药用植物资源划分为八个区：东北区、华北区、华东区、西南区、华南区、内蒙古区、西北区和青藏区。其中，西南、华南和华东地区的药用植物资源种类明显多于华北、东北和西北。

（一）东北区

东北区包括大兴安岭、小兴安岭和长白山地区，以及三江平原。本区是我国最寒冷地区，热量资源不够充足，大部分地区属于寒温带和中温带的湿润与半湿润地区。全区以针叶林为主的森林覆被率达 30%。全区的药用植物资源 1 700 种左右，为“关药”的主产区。全区特点是野生的种群数量大，蕴藏量丰富，如关黄柏、刺五加、五味子、兴安升麻、条叶龙胆等。蕴藏量占全国同品种蕴藏量的 50% 以上。人参产量则占全国人参总产量的 95% 以上。

（二）华北区

华北区包括华北平原、黄土高原和太行山区。全区有药用植物1500种左右，多“怀药”与“北药”。野生资源中较丰富的有酸枣仁、北苍术、远志、北柴胡、黄芩、知母、连翘、葛根、柏子仁、银柴胡、玉竹等。栽培品较多者有地黄、杏仁、金银花、黄芪、党参、山药、怀牛膝、板蓝根、山楂、紫菀、菊花、北沙参、西洋参等。

（三）华东区

华东区包括长江中下游、江南丘陵山地及伏牛山、大别山等地，属于北亚热带及中亚热带，前者的植被为常绿落叶阔叶混交林，后者主要为常绿阔叶林。全区有药用植物2500余种，著名的道地药材有种植的浙贝母、杭菊花、延胡索、温郁金，安徽的霍山石斛、宣州的木瓜、铜陵牡丹皮，江苏的茅苍术，江西的清江枳壳，湖南的平江白术，福建的建泽泻和建莲子等。其他较著名的中药材还有山茱萸、茯苓、薄荷、太子参、粉防己、海风藤、女贞子、栀子、夏枯草等。

（四）西南区

西南区包括秦岭山地、云贵高原与四川盆地，属于北亚热带及中亚热带，前者的植被主要为常绿落叶阔叶混交林，后者则主要为常绿阔叶林。全区药用植物约4500余种，为“川药”“云药”“贵药”主产区。例如，川产道地药材主要有川芎、川乌、川牛膝、川贝母、麦冬、郁金、黄柏、黄连、大黄、独活等；云南产道地药材主要有云木香、滇三七、云连、当归、天麻等；贵州产道地药材主要有天麻、杜仲、半夏、吴茱萸等。野生药材中占全国产量50%以上的主要品种有茯苓、厚朴、胡黄连、猪苓、天麻、半夏、川续断、川楝子、天门冬等。

（五）华南区

华南区包括岭南丘陵山地、雷州半岛、海南岛、滇西南及港澳台地区，属南亚热带及中亚热带。植被为南亚热带常绿阔叶林，热带季雨林及赤道热带珊瑚岛植被。全区有药用植物3500种以上，为“广药”“南药”的主产区。例如，广藿香、巴戟天、钩藤、槟榔、诃子、肉桂、降香、胡椒、沉香、安息香、儿茶、广豆根、千年健、鸦胆子、狗脊、使君子，以及姜科植物南药如姜、砂仁、益智、高良姜、草果、山柰、草豆蔻、郁金、姜黄、莪术，大量引种的爪哇白豆蔻、白豆蔻等。

（六）内蒙古区

内蒙古区包括阴山山地、内蒙古高原和东北平原。本区的北部及西部植被以蒙古植物区为主，东部及南部则有华北及长白山区系成分。全区有药用植物1000余种，绝大部分为草本植物。著名的道地药材有野生及栽培的蒙古黄芪，占全国黄芪产量的4/5左右；多伦赤芍、关防风及知母也是本区著名的大宗药材。其他产量较大的还有麻黄、黄芩、甘草、远志、龙胆、蒲黄、桔梗、酸枣仁、苍术、柴胡、秦艽等。

（七）西北区

西北区包括新疆和青海、宁夏、内蒙古的部分荒漠草原区域，地跨干旱中温带、干旱南温带及高原温带。全区药用植物近2 000种，蕴藏量较大的如乌拉尔甘草、麻黄、新疆紫草、肉苁蓉、锁阳、枸杞、苦豆子、马阑、沙棘等。

（八）青藏区

青藏区包括青藏高原大部，属高寒类型，日照强烈，光辐射量大。全区有药用植物资源2 000余种，多高山名贵药材。其中蕴藏量较大的有冬虫夏草、甘松、掌叶大黄、唐古特大黄、胡黄连、川贝母、羌活、云南黄连、天麻、西藏秦艽、粗茎秦艽等。本区有常用藏药300～400种，如乌奴龙胆、船盔乌头、轮叶棘豆等。

此外，中国有广阔的海域，有药用生物总数近 700 种，其中海藻类 100 种左右，产量大的如昆布、海藻等。我国有丰富的民族药资源，如藏药中植物药有 191 科 682 属 2685 种，蒙药中植物药有 926 种，维吾尔药中植物药有 1000 多种，傣药中植物药有 1000 余种，彝药中植物药有 871 种等。

第二节　药用植物资源调查与标本采集制作

一、资源调查

（一）调查方法

1. 线路调查　即在调查范围内沿不同方向选择代表性线路，沿着线路调查药用植物种类、生境与资源状况，并采集标本。这种方法虽然比较粗略，但可以大致了解其资源状况，对于药用植物产量较少、分布又不均匀的地区或大面积区域较为适合。

2. 样地调查　在调查范围内选择不同地段，按不同的植物群落设置样地，在样地内作细致的调查。样地的设置是按不同的环境（包括各种地形、海拔、坡度、坡向等）拉上工作线，在工作线上每隔一定距离设置样方。样方的大小根据调查的目的、对象而定，一般草本植物为 1 ～ 10m^2，灌木为 10 ～ 50m^2，乔木为 100 ～ 10 000m^2，样方可以是方形、圆形，也可以是长方形。

（二）调查内容

1. 生境调查　包括自然环境的调查与记载，如地理位置、地形、地势、气候、土壤、植被等内容。重要药用植物应做样方群落调查，包括植物群落的名称、该药用植物在群落中分布的密度（多度）、植物覆盖面的程度（盖度）、乔木郁闭天空的程度（郁闭度），以及药用植物在不同样地群落中分布的均匀度（频度）。

2. 种类调查　进行药用植物种类调查前应该先查阅一下《中国植物志》或地方性植物志及药用植物志，尤其是查看本地区的标本材料。对植物进行物种鉴定时，要仔细观察植物各器官（包括根、茎、叶、花、果实、种子）的形态特征，特别是花和果实等繁殖器官最具鉴别意义。

药用植物野外调查完成后，应着手编写药用植物资源名录。编写前，要仔细核对植物标本，对不能确认的种类，应送有关单位专家鉴定。统计每种药用植物资源在调查区域内的分布情况，分布地最好以乡镇为单位。药用植物资源名录应按某一分类系统编写，先低等后高等。每种植物应包括植物名称、俗名、拉丁学名、生境、分布、花果期、功效等内容。

3. 蕴藏量调查　是药用植物资源调查的重要内容。它对于认识药用植物资源现状，评价药用植物资源在开发利用中存在的问题及其资源潜力，制定充分开发利用和保护药用植物资源计划，均是第一手翔实的资料，是一个极其重要的数量指标。药用植物资源的调查不可能也没有必要对所有的植物种类都调查，而是主要调查一些重要的、有开发潜力、供应紧缺或已受到威胁的药用植物种类。

二、标本采集制作

植物标本采集与制作是药用植物资源调查的重要环节，标本是辨认植物种类的第一手材料，也是永久性的植物档案和进行科学研究的重要依据。其包括腊叶标本、液浸标本、浇制标本、玻片标本、果实和种子标本等，最常用的是腊叶标本和液浸标本。

1. 标本采集　各种植物生长发育的时期有长有短，因此必须在不同的季节和不同的时间进行采集，才可能得到不同时期的标本。例如，有些早春开花植物，在北方冰雪开始溶化的时候就开花了。而菊科、伞形科的有些植物到深秋才开花结果，因此必须根据要采的植物，决定外出采集的时间。采集的地点也很重要。因为在不同的环境里，生长着不同的植物，在向阳山坡见到的植物，阴坡上一般见不到。在低山和平原，由于环境比较简单，因而植物的种类也比较简单，但随着海拔高度的增加，地形变化的复杂，植物的种类也就比平原要丰富得多。

2. 腊叶标本制作 又称压制标本，即将新鲜的植物材料用吸水纸压制使之干燥后装订在白色硬纸（称为台纸）上制成的标本。腊叶标本制作简单，容易保存，是植物分类工作者常用的标本，也是最容易制作的一种标本。制作时，对采集好的标本一定要在第一时间压制理平，换纸必须勤快，并及时整理，才能压制出理想的标本。标本压干以后，还要消毒、上台纸装帧、固定、编号、挂牌，贴上采集标签和鉴定标签后就可以入柜保存，标本入柜的排列顺序要尽量按科、属、种亲缘关系分类系统排列，以备日后查阅方便。

野外采集工具包括标本夹、吸水纸、采集箱、枝剪、小铁镐、气压表（海拔表）、记录本、记号笔及记号牌、全球定位仪（GPS）、钢卷尺等。另外，根据不同需要还要准备放大镜、望远镜、照相机、防雨塑料布、塑料广口瓶、乙醇、福尔马林（甲醛）等物品。

野外工作要避免单人行动，防止深山密林迷路，掌握野外方位确定方法，如根据太阳、月亮、北极星、数木年轮、树干地衣、山涧水流等作简易判断，还要防蛇虫野兽袭击等。注意保护珍稀药用植物资源，防止森林火灾。

第三节　药用植物资源的开发利用与保护

一、药用植物资源的开发利用

药用植物资源的开发利用是一个系统而巨大的工程，是发展我国医药事业的根本需要和重要举措，也是我国药学工作者的重要任务。

1. 从历代医书、本草记载中寻找 新药的发掘和研究，首先是以历代本草和民间药为基础的。《神农本草经》《本草纲目》《救荒本草》《植物名实图考》等大量本草著作，为我们开发新资源提供了丰富的线索和实践经验。大量的实践也证明，有许多新药和新资源都是从这一途径开发出来的。

2. 从民族医药、民间药中发掘 民族药和民间药为各民族多年的经验积累，有的虽然缺乏理论指导，有的还无文字记载，未收入《国家药典》作为正式药品，但是有着长期的临床基础，在使用的过程中经广大群众鉴别与评价，流传至今尚未被淘汰。如果以此为线索进行药理药效方面去伪存真的筛选，确立开发利用目标，就可从中寻找出新药资源。我国有 56 个民族，有五千年的文明史，目前已知的民族药和民间药大约有 3500 种以上，具有很大的开发潜力。

3. 寻找亲缘关系相近的药用植物 植物经过漫长的演化历史，形成了各式各样的植物种类，它们之间存在着相近或相远的亲缘关系。实验证明，亲缘关系相近的物种，不但在外形上相似，而且生理生化特性也相似。因而在进行生理活动的新陈代谢过程中，所产生的次生代谢物也就比较相似，而次生代谢物往往具有一定的疗效作用和生物活性作用，为寻找新药、新成分提供了资源。

4. 从国内外科技文献信息中获取新药线索 从国内外科技文献信息中能了解到本学科及相关学科的研究动态、进展、解决与待解决的问题等，从中寻找研究信息、研究思路和研究成果等。

5. 扩大药用部位　传统药用植物有着传统的用药习惯和药用部位，往往只用植物的某一个部位，而对其他部位作废料处理，资源浪费较大。但药用植物的有效成分，一般不会仅仅局限在某一个部位，因而只要通过化学、药理和临床对比研究，往往可以扩大药用部位，使资源能够得到充分利用。

此外，药用植物常含多种不同的生物活性成分，在中药制剂及天然原料药物的生产过程中，除分离、提取某些需要的成分外，还可提取有不同用途的其他活性成分，可扩大原料的使用价值。利用农副产品加工剩余物可以开发出有价值的药物和药物原料。利用组织培养和快速繁殖技术，实现珍稀濒危药用生物的快速繁殖，建立部分野生药用物种资源的核心种质体系，开展种质基因的鉴定、整理和筛选，对扩大药用植物资源也具有重要价值。

二、药用植物资源的保护措施

（一）更新观念，加强保护中药资源的宣传

利用各种形式广泛开展宣传教育工作，宣传保护药用植物资源，维护生态平衡的积极作用，以及破坏资源的严重后果，强调保护野生药用植物资源的重要性和必要性。

（二）加强药用植物资源保护管理的法制建设

建立一套切实可行的药用植物资源保护管理法规，健全执行中药资源保护任务的组织机构，培养一支较高水平的药用植物资源保护和研究的科技队伍，是搞好药用植物资源保护管理工作的可靠保证。中国中药资源的第一法规《野生药材资源保护管理条例》，将野生药材保护等级分为 1 ～ 3 级。一级为濒临灭绝状态的稀有珍贵野生药材物种（简称一级保护野生药材物种）；二级为分布区域缩小、资源处于衰竭状态的重要野生药材物种（简称二级保护野生药材物种）；三级为资源严重减少的主要常用野生药材物种（简称三级保护野生药材物种）。

（三）建立药用植物资源保护、试验研究基地

应在中国有代表性地区建立国家级大型药用植物种植基因库和野生转家种、引种栽培研究试验基地，以及相应的药用植物资源综合保护区。收集、保存并运用现代技术研究药用种质基因，国内外开展各种形式的合作和多学科交流，形成药用植物种质资源收集保存网络系统，从而促进中药资源保护工作的发展。

（四）药用植物资源保护与开发利用协调发展

药用植物自然资源保护在于合理开发利用，只有把药用植物自然资源保护与药用植物开发有机地结合起来，才能真正达到目的。

（五）确定药用植物资源物种濒危程度标准

目前，对于药用植物的濒危程度的标准还处在定性评价阶段。从药用价值、分类学意义、分类学意义、分布及生态环境要求、野生资源量、野生资源减少速率、栽培状况、保护现状、综合性开发现状等方面对药用植物进行了较全面详细的评价，评出药用植物的濒危种、稀有种和渐危种。

（六）药用植物 GAP 栽培

野生药用植物由于其资源有限，不能满足需求，因此最好的办法就是通过人工栽培，通过建立 GAP 栽培基地，获得高产优质药材，保护该种的野生种群。例如，银杏 *Ginkgo biloba* L. 是我国特有物种，银杏叶是一种多种用途的药用原料，我国的江苏、山东等地建立了一批药用银杏叶基地，对于银杏叶新资源的利用及保护起到了很好的作用。

（七）监测药用植物资源的动态变化

药用植物资源的动态变化检测就是对药用植物资源的种类、数量、生态环境的变化和群落的演替规律及其他影响药用植物资源变化的诸多因子情况作定期或长期观察和切合实际的综合统计分析。

目标检测

一、选择题

（一）A型题（最佳选择题）

1. 关黄柏的主产区是（　　）
   A. 东北区　　B. 华北区
   C. 华东区　　D. 华南区
2. 人参的主产区是（　　）
   A. 东北区　　B. 华北区
   C. 华东区　　D. 华南区
3. “南药”的主产区（　　）
   A. 东北区　　B. 华北区
   C. 华东区　　D. 华南区

（二）X型题（多项选择题）

4. 青藏区主产药材有（　　）
   A. 冬虫夏草　　B. 甘松
   C. 掌叶大黄　　D. 胡黄连
   E. 川贝母
5. 川产道地药材主要有（　　）
   A. 川芎　　B. 川乌
   C. 川牛膝　　D. 黄连
   E. 黄柏
6. 云南产道地药材主要有（　　）
   A. 云木香　　B. 滇三七
   C. 云连　　D. 天麻
   E. 甘松

二、填空题

1. 东北区包括________、________和________地区，以及________平原。
2. 华南区属________热带及________热带。

三、名词解释

腊叶标本

四、简答题

1. 药用植物资源调查内容有哪些？
2. 标本采集应注意的问题有哪些？
3. 简述药用植物标本采集与制作过程。
4. 简述药用植物资源的保护措施。

实验指导

实验一 根、茎、叶形态观察

【实验目的】

1. 识别根的形态特征和根系的类型。
2. 识别茎的形态特征和茎的类型。
3. 识别叶的形态特征和叶的类型。
4. 识别根、茎、叶的变态。
5. 比较根与根茎、单叶与复叶的区别。

【实验器材】

1. 根 蒲公英、白芷、地黄、桔梗、小麦、葱、吊兰、菟丝子、络石、何首乌、麦冬、石斛等新鲜带根植株或带根标本。

2. 茎 桑、姜、半夏、百合、荸荠、天冬、丝瓜、栀子、薄荷、马齿苋、忍冬、常春藤、爬山虎、栝楼、蛇莓、马铃薯、蒜、皂荚等新鲜带茎植株或带茎标本。

3. 叶 堇菜、黄杨、桃、棉花、天竺葵、白杨、柳、无花果、梨、豌豆、油菜、大蓟、百合、车前、鹅掌楸、松、芋、荷、葱、山慈菇、大豆、七叶树、棕榈、蓖麻、女贞、枸杞、金荞麦、珊瑚树、大蒜、玉米、小麦、水稻、夹竹桃、马齿苋、柚、酸枣、洋槐及合欢等新鲜带叶枝条或标本。

【实验指导】

1. 观察根的形态特征

（1）直根系：观察桔梗或蒲公英的外形特征及根系。分辨出主根、侧根和纤维根。

（2）须根系：观察小麦或葱的外形特征及根系，注意有无主根和侧根的区别。

2. 观察变态根的类型

（1）块根：观察何首乌、麦冬等植物的根，何首乌的主根、侧根的一部分膨大成块根，麦冬的不定根形成纺锤形的块根。

（2）寄生根：观察菟丝子伸入寄主植物体茎内形成的根。

（3）气生根：观察吊兰或石斛在空气中形成的不定根。

（4）攀援根：观察常春藤的茎上产生的能攀附其他物体的不定根。

3. 观察茎的形态特征

（1）茎的外形特征：取桑枝观察节、节间、托叶痕、皮孔等部分。

（2）观察茎的类型：①观察栀子、薄荷、马齿苋等植物茎的质地。②观察薄荷、忍冬、常春藤、爬山虎、栝楼、蛇莓、马齿苋等植物茎的生长习性。

4. 观察变态茎的类型

（1）观察天门冬、皂荚、栝楼等植物地上变态茎的特征。

（2）观察姜、马铃薯、荸荠、大蒜等植物地下变态茎的特征。

5. 观察叶的组成和形态

（1）叶的组成：取棉花叶，基部为托叶，叶片与枝之间有叶柄相连，叶片呈掌状深裂，是完全叶。

（2）叶脉种类：取珊瑚树叶片，中间有一条明显的主脉，两侧有错综复杂的网状脉，为羽状网脉。观察棉花叶片，发现叶片基部即分出数条侧脉，直达叶片顶端，为掌状网脉。观察小麦叶片，它的中间有一条主脉，两侧有多条与主脉平行的侧脉，侧脉之间又有平行的细脉相连，为平行脉。观察百合等植物叶片，其特点是叶脉呈弧状，为弧形脉。

6. 观察单叶和复叶　用实验材料分别观察三出复叶、掌状复叶、羽状复叶和单身复叶等，并注意区别单叶与复叶。

7. 观察叶序　取杨树枝条，观察叶着生特点，可见它是作螺旋状排列的，每个节上只生一片叶，为互生叶。观察女贞叶在枝条上的着生情况，每个节上有两片叶相对着生，为对生叶。观察夹竹桃新枝或标本，可看到在枝条的每个节上，有三片叶着生，为轮生叶。观察蒲公英，它的茎极度缩短，节间不明显，其叶集生成丛状，称基生叶。

8. 观察叶及托叶变态　注意观察酸枣、洋槐的托叶刺，豌豆的叶卷须，百合的鳞叶，仙人掌的针状叶等。

【实验报告】

1. 记录根的外形特征及变态根的类型。
2. 记录茎的外形特征及变态茎的类型。
3. 记录叶的外形特征及变态叶的类型。
4. 绘图说明根与根茎的区别。
5. 绘图说明单叶与复叶的区别。

实验二　花和花序形态观察

【实验目的】

1. 识别被子植物花的形态、组成及其各部分的特点。
2. 学会解剖花的技能及使用花程式描述花的方法。
3. 识别常见花序的类型。

【实验器材】

1. 仪器、用品　搪瓷方盘、镊子、培养皿、放大镜、标签牌、解剖针、刀片等。

2. 材料、试剂　油菜、一串红、蒲公英、牵牛、茄、桔梗、长春花、迎春花等植物的新鲜花或浸制花标本；荠菜、车前、杨（雌雄花序）、马蹄莲、半夏、山楂、胡萝卜、菊花、无花果、鸢尾、大叶黄杨、大戟、薄荷等新鲜带花序植株或带花序标本。

【实验指导】

1. 观察花的组成　以油菜花为例：取一朵油菜花，先观察其外部形态，再分别用镊子、解剖针和刀片由外向内逐层剥离，按顺序将他们放置在白纸上或表面皿中，并用放大镜观察花的子房横切面。分析记录油菜花的各组成部分。

（1）花萼：为最外面黄绿色小片，排成一轮，各自分离。

（2）花冠：在花萼的内方，由 4 枚金黄色的花瓣组成，并排列成十字形，称十字花冠。

（3）雄蕊群：在花冠内方，可见到 6 枚排列成 2 轮，外轮 2 枚较短，内轮 4 枚较长，称四强雄蕊。白色的花丝顶端着生两个黄色囊状花药，内有大量花粉。用放大镜再仔细观察在 4 枚长雄蕊基部之间，有 4 个淡绿色的球状体，这就是蜜腺，其能分泌蜜汁，适应昆虫传粉。

（4）雌蕊群：中央部分，顶端半球形的结构为柱头；基部膨大部分为子房；连接柱头与子房的细颈状的部分为花柱。用镊子从花中央将子房取出，用刀片将它切成横切面，用放大镜观察切面，有一隔膜（假隔膜）将子房分割成左右两室，称为子房室；室内有绿色颗粒即为胚珠，着生在假隔膜的边缘，作上下排列。

一串红、蒲公英、牵牛等植物的花，都可以用来观察其形态结构。根据各地的植物分布、季节变化、取材的难易，可加以选择。

2. 观察花冠的类型

（1）十字形花冠：观察油菜的花冠，并解剖油菜花，观察花冠数目及离合状态。

（2）蝶形花冠：观察大豆的蝶形花冠，弄清旗瓣、翼瓣和龙骨瓣。

（3）唇形花冠：观察一串红的花冠，注意其花冠筒和花冠裂片，以及上唇和下唇的分裂情况。

（4）管状花冠和舌状花冠：观察蒲公英的缘花是什么花冠类型，盘花是什么花冠类型，各有什么特点。

（5）漏斗状花冠：观察牵牛花的花冠。

（6）钟状花冠：观察桔梗花冠。

（7）高脚碟状花冠：观察长春花、迎春花的花冠。

（8）辐状花冠：观察茄的花冠。

3. 观察花序的类型

（1）无限花序：观察荠菜、油菜的花序，其花序轴细长，小花柄的长度近等长；观察车前的花序，其花序轴细长，但小花无柄；观察柳的雌雄花序，花序轴柔软下垂，其上着生许多无柄的单性小花；观察马蹄莲、半夏的花序，花序轴肉质粗大呈棒状，小花无柄且为单性同株；观察山楂的花序，花序轴下部花的花柄长于上部花的花柄，向上逐渐缩短，花几乎排在一个平面上；观察胡萝卜的花序，花序轴缩短，其顶端着生多数呈放射状排列的花柄近等长的小花；观察菊花、蒲公英等的花序，注意其花序托呈盘状，小花为管状或舌状，下有总苞；观察无花果等的花序，花序轴肉质膨大并凹陷，小花着生于内壁。

（2）有限花序：观察鸢尾、大叶黄杨、大戟、益母草、薄荷等的花序，注意花序特点，思考其花序类型。

【实验报告】

1. 绘出完整的油菜花的解剖图，详注各部分名称，并写出其花程式。
2. 列出所观察植物花的特点及所属花序等。
3. 举例分析无限花序与有限花序的主要区别。

实验三　果实和种子形态观察

【实验目的】

1. 识别各种类型的果实，并能说出其特点。
2. 识别种子的类型。
3. 识别种子的种皮、胚、胚乳，并能区分双子叶植物和单子叶植物的种子。

【实验器材】

1. 仪器、用品　刀片、解剖刀、镊子、放大镜等。

2. 材料、试剂

（1）单果：杨桃、番茄、葡萄、桃、李、杏、柑橘、橙子、苹果、梨、黄瓜、豆荚、荠菜、牵牛、茴香、向日葵、小麦、水稻、榆树、板栗等果实。

（2）聚花果：桑椹、菠萝、无花果。

（3）聚合果：八角茴香、草莓、莲蓬。

（4）种子：蚕豆、蓖麻等果实标本或新鲜材料。

以上材料可根据当地气候、季节及植物分布情况，进行适当调整。

【实验指导】

1. 观察肉果的类型 肉果是单果中的一类，成熟后果皮肉质多汁。

（1）浆果：观察杨桃、番茄、葡萄的果实，注意外果皮、中果皮、内果皮的特点。并注意构成果实的心皮数目。

（2）核果：观察桃、李、杏的果实。注意其与浆果的区别，内果皮木质化，形成一硬核，其中包含有种子。判断其构成果实的心皮数目。

（3）柑果：观察柑橘、橙子等柑橘属植物的果实。注意分清其外果皮、中果皮、内果皮，其肉质多汁的囊状毛为可食部分。该果实由几心皮构成。

（4）梨果：观察苹果或梨的横剖面和纵剖面，注意构成果实心皮数目、子房室数，每室种子数目。外果皮、中果皮、内果皮各自的特点。

（5）瓠果：观察黄瓜，其食用部分包括了花托、子房壁和胎座等，其幼嫩种子也可食用。将黄瓜横切，观察其子房室数及胎座类型。

2. 观察干果的类型 干果也属于单果，成熟后其果皮干燥。其中，成熟后果皮开裂的为裂果，成熟后果皮不裂的为不裂果。

（1）蓇葖果：观察八角茴香的果实，其果实由多个离生的单雌蕊发育而成，实际上为一聚合果，观察其单果的开裂方式及心皮数目。

（2）荚果：观察大豆等豆科植物的果实。注意其心皮数目、胎座类型、胚珠数、开裂方式。

（3）角果：观察芥菜等十字花科植物的果实。注意其心皮数目、假隔膜、种子着生方式及成熟后的开裂方式。并判断为长角果或短角果。

（4）蒴果：观察牵牛的果实，蒴果为较常见的果实类型。注意其心皮数目及开裂方式。

（5）瘦果：观察向日葵的果实，成熟时果实不开裂，但果皮和种子易分离。注意其心皮数目及种子数目。

（6）颖果：观察小麦、水稻的果实，成熟时果皮和种子愈合在一起，不易区分和剥离。注意其子房室数，心皮数目及种子数目。

（7）翅果：观察榆树的果实，其特点是果皮向外延伸成翅状，注意子房室数、种子数目。

（8）坚果：观察板栗的果实，注意果皮的特征，有无壳斗，以及构成子房的心皮数目，子房室数，每室种子数目。

3. 观察聚合果的类型 观察八角茴香（聚合蓇葖果）、草莓（聚合瘦果）、莲（聚合坚果）的果实。注意聚合果是由一朵花中多个离生心皮分别形成小果，聚生于同一花托上形成的果实。

4. 观察聚花果的类型 观察桑椹、菠萝及无花果的果实，注意聚花果是由整个花序发育而成的。

5. 观察种子的特征和类型

（1）有胚乳种子：观察蓖麻种子，其外表是坚硬有花纹的种皮，然后轻剥外种皮，找出胚根、胚轴、胚芽、子叶和胚乳。

（2）无胚乳种子：取一粒浸泡过的蚕豆种子，观察其外形，找出种脐与种孔（用右手的大拇指和示指捏挤蚕豆的种皮，可见到在种脐的一旁有一个出水小孔，即为种孔），用刀片将蚕豆沿种脐纵剖为二，找出胚的各部分，与蓖麻的区别在于具有肥厚的子叶而无胚乳。

【实验报告】

1. 记录所观察的几种肉果的特点，包括外果皮、中果皮、内果皮的特点，子房室数，种子数目，以及构成果实的心皮数目。

2. 记录所观察的几种干果的特点。

3. 绘蚕豆外形图和纵剖面，分别注明种脐、种脊、合点、种皮、子叶、胚根、胚轴、胚芽等。

实验四　苔藓、蕨类和裸子植物形态观察

【实验目的】

1. 掌握苔藓、蕨类、裸子植物的主要特征和区别点。

2. 识别常见苔藓、蕨类、裸子药用植物。

【实验器材】

1. 仪器、用品　显微镜、放大镜、解剖针、吸水纸、镊子、蒸馏水等。

2. 材料、试剂　地钱、大金发藓、紫萁、海金沙、金毛狗脊、粗茎鳞毛蕨、贯众、石韦、苏铁、银杏、马尾松、金钱松、侧柏、三尖杉、东北红豆杉、榧树、草麻黄等。

【实验指导】

1. 苔藓植物形态观察

（1）苔纲：观察地钱的植物体（配子体），是扁平绿色二叉状分枝的叶状体。注意上面（背面）有孢芽杯，呈杯状突起，其内产生的孢芽可萌发成新的配子体，下面（腹面）有鳞片和假根。

（2）藓纲：观察大金发藓的植物体（配子体），有茎叶分化，茎单一或稀分枝。叶片上部较尖，基部鞘状，鞘部以上的中肋及叶背均具刺突。雌雄异株。雄株稍短，顶端雄器状似花苞；雄株较高大，顶生孢蒴，蒴柄长10cm，雌苞叶长而窄，中肋及顶。孢蒴具四棱角，长方形；蒴帽覆盖全蒴；蒴盖扁平，具短喙；蒴齿单层；孢子圆形，黄色，平滑。

2. 蕨类植物形态观察

（1）紫萁：观察紫萁标本，根状茎斜生，有残存叶柄，叶丛生，二型，营养叶二回羽状，孢子叶羽片狭窄，卷缩成条形，沿主脉两侧背面密生孢子囊。

（2）海金沙：观察海金沙标本，藤本，叶柄具缠绕性，叶二型，营养叶生于叶下部，孢子叶生于叶上部，二至三回羽状，孢子囊穗生于孢子叶羽片边缘，排列成流苏状。

（3）金毛狗脊：观察金毛狗脊标本，根状茎横卧，密生金黄色节状长毛，叶三回羽状深裂，羽片互生，末回裂片狭长圆形或略呈镰刀形。孢子囊群生于裂片下部边缘的小脉顶端，囊群盖两瓣，形如蚌壳，长圆形。

（4）粗茎鳞毛蕨：观察粗茎鳞毛蕨标本，根茎斜生，有较多叶柄残基及黑色细根，密被长披针形棕褐色的鳞片。叶簇生，二回羽状全裂或深裂；羽片无柄，裂片密接。孢子囊群体生于叶中部以上的羽片上，囊群盖肾形或圆肾形。

（5）贯众：观察贯众标本，根状茎短，叶簇生，一回羽状，羽片镰状披针形。孢子囊群圆形，散生于羽片上，置放大镜下观察可见囊群盖圆盾形。

（6）石韦：观察石韦标本，根状茎横生，密生鳞片。叶远生，近二型，革质，下面密被灰棕色星芒状毛，不育叶比能育叶短而阔；中脉上凹下凸，小脉网状。孢子囊群满布于叶背面，幼时密被星芒状毛，成熟时露出，无囊群盖。

（7）其他药用蕨类植物观察：观察凤尾草、有柄石韦等标本，了解它们的形态特征。

3. 裸子植物形态观察

（1）松科：观察马尾松的主要特征。①取马尾松新鲜带花果枝条或腊叶标本观察：注意

植物体为木本，叶 2 针一束，细软，两面有不明显的气孔线（带），雄球花生于新枝基部，雌球花 2 个，生于新枝顶端。②取雄球花（小孢子叶球）观察：穗状，由多数螺旋状排列的雄蕊（小孢子叶）组成。用镊子取一个雄蕊置放大镜或解剖镜下观察，可见一双并列的长形花粉囊（小孢子囊），药隔扩大成鳞片状。用解剖针刺破花粉囊使花粉粒（小孢子）散出，做成水装片，置显微镜下观察花粉粒的形状，有无气囊。③取雌球花（大孢子叶球）观察：由多数螺旋状排列的珠鳞（心皮，大孢子叶）组成。剥开一片完整的珠鳞，在放大镜下可见其腹面基部具 2 枚胚珠。④观察马尾松成熟松果：注意此时珠鳞已长大并木质化，称为种鳞，近长方形，其顶端加厚成菱形，称鳞盾，鳞盾中央为鳞脐，微凹陷，胚珠已发育成种子。取出种子，观察是否一侧具翅。

（2）柏科：观察侧柏的主要特征。①取侧柏的新鲜带花果枝条或腊叶标本观察：注意小枝扁平，排成一平面，鳞叶对生，叶背中脉有槽，花单性同株。②取雄球花观察：卵圆形，黄色。取雄蕊置放大镜或解剖镜下，可见花药 2 ～ 6 枚。用解剖针刺破花药，取出少许花粉粒制成水装片，置显微镜下观察花粉粒的形状，观察有无气囊。③取雌球花观察：近球形，蓝绿色，有 4 对交互对生的珠鳞。用镊子取一位于中间的 1 枚珠鳞置放大镜下观察，可见其腹面基部有 1 ～ 2 枚胚珠。④取成熟球果观察：卵圆形，开裂，种鳞 4 对，注意种鳞背部近顶端是否有反曲的尖头，取出种子观察有无翅。

（3）麻黄科：观察草麻黄的主要特征。①取草麻黄标本观察：小灌木，具明显节与节间，节间具细纵沟槽，叶退化成膜质鳞片状，下部合生，上部 2 裂，花单性异株。②取雄球花序观察：每雄球花序有苞片 2 ～ 5 对，每一苞片中雄花 1 朵，观察雄蕊基部是否有膜质假花被，有几个雄蕊。③取雌球花序观察：有苞片 4 ～ 5 对，注意最上 1 对苞片各有 1 枚雌蕊，每枚雌蕊外有革质的假花被包围，胚珠 1，具 1 层膜质珠被，珠被上端延长成珠被管。种子成熟时假花被发育成红色肉质的假种皮，珠被发育成膜质种皮。纵切观察假花被和种子。

（4）其他裸子植物：观察苏铁、银杏、金钱松、榧树、东北红豆杉、三尖杉等植物的新鲜枝条或腊叶标本，了解它们的形态特征。

【实验报告】

1. 列表说明所观察到苔藓、蕨类、裸子植物所在的分类地位和鉴别要点。
2. 找出苔藓植物和蕨类植物的异同点。
3. 从实验观察的裸子植物种类归纳其共同点。
4. 观察蕨类植物标本，描述每种植物的孢子囊或孢子囊群的形态。

实验五　被子植物观察（一）
——蓼科、毛茛科、十字花科、豆科、五加科、伞形科

【实验目的】

1. 掌握蓼科、毛茛科、十字花科、豆科、五加科、伞形科的主要特征。
2. 熟悉植物形态的描述及分类鉴定的方法。
3. 识别蓼科、毛茛科、十字花科、豆科、五加科、伞形科的主要药用植物。

【实验器材】

1. 仪器、用品　解剖镜、解剖针、放大镜、镊子、刀片、擦镜纸和培养皿。

2. 材料、试剂　观察解剖的代表植物：何首乌、虎杖等蓼科植物；白头翁、芍药等毛茛科植物；菘蓝、白芥等十字花科植物；野葛、苦参、决明等豆科植物；细柱五加、三七等五

加科植物；当归、白芷、柴胡等伞形科植物。

重要药用植物标本：掌叶大黄、黄连、乌头、甘草、膜荚黄芪、人参等。

【实验指导】

1. 蓼科

（1）何首乌：①植株观察：注意茎的特征（草质藤本），托叶鞘的特征（膜质），叶序和花序类型。②花解剖观察：注意花被片的形状、颜色及数目，雄蕊的数目，组成雌蕊的心皮数，子房位置。③果实观察：注意是否有宿存花被，果实形状、颜色，种子数目等。

查检索表：将何首乌检索到科。

（2）掌叶大黄：高大草本。根及根状茎粗壮，肥厚，外皮暗褐色，断面深黄色。茎直立，粗壮，无毛。基生叶和下部叶具粗壮的长叶柄；叶片宽卵形或近圆形，长达35cm，掌状浅裂至深裂，基部浅心形，裂片呈狭三角形，先端尖锐，两面疏生乳头状小突起和白色短刺毛；茎生叶较小。花序圆锥状，顶生；花小，淡红紫色，数朵簇生；花被片6；小坚果长方状椭圆形，具3棱。

（3）虎杖：粗壮草本。根状茎粗大，横走。茎直立，粗壮，空心，散生红色或紫红斑点。叶宽卵形或卵状椭圆形，两面无毛；托叶鞘膜质，偏斜，早落。花单性，雌雄异株，花序圆锥状，腋生。雄花花被片具绿色中脉，无翅，雄蕊8枚，比花被长；雌花花被片外面3片，背部具翅，结果时增大，翅扩展下延，花柱3，柱头流苏状。瘦果卵形，具3棱，黑褐色，有光泽，包于宿存花被内。

2. 毛茛科

（1）白头翁：①植株观察：注意茎的特征、颜色，叶序和花序类型，植株有无柔毛。②花解剖观察：注意花被片的形状、颜色及数目，雄蕊的数目，组成雌蕊的心皮数，子房位置。③果实观察：注意果实形状、颜色及种子数目等。

查检索表：将白头翁检索到科。

（2）黄连：草本。根茎及须根断面黄色，分枝成簇。叶基生，叶片卵状三角形，3全裂，中央裂片卵状菱形，具细柄。花葶1～2枝，聚伞花序有花3～8朵；萼片5，黄绿色，狭卵形；花瓣5片，狭披针形，中央有密槽；雄蕊多数；心皮8～12。聚合蓇葖果。

（3）乌头：草本。母根倒圆锥形，表面棕黑色，有倒圆锥形子根。叶互生，叶片常3裂，中央裂片近羽状分裂，侧生裂片2深裂。总状花序；花两侧对称；萼片5，上萼片盔状；花瓣2，特化。雄蕊多数；心皮3～5，分生。聚合蓇葖果。

3. 十字花科

（1）白芥：①植株观察：注意茎的特征（草质藤本），叶序和花序类型。②花解剖观察：注意花冠的类型、颜色及花瓣数目，雄蕊的数目，组成雌蕊的心皮数，子房位置。③果实观察：注意果实形状、颜色，种子数目等。

查检索表：将白芥检索到科。

（2）菘蓝：草本。茎直立。基生叶莲座状，长圆形至宽倒披针形，蓝绿色。萼片宽卵形或宽披针形，花黄色，宽楔形，具短爪。短角果近长圆形。

4. 豆科

（1）野葛：①植株观察：注意茎的类型、叶序、叶的类型、托叶的有无及叶片的特征。②花解剖观察：注意花的对称性，萼片、花瓣的数目、形状及颜色，花冠的类型，雄蕊的数目及类型，雌蕊的类型，子房位置。③果实观察：注意果实开裂方式，种子数目及着生位置，果实类型。

查检索表：将野葛检索到科。

（2）苦参：灌木状草本。根圆柱形，分枝，表面棕黄色。奇数羽状复叶；小叶 15 ～ 29 片；托叶线形。总状花序顶生；花萼钟状；蝶形花冠，淡黄色；雄蕊 10 枚，离生。荚果稍四棱形，在种子间缢缩成连珠状。

（3）决明：半灌木状草本。偶数羽状复叶，互生，小叶 3 对。叶片倒卵形或倒卵状长圆形；花成对腋生，花冠黄色，假蝶形；雄蕊 10 枚，发育雄蕊 7 枚。荚果长条形，种子多数，短菱柱形。

5. 五加科

（1）细柱五加：蔓状灌木。掌状复叶，小叶通常 5，多簇生；伞形花序常腋生；花黄绿色；花柱 2，分离；浆果。

（2）三七：草本。主根粗壮，倒圆锥状或短柱形，常有瘤状突起的分枝。根状茎短，斜生；茎直立，单一。掌状复叶 3 ～ 6 枚轮生于茎顶，小叶 3 ～ 7，中央一片较大；小叶长椭圆形至倒卵状长椭圆形，两面脉上密生刚毛。伞形花序顶生，花小；萼齿、花瓣均 5；淡黄绿色；雄蕊 5 枚；子房下位。浆果状核果扁球形。

6. 伞形科

（1）当归：草本。主根粗短，有数条支根；全株具强烈香气；茎带紫红色；叶二至三回三出或羽状全裂；叶柄基部膨大成鞘抱茎，紫褐色；复伞形花序，总苞片无或有 2 枚，小总苞 2 ～ 4；小花绿白色。双悬果椭圆形。

（2）白芷：草本植物。有浓香；根长圆锥形，上部近方形；茎基及叶鞘黄绿色；叶三出二回羽状分裂，最终裂片卵形至长卵形；大型复伞形花序顶生或腋生；花瓣白色；双悬果长圆形至近圆形。

（3）柴胡：草本。主根粗大，坚硬；表面黑褐色。茎多丛生，上部多分枝，稍呈“之”字形折曲；单叶倒披针形或剑形，平行脉 7 ～ 9 条，叶背面被粉霜；复伞形花序，总花梗细长，总苞片 2 ～ 3 或缺；小苞片 5；花鲜黄色；双悬果长卵形至椭圆形。

【实验报告】

1. 写出蓼科、毛茛科、十字花科、豆科、五加科、伞形科的主要特征。

2. 写出掌叶大黄、虎杖、黄连、乌头、苦参、决明、菘蓝、细柱五加、三七、当归、白芷、柴胡的形态特征。

实验六 被子植物观察（二）——唇形科、茄科、葫芦科、桔梗科、菊科

【实验目的】

1. 掌握唇形科、茄科、葫芦科、桔梗科、菊科等科的主要特征。

2. 熟悉植物形态的描述方法、花的解剖及记录方法、科属检索表的编制。

3. 观察并认识上述各科中的一些主要药用植物，了解它们的药用部位及功效。

【实验器材】

1. 仪器、用品 解剖镜、解剖针、放大镜、镊子、刀片、擦镜纸和培养皿等。

2. 材料、试剂 新鲜植物或腊叶标本：唇形科丹参、薄荷、益母草等；茄科洋金花（白花曼陀罗）、宁夏枸杞、颠茄等；葫芦科栝楼、绞股蓝等；桔梗科桔梗、党参等；菊科菊花、红花、白术、苍术、木香等。

【实验指导】

1. 唇形科 取益母草带花果植株观察：草本；方茎；叶对生，基生叶叶片近圆形，边缘浅裂，

中部及上部叶菱形至线形，深裂；轮伞花序腋生；花冠唇形，淡红紫色；4 枚小坚果。理解何为轮伞花序，是否由聚伞花序轮状排列而形成。解剖花：花萼 5 裂，宿存；唇形花冠；二强雄蕊；子房深 4 裂，形成假 4 室。注意上下唇各有几裂？什么类型雄蕊？看清花柱如何着生，柱头几裂，心皮多少？

唇形科植物中还有紫苏、丹参等可供观察选用。

2. 茄科 取白花曼陀罗带花果植株观察：草本；叶互生，在茎上部为假对生；叶片卵形至宽卵形，基部楔形，不对称。花单生，直立；花冠漏斗状，白色，裂片三角状；雄蕊 5 枚；子房不完全 4 室。蒴果斜生至横生，圆球形，疏生短刺，成熟后不规则 4 瓣裂。种子扁平，近三角形，褐色。

茄科植物中还有宁夏枸杞、颠茄等可供观察选用。

3. 葫芦科 取栝楼植株观察：块根肥厚，圆柱状。叶常近心形，掌状浅裂至中裂，少为不裂，中裂片菱状倒卵形。雌雄异株，雄花序总状，雄花有 3 枚雄蕊；雌花单生；花萼、花冠均 5 裂，花冠白色，中部以上细裂成流苏状。瓠果椭圆形，成熟时金黄色。

葫芦科植物中还有绞股蓝、罗汉果等可供观察选用。

4. 桔梗科 取桔梗植株观察：草本，有乳汁；根肉质，长圆锥状；单叶，对生、互生或轮生；花单生或数朵生于枝顶；花冠阔钟状，蓝色。解剖花：注意花萼、花瓣和雄蕊的数目，子房位置。横切子房，观察心皮数及胎座类型，果实如何开裂？另取半边莲带花果植株观察比较，可见后者为匍匐茎；花两侧对称，花冠裂片偏向一侧，花丝分离而花药合生，子房下位，2 心皮，2 室；蒴果。

桔梗科植物中还有党参、沙参等可供观察选用。

5. 菊科观察 取菊花植株观察：草本，全体被白色绒毛；单叶互生，叶缘有锯齿或羽裂；头状花序，花序外具多层总苞片；缘花舌状，盘花管状；瘦果，无冠毛。观察头状花序：是由许多小花集生于花序托上组成；认识何为一朵小花，并区分；掌握聚药雄蕊的特点是花药连合成筒状，而花丝彼此分离。解剖花序及小花，观察有无特化成冠毛的花萼。

菊科植物中还有红花、白术、苍术、木香等可供观察选用。

【实验报告】

1. 选择 2 种植物的花进行解剖并写出花程式。
2. 列出本次实验的 5 个科植物的分科检索表。
3. 说出菊科管状花亚科及舌状花亚科之间的区别。

实验七　被子植物观察（三）
——禾本科、天南星科、百合科、莎草科、兰科

【实验目的】

1. 掌握禾本科、天南星科、百合科、莎草科、兰科植物的主要特征。
2. 熟悉单子叶植物与双子叶植物的区别特征。

【实验器材】

1. 仪器、用品 解剖镜、解剖针、放大镜、镊子、刀片、擦镜纸和培养皿等。

2. 材料、试剂 禾本科、天南星科、百合科、莎草科和兰科常用药用植物的新鲜植株或腊叶标本。

【实验指导】

1. 禾本科

（1）观察薏苡、小麦、稻、白茅、芦苇及竹类等新鲜植株或蜡叶标本：注意观察秆、节、节间、叶鞘、叶片、叶舌、叶耳形状及花序类型等。

（2）花及花序的解剖观察：取一麦穗观察，注意穗轴是什么形状，每一节上生有几个小穗，小穗是否具柄；取一小穗观察：最外2片是颖片，靠下一个是第一颖，较上一个是第二颖，观察两颖片之间包含有几朵花；从小穗中下部取一朵花进行观察：外面较大的1片是外稃，注意外稃上有几条脉，内稃较小，膜质透明，上有几条脉？外稃的基部有2个白色被毛的鳞被（浆片），在外稃和内稃之间包含有3枚雄蕊和1枚雌蕊，雌蕊具2条羽毛状花柱。再在小穗的最上端取一朵退化花观察：只可见外稃和内稃，无雄蕊和雌蕊。

2. 天南星科

（1）观察石菖蒲、半夏、天南星、独角莲、魔芋、海芋、合果芋（箭叶芋）、马蹄莲等新鲜植株或腊叶标本，注意观察是否有地下茎，叶形特点，有无佛焰苞，花序、果实类型等。

（2）花及花序的解剖观察：取一半夏花序观察，注意花序的类型，花的形态、性别，雌花、雄花生长的位置，有无花被，子房位置等。

3. 百合科

（1）观察浙贝母、川贝母、知母、麦冬、铃兰、百合、黄精、玉竹、七叶一枝花、天门冬、萱草、山慈菇、藜芦等新鲜植株或蜡叶标本：注意是否有地下鳞茎或肉质块根，叶型、花序及果实类型等。

（2）花及花序的解剖观察：取一葱的花序观察，注意花序类型，花的形态、花被轮数、雄蕊数目、雌蕊心皮数目、子房位置、胚珠数目及胎座情况等。

4. 莎草科 观察莎草、荸荠、水葱等新鲜植物或腊叶标本：注意地下茎的形态、类型，地上茎（秆）的形态、空心还是实心，叶片及叶鞘的形态，花序类型，小穗的着生方式，花的性别和着生位置，以及果实的类型。

5. 兰科

（1）观察白及、石斛（金钗石斛）、铁皮石斛、天麻、建兰、手参等其他兰属植物，以及绶草、石仙桃等新鲜植物或腊叶标本：注意地下根或根茎的形态，叶形，是花序还是花单生，果实类型等。

（2）解剖1～2种植物的鲜花和果实：观察花的对称性，花被片数、排列轮数、唇瓣形态，合蕊柱构造，雄蕊及花粉块数目，子房扭转程度、位置、心皮数，胎座类型，果实开裂方式，种子大小等。

【实验报告】

1. 绘出小麦一朵两性花的解剖图，注明外稃、内稃、浆片、雄蕊和雌蕊。
2. 找出禾本科和莎草科植物的区别。
3. 天南星科和兰科植物的构造有哪些特殊之处？
4. 结合单子叶植物实验，说出单子叶植物和双子叶植物的区别有哪些？

实验八 植物细胞结构及后含物

【实验目的】

1. 辨认植物细胞的基本结构。
2. 辨认淀粉粒和草酸钙结晶的显微特征和类型。

3. 学会撕取表皮制作临时标本片的方法。

4. 学会粉末临时标本片的制作方法。

【实验器材】

1. 仪器、用品 显微镜、镊子、刀片、解剖针、载玻片、盖玻片、培养皿、吸水纸、擦镜纸等。

2. 材料、试剂 洋葱鳞茎、马铃薯块茎、半夏粉末、大黄粉末、黄柏粉末；蒸馏水、水合氯醛试液、稀甘油、碘 - 碘化钾试液、稀碘液等。

【实验指导】

1. 观察洋葱鳞叶的表皮细胞 观察叶片、鳞叶、萼片、花瓣等的表皮组织、通常采用撕取表皮的方法制作成临时标本片。

（1）操作：准备擦净的载玻片和盖玻片各一片、取蒸馏水一滴置于载玻片中央备用。用刀将洋葱鳞茎纵切数份。取一小片鳞叶，用镊子撕取 3 ～ 5mm 的上表皮，置于载玻片的水滴中，用镊子将其展平，然后将盖玻片沿水滴一侧慢慢盖下，防止产生气泡，用吸水纸沿盖玻片一侧吸掉多余的水。

（2）观察：在阅读有关显微镜的结构和使用方法后、将临时装片放在低倍镜下观察，注意洋葱鳞叶的表皮为一层细胞，细胞为长方形，排列整齐，无细胞间隙。表皮细胞的结构如下：

1）细胞壁：每个长方形细胞的四周壁即为细胞壁。细胞壁可分辨出胞间层和初生壁。

2）细胞质和液泡：细胞质为细胞壁内无色透明的胶状物，其中存在着液泡。液泡位于细胞中央，占细胞体积的大部分。为了便于观察，可在盖玻片的一侧滴加一滴稀碘液，几分钟后观察细胞质被染成浅黄色，细胞核被染成较深的黄色，未染色的为液泡。

3）细胞核：位于细胞中央、呈球形；有的位于细胞边缘或紧贴细胞壁，形状发生变化，如呈扁球形、半球形等。若不易观察，也可加碘 - 碘化钾试液一滴染色，可见细胞核染成黄褐色，核中有 1 ～ 2 个颜色较深的圆球形颗粒即是核仁。

2. 观察马铃薯块茎和半夏粉末的淀粉粒

（1）操作：①准备擦净的载玻片和盖玻片各一片，切取马铃薯块茎，用刀片轻轻刮取少许浑浊液，置于载玻片上，加蒸馏水一滴，盖上盖玻片。②准备擦净的载玻片和盖玻片各一片、用牙签挑取少许半夏粉末置于载玻片中央，加一滴蒸馏水，拌匀，加盖玻片。

（2）观察：将马铃薯标本片先在低倍镜下观察淀粉粒，注意其形状。再转到高倍镜观察，注意其脐点和层纹，分辨出单粒、复粒和半复粒，马铃薯淀粉粒中多为单粒，少为复粒，半复粒极少。单粒多呈大小不等的卵形颗粒，较小的单粒则呈圆形。单粒有一个明亮的脐点，脐点常偏于较小的一端，并由明暗交替的层纹所环绕。复粒由两个或几个单粒组成，即有两个或几个脐点，脐点周围只有自己的层纹而无共同的层纹。然后再观察半夏粉末，注意半夏和马铃薯淀粉粒的不同点；再由盖玻片一侧加一滴稀碘液，观察有何变化。绘图和记录两者淀粉粒的异同。

3. 观察半夏粉末、大黄粉末、黄柏粉末的草酸钙结晶 观察药材粉末，通常用水合氯醛透化法制成临时标本片，制片的粉末一般要求过 40 目或 60 目筛。

（1）操作：①草酸钙针晶：准备擦净的载玻片和盖玻片各一片，取半夏粉末少许，置载玻片上，滴加水合氯醛试液 1 滴。在酒精灯上慢慢加热进行透化，注意不要蒸干，可在剩余物上滴加水合氯醛试液，按上法再处理 1 ～ 2 次，至材料颜色变浅而透明为止。放冷后，滴加稀甘油，盖上盖玻片。②草酸钙簇晶：取大黄粉末少许，如上法透化，镜检（示教）。③草酸钙方晶：取黄柏粉末少许，如上法透化，镜检（示教）。

（2）观察：①草酸钙针晶：将半夏粉末标本片置于显微镜下观察，可见散在或成束的针状草酸钙针晶，半夏的针晶束常呈浅黄色或深灰色，散在的针晶则无色透明，有较强的折光性。②草酸钙簇晶：将大黄粉末标本片置于显微镜下观察，可见多数大型、星状的草酸钙簇晶，大黄的簇晶常呈浅灰色，形似一个小小的重瓣花，其中央向四周有一些或隐或现，或长或短的辐射纹，有较强的折光性。③草酸钙方晶：将黄柏粉末标本片置于显微镜下观察，可见在细长的纤维周围的薄壁细胞内，含有方形或长方形的草酸钙方晶。这种结构称为晶鞘纤维或晶纤维。

【实验报告】

1. 绘洋葱表皮细胞结构图，标明细胞壁、细胞核、细胞质和液泡。

2. 绘马铃薯的单粒淀粉和半夏的复粒淀粉，标明其名称、层纹和脐点。

3. 绘半夏的草酸钙针晶和大黄的草酸钙簇晶，标明其名称。

实验九　保护组织和分泌组织

【实验目的】

1. 辨认气孔、毛茸的类型及其显微特征。

2. 辨认木栓组织的显微特征。

3. 辨认分泌组织的类型及其显微特征。

【实验器材】

1. 仪器、用品　光学显微镜、镊子、刀片、解剖针、载玻片、盖玻片、吸水纸、擦镜纸。

2. 材料、试剂　新鲜薄荷叶和生姜、椴树茎的横切片、陈皮横切片、小茴香果实横切片、人参根横切制片；蒸馏水。

【实验指导】

1. 观察薄荷叶的气孔和毛茸　准备擦净的载玻片和盖玻片各一片，取蒸馏水一滴置于载玻片中央备用。用镊子撕取薄荷叶下表皮1小块，表面朝上，置于载玻片的水滴中，用镊子将其展平，然后将盖玻片沿水滴一侧慢慢盖下，防止产生气泡，用吸水纸沿盖玻片一侧吸掉多余的水。可见：

（1）气孔：表皮上有些小孔，是由两个半月形的保卫细胞对合而形成的，即气孔。保卫细胞核较大，含叶绿体，与保卫细胞相连的表皮细胞为副卫细胞，保卫细胞与副卫细胞相垂直，气孔轴式为直轴式。

（2）毛茸：表皮的毛茸有腺毛、腺鳞和非腺毛。

1）腺毛：其较小，多为单细胞腺头和单细胞腺柄，腺头细胞中常充满黄色挥发油。

2）腺鳞：其头大，扁球形，多由6～8个作辐射排列的细胞组成，细胞间储有挥发油，柄极短。

3）非腺毛：其较大，顶端尖锐，多由3～8个细胞单列组成，也有单细胞的。

2. 观察椴树茎的周皮　取椴树茎的横切片置显微镜下观察，可见：

（1）木栓层：细胞长方形多列，细胞壁略厚，常被染成红色。

（2）木栓形成层：在木栓层的内侧，是一层扁平的细胞，常被染成较深的蓝绿色。

（3）栓内层：在木栓形成层的内侧，由1～3列细胞组成，细胞近椭圆形，细胞壁较薄，常被染成蓝绿色。

3. 观察植物的分泌组织

（1）分泌细胞：徒手切取鲜姜一薄片，用蒸馏水装片，镜检，可见有些薄壁细胞中含黄色油滴，此为油细胞。

（2）分泌腔：观察陈皮横切片，可见溶生式分泌腔（油室）。

（3）分泌道：①油管：观察小茴香果实横切片，可见果实由两个分果组成，分果接合面较平坦，有油管两个，分果背面隆起，有脊线，每两脊线间各有一油管，共有油管6个油管椭圆形,其周围为红棕色扁小的分泌细胞所围绕。②树脂道: 观察人参根横切制片,在韧皮部中,有圆形或长圆形树脂道，内含黄色分泌物。

【实验报告】

1. 绘出薄荷叶的气孔、腺毛、腺鳞及非腺毛结构图，标明其名称。

2. 绘出小茴香的油管。

3. 绘出人参的树脂道。

实验十　机械组织和输导组织

【实验目的】

1. 辨认厚角组织的显微特征。

2. 辨认韧皮纤维、石细胞的显微特征。

3. 辨认导管、管胞的显微特征。

【实验器材】

1. 仪器、用品　显微镜、镊子、刀片、解剖针、载玻片、盖玻片、培养皿、吸水纸、擦镜纸。

2. 材料、试剂　益母草茎横切片、松茎纵切片、南瓜茎横切片、肉桂粉末、黄豆芽；水合氯醛试液、稀甘油、间苯三酚、盐酸。

【实验指导】

1. 观察植物的机械组织

（1）厚角组织：观察益母草茎横切片，可见在茎的四个棱角处的表皮下方有数层细胞的细胞壁在角隔处增厚，增厚部分较暗，为厚角组织。

（2）厚壁组织：取肉桂粉末做水合氯醛透化片，置显微镜下观察，可见韧皮纤维较多，呈长纺锤形，细胞壁厚，胞腔线形；石细胞类方形、类长方形、类圆形成团或者散在，有些石细胞三面增厚，一面细胞壁薄，孔沟明显，胞腔较大。

2. 观察植物的输导组织

（1）管胞与导管：①观察松茎纵切片：可见管胞长管状，两端常偏斜，相邻的侧壁上的纹孔相通为具缘纹孔。管胞的次生壁增厚也常形成环纹、螺纹、梯纹、孔纹等类型。②取黄豆芽下胚轴一段观察：长约 0.5cm，切取中间薄片置于载玻片上，加一滴水合氯醛，用镊子头平面进行碾压,使其薄而不乱,再补充水合氯醛,然后将盖玻片沿一侧慢慢盖下,防止产生气泡,用吸水纸沿盖玻片一侧吸掉多余的水合氯醛。可见环纹导管、螺纹导管、梯纹导管、网纹导管和孔纹导管。取下标本片，吸去水合氯醛溶液，滴加间苯三酚和盐酸各一滴，片刻后继续观察，可见各种导管木化壁显红色。

（2）筛管与伴胞：观察南瓜茎横切片，在韧皮部中有多边形的细胞，为筛管的横切面观，其细胞壁薄，有的可见筛板，筛板上有许多小孔为筛孔，在筛管旁边有呈三角形或四边形的小形薄壁细胞，此为伴胞。

【实验报告】

1. 绘肉桂粉末的韧皮纤维、石细胞，标明其名称。

2. 绘黄豆芽的各种类型的导管，标明其名称。

实验十一　根的显微构造

【实验目的】

1. 掌握双子叶植物根的初生构造。

2. 熟悉双子叶植物根的次生构造特征，熟悉单子叶植物根构造。

3. 了解根的异常构造。

【实验器材】

1. 仪器、用品 显微镜、擦镜纸、镊子、刀片、解剖针、培养皿、吸水纸等。

2. 材料、试剂 细辛根横切片、人参根或防风根横切片、直立百部根横切片、何首乌块根横切片、怀牛膝根横切片。何首乌块根、怀牛膝根药材。

【实验指导】

1. 双子叶植物根的初生构造 取细辛根横切片，置显微镜下，从外到内进行观察。

（1）表皮：为最外一层排列较整齐的细胞，在根毛区常有一些表皮细胞向外突出形成根毛。表皮细胞在根加粗过程中常被破坏。

（2）皮层：位于表皮内方，占根的大部分，由多层排列疏松的薄壁细胞组成。紧靠表皮内方的一层细胞，排列整齐，并略呈切向延长，称外皮层。皮层最内方一层细胞，排列较紧密，凯氏点明显可见，称内皮层。外皮层和内皮层之间的多列细胞为皮层薄壁细胞，其内充满类球形的淀粉粒。

（3）维管柱：为内皮层以内的所有组织，占根的小部分。其包括：①中柱鞘：为紧贴内皮层的一层薄壁细胞，排列整齐而紧密。②初生木质部和初生韧皮部：初生木质部有四束（染成红色），为四原型。由于初生木质部一直分化到根的中央，故无髓，这是典型的双子叶植物根的初生构造特征。初生韧皮部位于两初生木质部束之间，与初生木质部相间排列，呈辐射状，构成辐射维管束，这也是根的初生构造的重要特征。

2. 双子叶植物根的次生构造 取人参根或防风根横切片，置显微镜下，从外到内进行观察。

（1）木栓层：为数列扁平的木栓细胞，排列整齐，紧密，常多层相叠，细胞壁木栓化，呈褐色。

（2）木栓形成层：此标本中不易分辨，是由中柱鞘细胞恢复分生能力而产生的。

（3）栓内层：可见几层排列疏松的薄壁细胞，其中分布有不规则长圆形油管（与茎相区别）。木栓层、木栓形成层、栓内层三者合称周皮。

（4）次生韧皮部：较宽，由筛管和伴胞、韧皮纤维、薄壁细胞等组成，其中散有类圆形的分泌管。韧皮射线弯曲，易与韧皮部组织分离而出现大型裂隙。

（5）形成层：成环状，由数列排列紧密的扁平细胞组成。它是首先由初生木质部和初生韧皮部之间的某些薄壁细胞恢复分生能力，并向两侧扩展，向外推移到中柱鞘，这时中柱鞘的一部分细胞（位于初生木质部顶端部分）也恢复分生能力，逐渐发展而成。

（6）次生木质部：位于形成层的内方，由导管、木薄壁细胞、木纤维及木射线组成。

3. 单子叶植物根的构造 取直立百部根横切片，置显微镜下，从外到内进行观察。

（1）表皮：为 3 ～ 4 列细胞组成，注意细胞壁具细微的条纹状增厚。这种在表皮形成时分裂形成的多列木栓化死组织称根被。

（2）皮层：占根的大部分，由薄壁细胞组成。皮层的最外一列细胞呈方形，排列整齐，为外皮层；皮层的最内一列细胞较小，扁长形，可见凯氏点，为内皮层。

（3）维管柱：为内皮层以内的所有组织，占根的小部分。包括：①中柱鞘：在内皮层内侧，由 1 ～ 2 列小形的薄壁细胞组成，不具潜在的分生能力。②木质部和韧皮部：木质部和韧皮部束各 24 ～ 27 个，相间排列，为辐射型维管束。韧皮部薄壁细胞均无潜在分生能力，故不能转化为形成层，韧皮部束内侧有单个或 2 ～ 3 个成束的非木化纤维。木质部无次生组织，无次生生长，导管类多角形，偶有单个或 2 ～ 3 个并列的导管分布于髓部外缘，作二轮列状。③髓部：位于维管柱中心，由大型排列疏松的薄壁细胞组成，散有单个或 2 ～ 3 个成束的细小纤维。注意与双子叶植物根相区别。

4. 根的异常构造

（1）何首乌块根的附加维管柱：观察何首乌块根药材呈淡黄棕色或淡红棕色的横断面，可见中央的维管柱，皮层较宽，其内散生有4～11个类圆形的异常维管束，形成“云锦状花纹”。

取何首乌块根横切片置显微镜下观察：木栓层由数列木栓细胞组成；皮层较宽，占根的较大面积，主要由薄壁细胞组成，内含淀粉粒和簇晶；皮层内散生单个的和复合的异常维管束，均为外韧型；可见形成层，导管稀少；次生韧皮部狭小，形成层环明显可见，次生木质部导管稀少；根的中央为大型的正常维管束，为外韧型；中心部分为初生木质部，四原型。

（2）怀牛膝根的同心环状排列的异常维管束：观察怀牛膝根药材，可见其横断面平坦，角质样，淡黄色，木部黄白色，其外有众多小点，排成轮，即异常维管束。

取怀牛膝根横切玻片置显微镜下观察：其最外为木栓层，由4～8列扁平的木栓化细胞组成，木栓层以内为数层薄壁细胞；维管组织占根的大部分，分布有多数异常维管束，断续排成2～4轮，最外轮的异常维管束较小，异常形成层几乎连接成环，内轮的异常维管束较大，均为外韧型；根中央为正常维管束，初生木质部为二原型。

【实验报告】

1. 绘细辛根横切面详图和人参根横切面简图，标出各部分名称，根据结构特征判断构造类型。

2. 比较细辛根和直立百部根内部构造的主要异同点。

3. 绘何首乌块根和怀牛膝根横切面简图，示异常构造。

实验十二　茎的显微构造

【实验目的】

1. 掌握单子叶植物茎的构造特点；掌握双子叶植物木质茎的次生构造。

2. 熟悉茎的初生构造；熟悉双子叶和单子叶植物根状茎的构造特点。

3. 了解双子叶植物草质茎的构造。

【实验器材】

1. 仪器、用品　显微镜、擦镜纸、镊子、刀片、解剖针、培养皿、吸水纸等。

2. 材料、试剂　马兜铃茎横切片、椴树茎横切片、薄荷茎横切片、黄连根状茎横切片、玉米茎横切片、石菖蒲根茎横切片。

【实验指导】

1. 双子叶植物茎的初生构造　取马兜铃茎横切片置显微镜下观察。

（1）表皮：为最外一层排列紧密的类方形的薄壁细胞，外壁有角质层，有时可见气孔。

（2）皮层：表皮以内，由多列略呈切向延长的薄壁细胞组成，细胞内常含叶绿体。皮层内侧有4～6列纤维构成的完整的纤维环带。

（3）维管束有：5～7个维管束排成环状，其中三个较大。每个维管束由初生韧皮部、束中形成层和初生木质部三部分组成。韧皮部位于外方，细胞较小，由筛管和伴胞、韧皮薄壁细胞组成；木质部位于内方，由导管、管胞、薄壁细胞和木纤维组成；形成层位于两者之间，由切向延长的细小细胞组成。

（4）髓射线：位于两维管束之间，由薄壁细胞组成，外连皮层，内接髓部。

（5）髓：位于茎的中央，由大型薄壁细胞组成。

2. 双子叶植物木质茎的次生构造　取3～4年生椴树茎横切片置显微镜下，从外到内进行观察。

（1）周皮：很明显，由木栓层、木栓形成层和栓内层组成，注意它们各有何特点、有无皮孔。

（2）皮层：较窄，由数层厚角组织（近周皮下方，细胞染色较深）和薄壁细胞组成，有些细胞含草酸钙簇晶。

（3）韧皮部：细胞排列成梯形（底部靠近形成层），与排列成喇叭状的髓射线薄壁细胞相间分布。在标本中，明显可见被染成红色的韧皮纤维和被染成绿色的韧皮薄壁细胞、筛管和伴胞呈横条状相间排列。初生韧皮部已破坏。

（4）形成层：实为形成层区，呈环状，由 4 ～ 5 层排列整齐的扁长细胞组成。

（5）木质部：主要是次生木质部，在形成层内方，在横切面上占有最大面积。由于其细胞直径的大小和壁的厚薄不同，可以看到数轮同心轮层，即年轮。注意观察早材和晚材在构造上的区别。紧靠髓部周围的一群小型导管即初生木质部。

（6）髓：位于茎的中央，多由薄壁细胞组成，有的含草酸钙簇晶，有的含黏液和单宁，所以部分细胞染色较深。

（7）髓射线：由髓部薄壁细胞向外辐射状发出，直达皮层。经木质部时，为 1 ～ 2 列细胞，至韧皮部时则扩大成喇叭状。

（8）维管射线：在每个维管束之内，由木质部和韧皮部中的横向运输的薄壁细胞组成，一般短于髓射线。位于木质部的称木射线，位于韧皮部的称韧皮射线。

3. 双子叶植物草质茎的次生构造 取薄荷茎横切片，置显微镜下由外向内观察，可见下列部分：

（1）表皮：由一层排列紧密的细胞组成，外壁角质化，并常见有毛茸等附属物。

（2）皮层：在表皮下方的薄壁细胞即皮层，在棱角处近表皮有厚角组织。

（3）内皮层：皮层最内方的一层长方形细胞即是，但无凯氏点。

（4）形成层：为 1 ～ 2 层薄壁细胞组成，成环状。

（5）维管束：多数无限外韧型维管束成环状排列，形成层的外方为韧皮部，内方为木质部，髓射线较宽。

（6）髓：位于茎中央，较发达。

4. 双子叶植物根状茎的构造 取黄连根状茎横切片置显微镜下观察。

（1）木栓层：由数列木栓细胞组成，有的外侧附有鳞叶组织。

（2）皮层：宽广，为木栓层内方的十余列略呈切向延长的薄壁细胞，内散有染成红色的单个或成群的石细胞，并有根迹和叶迹维管束斜向通过。

（3）维管束：为无限外韧型，相连或分成 7 ～ 9 束环列，射线宽窄不一。韧皮部外侧有韧皮纤维，其间夹有石细胞，染成鲜红色；束间形成层不明显；木质部较发达，细胞均木化，染成红色，包括导管、木纤维和木薄壁细胞。

（4）髓：位于茎的中央，由薄壁细胞组成，细胞中含淀粉粒。

5. 单子叶植物茎的构造 取玉米茎横切片置显微镜下观察。

（1）表皮：为最外方一列排列紧密的表皮细胞。

（2）机械组织：表皮的内方有 2 ～ 3 列厚壁细胞连接成环，为机械组织环。

（3）基本组织：机械组织环以内的薄壁组织。

（4）维管束：许多维管束散布在基本组织中。近茎边缘的维管束较小，相互距离较近，靠近茎中央的维管束较大，相距较远。维管束的韧皮部在外方，由筛管和伴胞、薄壁细胞组成。木质部在内方，由导管和木薄壁细胞组成，有一对并列的大导管，其下方有纵向排列的小导管和一胞间道。在维管束的周围有厚壁细胞组成的维管束鞘围绕。注意观察韧皮部与木质部之间有无形成层，判断此种维管束的类型。

6. 单子叶植物根状茎的构造 取石菖蒲根茎横切片，置显微镜下观察。

（1）表皮：为一列类方形的表皮细胞，外壁增厚。

（2）皮层：由薄壁细胞组成，有油细胞，纤维束散在，纤维束周围的薄壁细胞中含有草酸钙方晶，称为晶鞘纤维，叶迹维管束为有限外韧形。内皮层显著，凯氏带明显可见。

（3）维管柱：为内皮层以内部分，有多数周木型的维管束散生。紧靠内皮层处的维管束相互距离较近，且有少数为外韧型。维管束周围有纤维组成的维管束鞘围绕。

【实验报告】

1. 绘制椴树茎横切面详图和黄连根状茎横切面简图，标出各部分名称，根据结构特征判断构造类型。

2. 绘制玉米茎和石菖蒲根茎横切面简图，并注明各部分名称。根据结构特征判断构造类型。

3. 比较单子叶植物茎和双子叶植物茎的内部构造。

实验十三　叶的显微构造

【实验目的】

1. 掌握双子叶植物叶的组成和内部构造。

2. 了解单子叶植物叶的组成和内部构造。

【实验器材】

1. 仪器、用品 显微镜、擦镜纸、镊子、刀片、解剖针、培养皿、吸水纸、载玻片、盖玻片等。

2. 材料、试剂 薄荷叶横切片、淡竹叶横切片。

【实验指导】

1. 双子叶植物叶片的构造 取薄荷叶横切片置显微镜下观察。

（1）表皮：上表皮细胞长方形，下表皮细胞细小、扁平。上下表皮均被角质层，表皮外有腺毛、腺鳞和非腺毛。

（2）叶肉：栅栏组织细胞一列，偶有二列，海绵组织由 4 ～ 5 列不规则的排列疏松的薄壁细胞组成。叶肉组织有簇针状橙皮苷结晶，尤以栅栏组织中多见。

（3）叶脉：主脉维管束外韧型。韧皮部（染成蓝色）细胞较小、多角形；木质部（染成红色）导管常 2 ～ 4 个排列成行。注意韧皮部与木质部之间有无形成层。

主脉处上、下表皮内侧有若干列厚角组织。除主脉外，尚可见侧脉和细脉的横切面或纵切面，侧脉和细脉的结构较主脉简单。

2. 单子叶植物（禾本科）**叶片的构造** 取淡竹叶横切片置显微镜下观察。

（1）表皮：上表皮细胞类方形，大小不一，壁薄，大型的泡状细胞（运动细胞）呈扇形。下表皮细胞较小，排列整齐。上、下表皮均有角质层、气孔及单细胞非腺毛。

（2）叶肉：由一列短圆柱形薄壁细胞和排列不规则形薄壁细胞组成，内含众多叶绿体栅栏组织和海绵组织，分化不明显。

（3）叶脉：上部向下微凹，下部向外突起。主脉维管束外韧型，无形成层，周围有 1 ～ 2 列纤维组成的维管束鞘包绕。木质部导管稀少、排成“V”形、其下方为韧皮部。在上、下表皮的内侧有厚壁纤维群。

【实验报告】

1. 绘薄荷叶横切面详图和淡竹叶横切面简图，并注明各部分名称。

2. 比较双子叶植物叶和单子叶植物叶的内部构造。

野外实践指导

药用植物标本野外采集与制作

【目的和要求】

药用植物野外实践是对已学植物形态学基础知识、药用植物分类和药用植物资源开发利用知识的综合训练。通过野外观察和采集植物标本，初步学会野外采集、记录方法与标本制作简单过程。

【工具和用品】

标本夹、吸水纸、采集箱、枝剪、小铁镐、气压表（海拔表）、记录本、记号笔及记号牌、全球定位仪（GPS）、钢卷尺等。另外，根据不同需要还要准备放大镜、望远镜、照相机、防雨塑料布、塑料广口瓶、乙醇、福尔马林（甲醛）等物品。

【实践内容及方法】

1. 药用植物标本的采集

（1）采集完整的标本：采集标本是为了更好地鉴别植物种类，故必须采齐植物的根、茎、叶、花和果实，特别是花和果实应采到，否则属不完全的标本。若在采集时无花、果，应在日后设法补采，但必须确知为同一种植物方可补采。可在原采植株上挂或钉一个牌子，等开花及果实成熟时补采。

（2）草本植物的采集：较矮小的草本植物一般连根挖出。高度在1m以上的亦应连根挖出，把它折成“N”或“M”字形压制，或分成几段压制，即可以剪取上段带花、果的部分，中段带叶，下段带根，3段合并成1份标本，但务必将其全草高度记录下来。注意是否有基生叶、不同叶型及不定根或卷须等，若有，应一并采集。

（3）木本植物的采集：应选取具有花果而叶片完整的枝条剪下，其长度为25～30cm，叶、花、果太密时，可适当疏去一部分（疏去的叶要留下叶柄）。若全树上叶片的形状或大小差异很大，或具刺时，应一并采集。药用部位是根或树皮，应采一小块树皮或一小段根，附在枝条标本上。

（4）雌雄异株或同株植物的采集：雌雄异株植物应分别采集，分别编号，并注明两者的关系。雌雄同株植物，应采齐两种花，放在同一标本上，编一个号。

（5）蕨类植物的采集：蕨类植物应采集地下部分、营养叶、孢子叶及具有孢子囊群和孢子的植株。

（6）寄生植物的采集：应将寄主植物采集一部分，与标本压在一起，并注明两者的关系。

（7）种子的采集：采集种子时，必须同时采集腊叶标本两份，以备鉴定学名之用。种子应装入纸袋内附于标本上，或装入玻璃瓶中，但应与标本编同一号码。

（8）大型叶片植物的采集：叶片较大的植物，如牛蒡的基生叶，棕榈科一些植物的叶子等，在一张纸上压不下，可将一片叶子分成2～3段分别压之，但在每一段上要系上注有甲、乙、丙或A、B、C等字样的同一号牌；或者剪去叶子的一半，但叶尖应保留。若为羽状复叶或羽状裂的大型叶，可将叶轴一侧的小叶或裂片剪短，但在小叶或裂片的基部留一小段，以便表明小叶或裂片附着的位置和情形；复叶顶端的小叶或顶端的裂片，绝不可剪掉。

此外，采集标本时应注意保护资源，不可乱挖滥砍。珍稀濒危种类，应尽量不采或少采；一般种类也应做到采留结合，不能一扫而光。在山区采集标本时，应注意防火、防蛇、防野兽攻击等。

2. 腊叶标本的制作 腊叶标本又称压制标本，就是将新鲜的植物材料用吸水纸压制使之干燥后装订在白色硬纸（称为台纸）上制成的标本。腊叶标本制作简单，容易保存，是植物分类工作者常用的标本，也是最容易制作的一种标本。

（1）整形：植物采回后应立即整理，剪掉过密、重叠的枝叶（留下叶柄表示叶序），用自制的竹镊把折叠的叶和花展平。花和叶既要展示其正面，也要展示其反面，这样可以展现植物的全部特征。大的浆果挤出汁液后保留种子。若有硬刺，要掰去一些。过大的地下部分要剪去，只留小的，如果还大，就要切削一部分。较长的植株可折成“N”状或“V”状再压。

（2）压制：一般用木制的夹板压制，压制时使标本与草纸互相间隔。注意铺上草纸时须将标本的首尾互相调换，使木夹内的标本和草纸整齐平坦。将标本和吸水纸交互叠放，达到一定高度。利用标本夹压紧，使吸水纸跟植物标本充分接触，使其脱水变干。

（3）换纸：开始每天换纸两次，以后逐渐减少次数，共换 6 ～ 7 次即可。换纸越勤，干得越快，越能保持原色。反之，会使标本发霉变黑脱落。换下的纸及时晒干或烘干后，以备下次换用。如果标本的嫩叶嫩茎能折断，就说明植株已干透了。

（4）消毒：压干的标本还要进行消毒，以便杀死残留的虫卵。杀虫最好用二硫化碳，把药沾在棉花或放在器皿内。每个纸箱用药量为 10 ～ 20ml，然后将标本放入箱内，严密封存，3 天后即可达到预期的效果（注意：在操作过程中要通气通风，谨防中毒，操作完成后一定要洗手）。

（5）上台纸：腊叶标本都要上台纸。通常将整张白板纸裁成 8 开（38cm×27cm）即可。标签大小为 8cm×6cm，上面标明科名、种名、学名、采集地、日期、采集人等几项，文字最好是打印。标本装帧时要注意将标本合理地安置在台纸上，一是标本形态要自然；二是摆布要科学，有的植株要摆正（如带枝叶花果的标本），有的则要偏斜（如缠绕植物等），若是比较标本，还要使各类根都能下垂；三要突出植物的特点，如蕨类植物，除选择根、茎（根状茎）、叶外，必须翻转 1 ～ 2 片蕨叶，突出完整的孢子囊群的特点；四是布局要美观，不能将台纸摆得满满的，要空实互补，讲究一点空白美，才能产生轻松感的效果。

（6）贴标签：标本定位后，右下角要空出贴标签的地方。木本植物固定宜用白线缝，先从根茎下部开始，正面针迹要与茎垂直。草本植物固定可选择薄而韧的道林纸，将其切成 0.5cm 宽、3cm 长的小条。将标本在台纸上摆好位置后，用铅笔在需要固定的位置划上线，然后拿下标本，用小尖刀在适当位置切出数对小纵口，将白纸条从切口部位穿入，再用手从背后捏住纸条的两端，轻轻拉紧，然后用胶水粘在台纸的背面。有些植物有纤细的花、易折掉的果、易散落的孢子等，则可用一小块玻璃纸做局部粘封保护。附属的树皮、种子也可用乳胶粘贴或玻璃纸封贴。

（7）标本保护：还可以在标本正面刷一薄层清漆，使标本色泽新鲜，富有生气，并能起到加固作用。为防止标本磨损，应该在台纸上面贴上盖纸，若是柔软纤细的植物（如藻类等），则可蒙上一层玻璃纸，这样一份腊叶标本就算完成了。

3. 腊叶标本的保存 腊叶标本经过杀虫后，如果份数不多，可以存放在木箱或纸箱内，箱内放入樟脑以防虫害。在南方还要保持干燥。如果标本份数较多，则要放入标本柜里，在标本柜下方的抽屉里放入樟脑。用标本柜存放标本，不能杂乱无章，一定要按照次序排列，科学管理，可以采用恩格勒分类系统排列，即科以下的各属、种按学名第一个字母排列。此外，还要建立标本名录，对标本进行编号和登记。

4. 野外记录的填写和标本的编号 植物标本的压制无论如何精细，总与它在生长时有些变化，如植物体的大小、外形，各部分有无乳汁或浆汁，叶正反两面的颜色、有无白粉或光泽，花的颜色、有无香气、有无杂色或斑点，花药与花丝的形状，果实的形状、颜色、有无腊被、毛茸等，都是在采集后不易保存或无法看出来的性状，所以我们在野外采集时，都应仔细观察，详细地记录在野外记录本上。野外记录应在采集标本的同时填写，最迟应在当天晚上整理标本时填写。填写时应按记录本的各项认真填写，其中有几项甚为重要，如该植物当地的土名、药用价值、生态环境、海拔高度、形态特征等都应当及时填写，否则就会影响今后鉴定的正确性。

在填写野外记录的同时，应按种进行编号，原则上同株植物的标本编同一号码，不同植株应编另一号码。号码必须顺序编下，不可有重号或空号。注意记录本上的号码应与标本上所挂号牌的号码一致，不要混淆，这样可按记录本上的号码直接找到标本。填写野外记录本和号牌应用铅笔，而不用圆珠笔或钢笔，因后两者久之遇水湿或在消毒时易褪色。

5. 药用植物标本鉴定方法 首先所需鉴定的标本必须完整，除了营养体外，还必须有花、和果实。其次在鉴定标本之前，还必须准备好有关工具书，如《中国植物志》《中国高等植物科属检索表》《中国高等植物图鉴》、种子植物检索表及标本产地的植物名录等。鉴定一份未知植物标本时，一般按照下列步骤进行：

（1）科的鉴定：方法一是借助已有的植物学知识就某些关键识别特征，初步判断所属科，并与该科文献记载特征对照确认；方法二是用书后附录“被子植物分科检索表”或《中国高等植物科属检索表》等工具书中的“分科检索表”逐条检索到科，再与该科文献记载特征对照、确认。

（2）属种的鉴定：在科确定以后，用《中国高等植物科属检索表》等工具书中的“各科分属检索表”逐条检索到属，再与该属文献记载特征对照、确认。亦可用《中国植物志》（或者标本产地省、市的植物志）等工具的相关卷册，根据植物志对该科中各属的特征描述，判断出属于哪一属。最后再根据该属的描述和分种检索表检索出该标本所属种的名称。

初步确定种名以后，就要运用上述植物志、书、图鉴等工具书中关于该种的描述，对标本逐条进行检查核对，如果标本与各工具书中的描述基本吻合、产地范围一致，则表明鉴定结果正确。

【实践报告内容及考核】

实践报告内容包括项目名称、实践目的、地点、时间、内容、结果、讨论等，其中在实践内容项中应详细描述出最熟悉的数个药用植物科的特征，每个科列举 3 种常见药用植物。详细描述出 10 种常见药用植物的形态特征，并写出其花程式。根据不同学校要求，也可以采取考核形式，随机抽取 50 种药用植物，要求在规定时间内写出科名、种名。

主要参考文献

国家药典委员会 .2015. 中华人民共和国药典（2015 年版）一部 . 北京：中国医药科技出版社
潘凯元 .2008. 药用植物学 . 北京：高等教育出版社
彭学著，郑伟峰 .2011. 药用植物学 . 西安：第四军医大学出版社
杨世海 .2006. 中药资源学 . 北京：中国农业出版社
姚振生 .2012. 药用植物学 . 北京：中国中医药出版社
张浩 .2011. 药用植物学 . 北京：人民卫生出版社
郑汉臣 .2010. 药用植物学 . 北京：人民卫生出版社
中国科学院中国植物志编委会 .1959 ～ 2004. 中国植物志 . 北京：科学出版社

附　录

一、常用试剂

1. 5% 氢氧化钾溶液　取氢氧化钾 5g，溶于 100ml 蒸馏水中，即得。用为透化剂及薄壁组织解离剂。亦可用 5% 氢氧化钠代替。

2. 碘化钾碘试液　取碘 0.5g 与碘化钾 1.5g，加水 25ml 使溶解，即得。置棕色磨口玻璃瓶中保存。本试液可使蛋白质呈暗黄色，常用于细胞构造染色。

3. 中性红试液　取中性红 1g，加蒸馏水 1000 ～ 10 000ml 使溶解，即得。本试液常用于细胞质和液泡的染色。

4. 甘油醋酸液（斯氏溶液）　取甘油、50% 醋酸、蒸馏水各等量，混合，即得。本试液可防止淀粉粒崩裂，用于鉴定淀粉粒时的装片。

5. 稀甘油　取甘油 33ml，加蒸馏水稀释成 100ml，再加樟脑一小块或液化苯酚 1 滴，即得。稀甘油能使细胞稍透明及溶解某些水溶性的细胞后含物，并使材料保持湿润和软化。稀甘油常和水合氯醛同用，做临时封藏剂，可防止水合氯醛晶体析出。

6. 紫草试液　取紫草粗粉 10g，加 90% 乙醇 100ml，浸渍 24 小时后，滤过，滤液中加入等量的甘油，混合，放置 2 小时，滤过，即得。本试液应置棕色玻璃瓶中储存，在 2 个月内应用，可使油滴显红色。

7. 麝香草酚试液　麝香草酚 1g 溶于 10ml 95% 乙醇，即得。应用时先滴加本试液，1 ～ 2 分钟后，再加 80% 硫酸 2 滴，可使菊糖显红色。

8. 水合氯醛试液　取水合氯醛 50g，加蒸馏水 15ml 与甘油 10ml，溶解即得。本试液为最常见的透明剂，能迅速透入组织中，使干燥而收缩的细胞膨胀，细胞组织透明清晰，并能溶解淀粉粒、树脂、蛋白质和挥发油等。

9. 稀碘液　取碘化钾 1g 溶于 100ml 蒸馏水中，再加碘 0.3g 溶解，即得。置棕色磨口玻璃瓶中保存。本试液可使淀粉粒显蓝色，糊粉粒呈黄色。

10. 间苯三酚试液　取间苯三酚 0.5g，加乙醇使溶解成 25ml，即得。置磨口玻璃瓶中，暗处保存。本试液用以鉴别木质化细胞壁。用时先加 1 ～ 2 滴于检体，放置约 1 分钟，加盐酸 1 滴，木质化细胞壁显红色或紫红色，纤维素细胞壁则无反应。

11. 氯化锌碘试液　取氯化锌 20g，加蒸馏水 10ml 使溶解；加碘化钾 2g，溶解后再加碘，不断振摇至饱和，即得。置棕色瓶内保存。本试液可使纤维素细胞壁呈蓝色或紫色，木质化细胞壁呈黄色或棕色。

12. 苏丹Ⅲ试液　取苏丹Ⅲ 0.01g，加 90% 乙醇 5ml 溶解后，加甘油 5ml，摇匀，即得。置棕色瓶内保存，保存期 2 个月。本试液能使角质化和木栓化细胞壁显红色或橙红色，使脂肪油、挥发油滴或树脂显橙红色、红色或紫红色。

13. α- 萘酚醇溶液　取 α- 萘酚 1.5g，溶于 10ml 95% 乙醇，即得。用时滴加本试液，1 ～ 2 分钟后，再加 80% 硫酸 2 滴，可使菊糖显紫色。

14. 钌红试液　取 10% 乙酸钠溶液 1 ～ 2 ml，加钌红适量使溶液呈酒红色，即得。本试液应临时新制。可使黏液显红色。

15. 番红染液 是一种碱性染料，可使木质化、木栓化和角质化的细胞壁及细胞核中的染色质和染色体染成红色。在植物组织制片中常与固绿配染。常用配方有两种：

（1）1% 番红水液：取番红 1g，溶于 100ml 蒸馏水中，滤过，即得。

（2）1% 番红酒液：取番红 1g，溶于 100ml 50% 乙醇中，滤过，即得。

16. 固绿染液 取固绿 0.1g，溶于 100ml 90% 乙醇中，滤过，即得。本试液为酸性染料，可使纤维素的细胞壁和细胞质染成绿色。在植物组织制片中，常与番红配染。

二、被子植物门分科检索表

1\. 子叶 2 个，极稀可为 1 个或较多；茎具中央髓部；且在多年生的木本植物有年轮；叶片常具网状脉；花常为 5 出或 4 出数。(次 1 项见 191 页)……………………………………**双子叶植物纲 Dicotyledoneae**

2\. 花无真正的花冠，或花被片逐渐变化，呈覆瓦状排列成 2 至数层；花萼类似花冠或无花萼。(次 2 项见 170 页)

3\. 花单性，雌雄同株或异株，其中雄花，或雌花和雄花均可呈柔荑花序或类似柔荑状的花序。(次 3 项见 161 页)

4\. 无花萼，或在雄花中存在。

5\. 雌花以花梗着生于椭圆形膜质苞片的中脉上；心皮 1……………………**漆树科 Anacardiaceae**
(九子不离母属 *Dobinea*)

5\. 雌花情形非如上述；心皮 2 或更多数。

6\. 多为木质藤本；叶为全缘单叶，具掌状脉；果实为浆果………………………**胡椒科 *Piperaceae***

6\. 乔木或灌木；叶可呈各种型式，但常为羽状脉；果实不为浆果。

7\. 旱生性植物，分枝具节；叶片极退化，在每节上联合成为具齿的鞘状物……………………………………………………………………**木麻黄科 Casuarinaceae**
(木麻黄属 *Casuarina*)

7\. 植物体为其它情形者。

8\. 果实为具多数种子的蒴果；种子有丝状毛茸……………………………**杨柳科 Salicaceae**

8\. 果实为仅具 1 种子的小坚果、核果或核果状的坚果。

9\. 叶为羽状复叶；雄花有被…………………………………………**胡桃科 Juglandaceae**

9\. 叶为单叶(有时在杨梅科中可为羽状分裂)。

10\. 果实为肉质核果；雄花无花被………………………………**杨梅科 Myricaceae**

10\. 果实为小坚果；雄花有花被………………………………**桦木科 Betulaceae**

4\. 有花萼，或在雄花中不存在。

11\. 子房下位。

12\. 叶对生，叶柄基部互相连合……………………………………**金粟兰科 Chloranthaceae**

12\. 叶互生。

13\. 叶为羽状复叶……………………………………………………**胡桃科 Juglandaceae**

13\. 叶为单叶。

14\. 果实为蒴果…………………………………………**金缕梅科 Hamamelidaceae**

14\. 果实为坚果。

15\. 坚果封藏于一变大呈叶状的总苞中……………………………**桦木科 Betulaceae**

15\. 坚果有一壳斗下托，或封藏在一多刺的果壳中…………………**壳斗科 Fagaceae**

11\. 子房上位。

16\. 植物体中具白色乳汁。

17\. 子房 1 室；桑椹果…………………………………………**桑科 Moraceae**

17. 子房 2～3 室；蒴果……………………………………………………大戟科 **Euphorbiaceae**
16. 植物体中无乳汁，或具红色汁液，仅在大戟科的重阳木属 *Bischofia* 中。
18. 子房为单心皮所成；雄蕊的花丝在花蕾中向内屈曲………………..荨麻科 **Urticaceae**
18. 子房为 2 枚以上的连合心皮所组成；雄蕊的花丝在花蕾中常直立(或向前屈曲，见于大戟科的重阳木属 *Bischofia* 及巴豆属 *Croton* 中)。
19. 果实为 3 个(稀可 2～4 个)离果瓣所成的蒴果；雄蕊 10 至多数，有时少于 10 ……………………………………………………………………大戟科 **Euphorbiaceae**
19. 果实为其它情形；雄蕊少数至数个(大戟科的黄桐树属 *Endospermum* 为 6～10)，或和花萼裂片同数且对生。
20. 雌雄同株的乔木或灌木。
21. 子房 2 室；蒴果……………………………………………金缕梅科 **Hamamelidaceae**
21. 子房 1 室；坚果或核果……………………………………………榆科 **Ulmaceae**
20. 雌雄异株的植物。
22. 草本或草质藤木；叶为掌状分裂或为掌状复叶…………………桑科 **Moraceae**
22. 乔木或灌木；叶全缘，或为 3 小叶所成的复叶，见于重阳木属为 3 小叶所成的复叶………………………………………………………大戟科 **Euphorbiaceae**
3. 花两性或单性，但并不成为葇荑花序。
23. 子房或子房室内有数个至多数胚珠。
24. 寄生性草本，无绿色叶片…………………………………………大花草科 **Rafflesiaceae**
24. 非寄生性植物，有正常绿叶或叶退化而以绿色茎代行叶的功用。
25. 子房下位或部分下位。
26. 雌雄同株或异株，如为两性花时，则呈肉质穗状花序。
27. 草本。
28. 植物体含多量液汁；单叶常不对称………………………秋海棠科 **Begoniaceae** **(秋海棠属 *Begonia*)**
28. 植物体不含多量液汁；羽状复叶……………………………四数木科 **Datiscaceae** **(野麻属 *Datisca*)**
27. 木本。
29. 花两性，呈肉质穗状花序；叶全缘…………………………金缕梅科 **Hamamelidaceae** **(假马蹄荷属 *Chunia*)**
29. 花单性，呈穗状、总状或头状花序；叶缘有锯齿或具裂片。
30. 花呈穗状或总状花序；子房 1 室…………………………四数木科 **Datiscaceae** **(四数木属 *Tetrameles*)**
30. 花呈头状花序；子房 2 室…………………………………金缕梅科 **Hamamelidaceae** **(枫香树亚科 Liquidambaroideae)**
26. 花两性，但不呈肉质穗状花序。
31. 子房 1 室。
32. 无花被；雄蕊着生在子房上……………………………………三白草科 **Saururaceae**
32. 有花被；雄蕊着生在花被上。
33. 茎肥厚，绿色，常具棘针；叶常退化；花被片和雄蕊都多数；浆果……………………………………………………仙人掌科 **Cactaceae**
33. 茎不呈上述形状；叶正常；花被片和雄蕊皆为五出或四出数，或雄蕊数为前者的 2 倍；蒴果…………………………虎耳草科 **Saxifragaceae**
31. 子房 4 室或更多室。
34. 乔木；雄蕊为不定数…………………………………………海桑科 **Sonneratiaceae**

34. 草本或灌木。
35. 雄蕊 4……………………………………………………………柳叶菜科 **Onagraceae**
(丁香蓼属 *Ludwigia*)
35. 雄蕊 6 或 12………………………………………………马兜铃科 **Aristolochiaceae**
25. 子房上位。
36. 雄蕊或子房 2 个，或更多数。
37. 草本。
38. 复叶或多少有些分裂，稀可为单叶（如驴蹄草属 *Caltha*)，全缘或具齿裂；心皮多数至少数………………………………………………………………毛茛科 **Ranunculaceae**
38. 单叶，叶缘有锯齿；心皮和花萼裂片同数…………………………虎耳草科 **Saxifragaceae**
(扯根菜属 *Penthorum*)
37. 木本。
39. 花的各部为整齐的三出数………………………………………木通科 **Lardizabalaceae**
39. 花为其它情形。
40. 雄蕊数个至多数，连合成单体……………………………………梧桐科 **Sterculiaceae**
(苹婆族 *Sterculieae*)
40. 雄蕊多数，离生。
41. 花两性；无花被……………………………………………昆栏树科 **Trochodendraceae**
(昆栏树属 *Trochodendron*)
41. 花雌雄异株，具 4 个小形萼片………………………………连香树科 **Cercidiphyllaceae**
(连香树属 *Cercidiphyllum*)
36. 雌蕊或子房单独 1 个。
42. 雄蕊周位，即着生于萼筒或杯状花托上。
43. 有不育雄蕊；且和 8～12 能育雄蕊互生…………………………大风子科 **Flacourtiaceae**
(山羊角树属 *Casearia*)
43. 无不育雄蕊。
44. 多汁草本植物；花萼裂片呈覆瓦状排列，呈花瓣状，宿存；蒴果盖裂
…………………………………………………………………………………番杏科 **Aizoaceae**
(海马齿属 *Sesuvium*)
44. 植物体为其它情形；花萼裂片不呈花瓣状。
45. 叶为双数羽状复叶，互生；花萼裂片呈覆瓦状排列；果实为荚果；常绿乔木
…………………………………………………………………………豆科 **Leguminosae**
(云实亚科 Caesalpinoideae)
45. 叶为对生或轮生单叶；花萼裂片呈镊合状排列；非荚果。
46. 雄蕊为不定数；子房 10 室或更多室；果实浆果状…………海桑科 ***Sonneratiaceae***
46. 雄蕊 4～12(不超过花萼裂片的 2 倍)；子房 1 室至数室；果实蒴果状。
47. 花杂性或雌雄异株，微小，呈穗状花序，再呈总状或圆锥状排列
……………………………………………………………隐翼科 **Crypteroniaceae**
(隐翼属 *Crypteronia*)
47. 花两性，中性，单生至排列呈圆锥花序……………………千屈菜科 **Lythraceae**
42. 雄蕊下位，即着生于扁平或凸起的花托上。
48. 木本；叶为单叶。
49. 乔木或灌木；雄蕊常多数，离生；胚珠生于侧膜胎座或隔膜上
……………………………………………………………………大风子科 **Flacourtiaceae**
49. 木质藤本；雄蕊 4 或 5，基部连合呈杯状或环状；胚珠基生(即位于子房室的基底)
……………………………………………………………………苋科 **Amaranthaceae**
48. 草本或亚灌木。

50. 植物体沉没水中，常为一具背腹面呈原叶体状的构造，像苔藓
……………………………………………………………………河苔草科 **Podostemaceae**

50. 植物体非如上述情形。

51. 子房 3～5 室。

52. 食虫植物；叶互生；雌雄异株……………………………………猪笼草科 **Nepenthaceae**
(猪笼草属 ***Nepenthes***)

52. 非为食虫植物；叶对生或轮生；花两性…………………………………番杏科 **Aizoaceae**
(粟米草属 ***Mollugo***)

51. 子房 1～2 室。

53. 叶为复叶或多少有些分裂…………………………………………毛茛科 **Ranunculaceae**

53. 叶为单叶。

54. 侧膜胎座。

55. 花无花被……………………………………………………三白草科 **Saururaceae**

55. 花具 4 离生萼片……………………………………………十字花科 **Cruciferae**

54. 特立中央胎座。

56. 花序呈穗状、头状或圆锥状；萼片多少为干膜质
…………………………………………………………苋科 **Amaranthaceae**

56. 花序呈聚伞状；萼片草质………………………………石竹科 **Caryophyllaceae**

23. 子房或其子房室内仅有 1 至数个胚珠。

57. 叶片中常有透明微点。

58. 叶为羽状复叶………………………………………………………………芸香科 **Rutaceae**

58. 叶为单叶，全缘或有锯齿。

59. 草本植物或有时在金粟兰科为木本植物；花无花被，常呈简单或复合的穗状花序，但在胡椒科齐头绒属 *Zippelia* 则呈疏松总状花序。

60. 子房下位，仅 1 室有 1 胚珠；叶对生；叶柄在基部连合…………金粟兰科 **Chloranthaceae**

60. 子房上位；叶为对生时，叶柄不在基部连合。

61. 雌蕊由 3～6 近于离生心皮组成，每心皮各有 2～4 胚珠
……………………………………………………………三白草科 **Saururaceae**
(三白草属 ***Saururus***)

61. 雌蕊由 1～4 合生心皮组成，仅 I 室，有 1 胚珠…………………………胡椒科 **Piperaceae**
(齐头绒属 ***Zippelia***，豆瓣绿属 ***Peperomia***)

59. 乔木或灌木；花具一层花被；花序有各种类型，但不为穗状。

62. 花萼裂片常 3 片，呈镊合状排列；子房为 1 心皮所成，成熟时肉质，常以 2 瓣裂开；雌雄异株…………………………………………………………肉豆蔻科 **Myristicaceae**

62. 花萼裂片 4～6 片，呈覆瓦状排列；子房为 2～4 合生心皮所成。

63. 花两性；果实仅 1 室，蒴果状，2～3 瓣裂开……………………大风子科 **Flacourtiaceae**
(山羊角树属 ***Casearia***)

63. 花单性，雌雄异株；果实 2～4 室，肉质或革质，很晚才裂开
………………………………………………………………………大戟科 **Euphorbiaceae**
(白树属 ***Gelonium***)

57. 叶片中无透明微点。

64. 雄蕊连为单体，至少在雄花中有这现象，花丝互相连合成筒状或成一中柱。（次 64 项见 164 页）

65. 肉质寄生草本植物，具退化呈鳞片状的叶片，无叶绿素…………………蛇菰科 **Balanophoraceae**

65. 植物体非为寄生性，有绿叶。

66. 雌雄同株，雄花呈球形头状花序，雌花以 2 个同生于 1 个有 2 室而具钩状芒刺的果壳中
……………………………………………………………………………菊科 **Compositae**
(苍耳属 ***Xanthium***)

66. 花两性，如为单性时，雄花及雌花也无上述情形。

67. 草本植物；花两性。
68. 叶互生……………………………………………………………………藜科 **Chenopodiaceae**
68. 叶对生。
69. 花显著，有连合成花萼状的总苞…………………………………紫茉莉科 **Nyctaginaceae**
69. 花微小，无上述情形的总苞…………………………………………苋科 **Amaranthaceae**
67. 乔木或灌木，稀可为草本；花单性或杂性；叶互生。
70. 萼片呈覆瓦状排列，至少在雄花中如此………………………………大戟科 **Euphorbiaceae**
70. 萼片呈镊合状排列。
71. 雌雄异株；花萼常具 3 裂片；雌蕊为 1 心皮所成，成熟时肉质，且常以 2 瓣裂开
……………………………………………………………………………肉豆蔻科 **Myristicaceae**
71. 花单性或雄花和两性花同株；花萼具 4～5 裂片或裂齿；雌蕊为 3～6 近于离生的心皮所成，各心皮于成熟时为革质或木质，呈蓇葖果状而不裂开…………梧桐科 **Sterculiaceae**
(苹婆族 *Sterculieae*)
64. 雄蕊各自分离，有时仅为 1 个，或花丝成为分枝的簇丛(如大戟科的蓖麻属 *Ricinus*)。
72. 每花有雌蕊 2 个至多数，近于或完全离生；或花的界限不明显时,则雌蕊多数,呈 1 球形头状花序。
73. 花托下陷，呈杯状或坛状。
74. 灌木；叶对生；花被片在坛状花托的外侧排列成数层……………蜡梅科 **Calycanthaceae**
74. 草本或灌木；叶互生；花被片在杯或坛状花托的边缘排列成一轮………蔷薇科 **Rosaceae**
73. 花托扁平或隆起，有时可延长。
75. 乔木、灌木或木质藤本。
76. 花有花被……………………………………………………………木兰科 **Magnoliaceae**
76. 花无花被。
77. 落叶灌木或小乔木；叶卵形，具羽状脉和锯齿缘；无托叶；花两性或杂性，在叶腋中丛生；翅果无毛，有柄…………………………………………昆栏树科 **Trochodendraceae**
(领春木属 *Euptelea*)
77. 落叶乔木，叶广阔，掌状分裂，叶缘有缺刻或大锯齿；有托叶围茎成鞘，易脱落； 花单性，雌雄同株，分别聚成球形头状花序；小坚果，围以长柔毛而无柄
……………………………………………………………………………悬铃木科 **Platanaceae**
(悬铃木属 *Platanus*)
75. 草木或稀为亚灌木，有时为攀援性。
78. 胚珠倒生或直生。
79. 叶片多少有些分裂或为复叶；无托叶或极微小；有花被(花萼)：胚珠倒生；花单生或呈各种类型的花序………………………………………………毛茛科 **Ranunculaceae**
79. 叶为全缘单叶；有托叶；无花被；胚珠直生；花呈穗形总状花序
……………………………………………………………………三白草科 **Saururaceae**
78. 胚珠常弯生，叶为全缘单叶。
80. 直立草本；叶互生，非肉质…………………………………………商陆科 **Phytolaccaceae**
80. 平卧草本；叶对生或近轮生，肉质……………………………………番杏科 **Aizoaceae**
(针晶粟草属 *Gisekia*)
72. 每花仅有 1 个复合或单雌蕊，心皮有时于成熟后各自分离。
81. 子房下位或半下位。(次 81 项见 165 页)
82. 草本。(次 82 项见 165 页)
83. 水生或小形沼泽植物。(次 83 项见 165 页)
84. 花柱 2 个或更多；叶片(尤其沉没水中的)常呈羽状细裂或为复叶
…………………………………………………………小二仙草科 **Haloragidaceae**
84. 花柱 1 个，叶为线形全缘单叶…………………………………杉叶藻科 **Hippuridaceae**

83．陆生草本。

85．寄生性肉质草本，无绿叶。

86．花单性，雌花常无花被；无珠被及种皮……………………蛇菰科 **Balanophoraceae**

86．花杂性，有一层花被，两性花有1雄蕊；有珠被及种皮
……………………………………………………锁阳科 **Cynomoriaceae**
(锁阳属 *Cynomorium*)

85．非寄生性植物，或于百蕊草属 *Thesium* 为半寄生性，但均有绿叶。

87．叶对生，其形宽广而有锯齿缘……………………………金粟兰科 **Chloranthaceae**

87．叶互生。

88．平铺草本(限于我国植物)，叶片宽，三角形，多少有些肉质
……………………………………………………番杏科 **Aizoaceae**
(番杏属 *Tetragonia*)

88．直立草本，叶片窄而细长
……………………………………………………檀香科 **Santalaceae**
(百蕊草属 *Thesium*)

82．灌木或乔木。

89．子房3～10室。

90．坚果1～2个，同生在一个木质且可裂为4瓣的壳斗里……………………壳斗科 **Fagaceae**
(水青冈属 *Fagus*)

90．核果，并不生在壳斗里。

91．雌雄异株，呈顶生的圆锥花序，后者并不为叶状苞片所托…………………山茱萸科 **Cornaceae**
(鞘柄木属 *Torricellia*)

91．花杂性，形成球形的头状花序，后者为2～3白色叶状苞片所托……………珙桐科 **Nyssacea**
(珙桐属 *Davidia*)

89．子房1或2室；或子房的基部可为3室，仅见铁青树科的青皮木属 *Schoepfia* 中。

92．花柱2个。

93．蒴果，2瓣裂开…………………………………………………金缕梅科 **Hamamelidaceae**

93. 果实呈核果状，或为蒴果状的瘦果，不裂开……………………………鼠李科 **Rhamnaceae**

92．花柱1个或无花柱。

94. 叶片下面多少有些具皮屑状或鳞片状的附属物………………………………胡颓子科 **Elaeagnaceae**

94．叶片下面无皮屑状或鳞片状的附属物。

95. 叶缘有锯齿或圆锯齿，稀有全缘者，可见于荨麻科的紫麻属 *Oreocnide* 中。

96．叶对生，具羽状脉；雄花裸露，有雄蕊1～3个……………………金粟兰科 **Chloranthaceae**

96．叶互生，大都于叶基具三出脉；雄花具花被及雄蕊4个(稀可3或5个)
……………………………………………………荨麻科 **Urticaceae**

95．叶全缘，互生或对生。

97．植物体寄生在乔木的树干或枝条上；果实呈浆果状
……………………………………………………桑寄生科 **Loranthaceae**

97．植物体大都陆生，或有时可为寄生性；果实呈坚果状或核果状，胚珠1～5个。

98．花多为单性；胚珠垂悬于基底胎座上………………………………………檀香科 **Santalaceae**

98．花两性或单性；胚珠垂悬于子房室的顶端或中央胎座的顶端。

99．雄蕊10个，为花萼裂片的2倍数…………………………………使君子科 **Combretaceae**
(诃子属 *Terminalia*)

99．雄蕊4或5个，和花萼裂片同数且对生……………………………铁青树科 **Olacaceae**

81．子房上位，如有花萼时，和它相分离；或当果实成熟时，子房为宿存萼筒所包围，见于紫茉莉科及胡颓子科中。

100．托叶鞘围抱茎的各节；草本，稀可为灌木…………………………………………蓼科 **Polygonaceae**

100．无托叶鞘，在悬铃木科有托叶鞘但易脱落。

101．草本，或有时在藜科及紫茉莉科中为亚灌木。（次101项见167页）

102．无花被。

103．花两性或单性；子房 1 室，内仅有 1 个基生胚珠。

104．叶基生，由 3 小叶而成；穗状花序在一个细长基生无叶的花梗上 ……………………………………………………………………小檗科 **Berberidaceae**
(裸花草属 *Achlys*)

104．叶茎生，单叶；穗状花序顶生或腋生，但常和叶相对生…………胡椒科 **Piperaceae**
(胡椒属 *Piper*)

103．花单性；子房 3 或 2 室。

105．水生或微小的沼泽植物，无乳汁；子房 2 室，每室内含 2 个胚珠 ……………………………………………………………………水马齿科 **Callitrichaceae**
(水马齿属 *Callitriche*)

105． 陆生植物；有乳汁；子房 3 室，每室内仅含 1 个胚珠…………大戟科 **Euphorbiaceae**

102．有花被，当花为单性时，特别是雄花是如此。

106．花萼呈花瓣状，且呈管状。

107．花有总苞，有时这总苞类似花萼…………………………………紫茉莉科 **Nyctaginaceae**

107．花无总苞。

108．胚珠 1 个，在子房的近顶端处…………………………………瑞香科 **Thymelaeaceae**

108.胚珠多数，生在特立中央胎座上…………………………………报春花科 **Primulaceae**
(海乳草属 *Glaux*)

106．花萼非如上述情形。

109．雄蕊周位，即位于花被上。

110．叶互生，羽状复叶而有草质的托叶；花无膜质苞片，瘦果 ……………………………………………………………………蔷薇科 **Rosaceae**
(地榆族 *Sanguisorbieae*)

110．叶对生，或在蓼科的冰岛蓼属 *Koenigia* 为互生，单叶无草质托叶；花有膜质苞片。

111．花被片和雄蕊各为 5 或 4 个，对生；囊果；托叶膜质 ……………………………………………………石竹科 **Caryophyllaceae**

111．花被片和雄蕊各为 3 个，互生；坚果；无托叶…………………蓼科 **Polygonaceae**
(冰岛蓼属 *Koenigia*)

109．雄蕊下位，即位于子房下。

112．花柱或其分枝为 2 或数个，内侧常为柱头面。

113．子房常为数个至多数心皮连合而成……………………………商陆科 **Phytolaccaceae**

113．子房常为 2 或 3（或 5）心皮连合而成。

114．子房 3 室，稀可为 2 或 4 室……………………………………大戟科 **Euphorbiaceae**

114．子房 1 或 2 室。

115．叶为掌状复叶或具掌状脉而有宿存托叶…………………………桑科 **Moraceae**
(大麻亚科 Cannaboideae)

115．叶具羽状脉，或稀可为掌状脉而无托叶，也可在藜科中叶退化成鳞片或为肉质而形如圆筒。

116．花有草质而带绿色或灰绿色的花被及苞片 ……………………………………………………藜科 ***Chenopodiaceae***

116．花有干膜质而常有色泽的花被及苞片……………………苋科 ***Amaranthaceae***

112．花柱 1 个，常顶端有柱头，也可无花柱。

117．花两性。（次 117 项见 167 页）

118. 雌蕊为单心皮；花萼由2膜质且宿存的萼片而成；雄蕊2个
……………………………………………………………………毛茛科 **Ranunculaceae**
(星叶草属 *Circaeaster*)

118. 雌蕊由2合生心皮而成。

119. 萼片2片；雄蕊多数…………………………………………罂粟科 **Papaveraceae**
(博落回属 *Macleaya*)

119. 萼片4片；雄蕊2或4………………………………………十字花科 **Cruciferae**
(独行菜属 *Lepidium*)

117. 花单性。

120. 沉没于淡水中的水生植物；叶细裂成丝状
……………………………………金鱼藻科 **Ceratophyllaceae**
(金鱼藻属 *Ceratophyllum*)

120. 陆生植物；叶为其它情形。

121. 叶含多量水分；托叶连接叶柄的基部；雄花的花被2片；
雄蕊多数……………………….假牛繁缕科 **Theligonaceae**
(假牛繁缕属 *Theligonum*)

121. 叶不含多量水分；如有托叶时，也不连接叶柄的基部；雄
花的花被片和雄蕊均各为4或5个，二者相对生
…………………………………………………荨麻科 **Urticaceae**

101. 木本植物或亚灌木。

122. 耐寒耐旱性的灌木，或在藜科的琐琐属 *Haloxylon* 为乔木；叶微小，细长或呈鳞片状，也可有时 (如藜科)为肉质而呈圆筒形或半圆筒形。

123. 雌雄异株或花杂性；花萼为三出数，萼片微呈花瓣状，和雄蕊同数且互生；花柱1，极短，常有6～9放射状且有齿裂的柱头；核果；胚体劲直；常绿而基部偃卧的灌木；叶互生，无托叶……………………………………………………………………岩高兰科 **Empetraceae**
(岩高兰属 *Empetrum*)

123. 花两性或单性，花萼为五出数，稀可三出或四出数，萼片或花萼裂片草质或革质，和雄蕊同数且对生，或在黎科中雄蕊由于退化而数较少，甚或1个；花柱或花柱分枝2或3个，内侧常为柱头面；胞果或坚果；胚体弯曲如环或弯曲成螺旋形。

124. 花无膜质苞片；雄蕊下位；叶互生或对生；无托叶；枝条常具关节
……………………………………………………………………藜科 **Chenopodiaceae**

124. 花有膜质苞片；雄蕊周位；叶对生，基部常互相连合；有膜质托叶；枝条不具关节
……………………………………………………………………石竹科 **Caryophyllaceae**

122. 不是上述的植物；叶片矩圆形或披针形，或宽广至圆形。

125. 果实及子房均为2至数室，或在大风子科中为不完全的2至数室。（次125项见168页）

126. 花常为两性。（次126项见168页）

127. 萼片4或5片，稀可3片，呈覆瓦状排列。

128. 雄蕊4个，4室的蒴果…………………………………………木兰科 **Magnoliaceae**
(水青树属 *Tetracentron*)

128. 雄蕊多数，浆果状的核果………………………………大风子科 **Flacouriticeae**

127. 萼片多5片，呈镊合状排列。

129. 雄蕊为不定数；具刺的蒴果………………………………杜英科 **Elaeocarpaceae**
(猴欢喜属 *Sloanea*)

129. 雄蕊和萼片同数；核果或坚果。

130. 雄蕊和萼片对生，各为3～6………………………………铁青树科 **Olacaceae**

130. 雄蕊和萼片互生，各为4或5 ……………………………鼠李科 **Rhamnaceae**

126．花单性(雌雄同株或异株)或杂性。
131．果实各种；种子无胚乳或有少量胚乳。
132．雄蕊常 8 个；果实坚果状或为有翅的蒴果；羽状复叶或单叶
……………………………………………………………无患子科 **Sapindaceae**
132．雄蕊 5 或 4 个，且和萼片互生；核果有 2～4 个小核；单叶
……………………………………………………………鼠李科 **Rhamnaceae**
(鼠李属 *Rhamnus*)
131．果实多呈蒴果状，无翅；种子常有胚乳。
133．果实为具 2 室的蒴果，有木质或革质的外种皮及角质的内果皮
……………………………………………………金缕梅科 **Hamamelidaceae**
133．果实为蒴果时，也不象上述情形。
134．胚珠具腹脊；果实有各种类型，但多为胞间裂开的蒴果
…………………………………………………大戟科 **Euphorbiaceae**
134．胚珠具背脊；果实为胞背裂开的蒴果，或有时呈核果状
……………………………………………………黄杨科 **Buxaceae**
125．果实及子房均为 1 或 2 室，稀可在无患子科的荔枝属 *Litchi* 及韶子属 *Nephelium* 中为 3 室，或在卫矛科的十齿花属 *Dipentodon* 及铁青树科的铁青树属 *Olax* 中，子房的下部为 3 室，而上部为 1 室。
135．花萼具显著的萼筒，且常呈花瓣状。
136．叶无毛或下面有柔毛；萼筒整个脱落……………………瑞香科 **Thymelaeaceae**
136．叶下面具银白色或棕色的鳞片；萼筒或其下部永久宿存，当果实成熟时，变为肉质而紧密包着子房…………………………………………胡颓子科 **Elaeagnaceae**
135．花萼不是象上述情形，或无花被。
137．花药以 2 或 4 舌瓣裂开……………………………………………樟科 **Lauraceae**
137．花药不以舌瓣裂开。
138．叶对生。
139．果实为有双翅或呈圆形的翅果…………………………槭树科 **Aceraceae**
139．果实为有单翅而呈细长形兼矩圆形的翅果…………………木犀科 **Oleaceae**
138．叶互生。
140．叶为羽状复叶。
141．叶为二回羽状复叶，或退化仅具叶状柄(特称为叶状叶柄 *Phyllodia*)
…………………………………………………豆科 **Leguminosae**
(金合欢属 *Acacia*)
141．叶为一回羽状复叶。
142．小叶边缘有锯齿；果实有翅……………………马尾树科 **Rhoipteleaceae**
(马尾树属 *Rhoiptelea*)
142．小叶全缘；果实无翅。
143．花两性或杂性……………………………………无患子科 **Sapindaceae**
143．雌雄异株…………………………………………漆树科 **Anacardiaceae**
(黄连木属 *Pistacia*)
140．叶为单叶。
144．花均无花被。(次 144 项见 169 页)
145．多为木质藤本；叶全缘；花两性或杂性，呈紧密的穗状花序
……………………………………………………………胡椒科 **Piperaceae**
(胡椒属 *Piper*)
145．乔木；叶缘有锯齿或缺刻；花单性。

146. 叶宽广，具掌状脉及掌状分裂，叶缘具缺刻或大锯齿；有托叶，围茎成鞘，但易脱落；雌雄同株，雌花和雄花分别呈球形的头状花序；雌蕊为单心皮而成；小坚果为倒圆锥形而有棱角，无翅也无梗，但围以长柔毛……………………………………………………**悬铃木科 Platanaceae**
(悬铃木属 *Platanus*)

146. 叶椭圆形至卵形，具羽状脉及锯齿缘；无托叶；雌雄异株，雄花聚成疏松有苞片的簇丛，雌花单生于苞片的腋内；雌蕊为 2 心皮组成；小坚果扁平，具翅且有柄，但无毛………………**杜仲科 Eucommiaceae**
(杜仲属 *Eucommia*)

144. 花常有花萼，尤其在雄花。

147. 植物体内有乳汁……………………………………………**桑科 Moraceae**

147. 植物体内无乳汁。

148. 花柱或其分枝 2 或数个，但在大戟科的核实树属 *Drypetes* 中则柱头几无柄，呈盾状或肾脏形。

149. 雌雄异株或有时为同株；叶全缘或具波状齿。

150. 矮小灌木或亚灌木；果实干燥，包藏于具有长柔毛而互相连合成双角状的 2 苞片中；胚体弯曲如环…………**藜科 Chenopodiaceae**
(优若藜属 *Eurotia*)

150. 乔木或灌木；果实呈核果状，常为 1 室含 1 种子，不包藏于苞片内；胚体劲直………………………………**大戟科 Euphorbiaceae**

149. 花两性或单性；叶缘多有锯齿或具齿裂，稀可全缘。

151. 雄蕊多数……………………………………**大风子科 Flacourtiaceae**

151. 雄蕊 10 个或较少。

152. 子房 2 室，每室有 1 个至数个胚珠；果实为木质蒴果
……………………………………**金缕梅科 Hamamelidaceae**

152. 子房 1 室，仅含 1 胚珠；果实不是木质蒴果
…………………………………………………**榆科 Ulmaceae**

148. 花柱 1 个，也可有时(如荨麻属)不存，而柱头呈画笔状。

153. 叶缘有锯齿；子房为 1 心皮而成。

154. 花两性……………………………………………**山龙眼科 Proteaceae**

154. 雌雄异株或同株。

155. 花生于当年新枝上；雄蕊多数…………………**蔷薇科 Rosaceae**
(假稠李属 *Maddenia*)

155. 花生于老枝上；雄蕊和萼片同数………………**荨麻科 Urticaceae**

153. 叶全缘或边缘有锯齿；子房为 2 个以上连合心皮所成。

156. 果实呈核果状或坚果状，内有 1 种子；无托叶。

157. 子房具 2 或 2 个胚珠；果实于成熟后由萼筒包围
……………………………………………**铁青树科 Olacaceae**

157. 子房仅具 1 个胚珠；果实和花萼相分离，或仅果实基部由花萼衬托之……………………………………**山柚仔科 Opiliaceae**

156. 果实呈蒴果状或浆果状，内含数个至 1 个种子。

158. 花下位，雌雄异株，稀可杂性，雄蕊多数；果实呈浆果状；无托叶…………………………………**大风子科 Flacourtiaceae**
(柞木属 *Xylosma*)

158. 花周位，两性；雄蕊5～12个；果实呈蒴果状；有托叶，但易脱落。
159. 花为腋生的簇丛或头状花序；萼片4～6片 ……………………………………大风子科 **Flacourtiaceae** **(山羊角树属 *Casearia*)**
159. 花为腋生的伞形花序；萼片10～14片….卫矛科 **Celastraceae** **(十齿花属 *Dipentodon*)**

2. 花具花萼也具花冠，或有两层以上的花被片，有时花冠可为蜜腺叶所代替。
160. 花冠常为离生的花瓣所组成。（次160项见185页）
161. 成熟雄蕊(或单体雄蕊的花药)多在10个以上，通常多数，或其数超过花瓣的2倍。（次161项见175页）
162. 花萼和1个或更多的雌蕊多少有些互相愈合，即子房下位或半下位。（次162项见171页）
163. 水生草本植物；子房多室……………………………………………………睡莲科 **Nymphaeaceae**
163. 陆生植物；子房1至数室，也可心皮为1至数个，或在海桑科中为多室。
164. 植物体具肥厚的肉质茎，多有刺，常无真正叶片……………………仙人掌科 Cactaceae
164. 植物体为普通形态，不呈仙人掌状，有真正的叶片。
165. 草本植物或稀可为亚灌木。
166. 花单性。
167. 雌雄同株；花鲜艳，多呈腋生聚伞花序；子房2～4室 ……………………………………………………………秋海棠科 **Begoniaceae** **(秋海棠属 *Begonia*)**
167. 雌雄异株；花小而不显著，呈腋生穗状或总状花序……..四数木科 **Datiscaceae**
166. 花常两性。
168. 叶基生或茎生，呈心形，或在阿柏麻属 *Apama* 为长形，不为肉质；花为三出数…………………………………………………马兜铃科 **Aristolochiaceae** **(细辛族 *Asareae*)**
168. 叶茎生，不呈心形，多少有些肉质，或为圆柱形；花不是三出数。
169. 花萼裂片常为5，叶状；蒴果5室或更多室，在顶端呈放射状裂开 ……………………………………………………………番杏科 **Aizoaceae**
169. 花萼裂片2；蒴果1室，盖裂……………………..马齿苋科 **Portulacaceae** **(马齿苋属 *Portulaca*)**
165. 乔木或灌木(但在虎耳草科的银梅草属 *Deinanthe* 及草绣球属 *Cardiandra* 为亚灌木，黄山梅属 *Kirengeshoma* 为多年生高大草本)，有时以气生小根而攀援。
170. 叶通常对生(虎耳草科的草绣球属 *Cardiandra* 为例外)，或在石榴科的石榴属 *Punica* 中有时可互生。（次170项见171页）
171. 叶缘常有锯齿或全缘；花序(除山梅花族 *Philadelpheae* 外)常有不孕的边缘花……………………………………………………虎耳草科 **Saxifragaceae**
171. 叶全缘；花序无不孕花。
172. 叶为脱落性；花萼呈朱红色……………………………..石榴科 **Punicaceae** **(石榴属 *Punica*)**
172. 叶为常绿性；花萼不呈朱红色。
173. 叶片中有腺体微点；胚珠常多数……………………桃金娘科 **Myrtaceae**
173. 叶片中无微点。
174. 胚珠在每子房室中为多数……………………..海桑科 **Sonneratiaceae**
174. 胚珠在每子房室中仅2个，稀可较多…………红树科 **Rhizophoraceae**

170．叶互生。

175. 花瓣细长形兼长方形，最后向外翻转……………………八角枫科 **Alangiaceae**

(八角枫属 *Alangium*)

175．花瓣不呈细长形，或纵为细长形时，也不向外翻转。

176．叶无托叶。

177．叶全缘；果实肉质或木质…………………………玉蕊科 **Lecythidaceae**

(玉蕊属 *Barringtonia*)

177．叶缘多少有些锯齿或齿裂；果实呈核果状，其形歪斜

……………………………………………………………山矾科 **Symplocaceae**

(山矾属 *Symplocos*)

176．叶有托叶。

178．花瓣呈旋转状排列；花药隔向上延伸；花萼裂片中 2 个或更多个在果实上变大而呈翅状…………………………龙脑香科 **Dipterocarpaceae**

178．花瓣呈覆瓦状或旋转状排列(如蔷薇科的火棘属 *Pyracantha*)；花药隔并不向上延伸；花萼裂片也无上述变大情形。

179．子房 1 室，内具 2～6 侧膜胎座，各有 1 个至多数胚珠；果实为革质蒴果，自顶端以 2-6 片裂开………………大风子科 **Flacourtiaceae**

(天料木属 *Homalium*)

179．子房 2～5 室，内具中轴胎座，或其心皮在腹面互相分离而具边缘胎座。

180．花呈伞房、圆锥、伞形或总状等花序，稀可单生；子房 2～5 室，或心皮 2～5 个，下位，每室或每心皮有胚珠 1～2 个，稀可有时为 3～10 个，或为多数；果实为肉质或木质假果；种子无翅

……………………………………………………蔷薇科 **Rosaceae**

(梨亚科 Pomoideae)

180．花呈头状或肉穗花序；子房 2 室，半下位，每室有胚珠 2～6 个；果为木质蒴果；种子有或无翅……….金缕梅科 **Hamamelidaceae**

(马蹄荷亚科 Bucklandioideae)

162．花萼和 1 个或更多的雌蕊互相分离，即子房上位。

181．花为周位花。(次 181 项见 172 页)

182．萼片和花瓣相似，覆瓦状排列成数层，着生于坛状花托的外侧…………蜡梅科 **Calycanthaceae**

(洋蜡梅属 *Calycanthus*)

182．萼片和花瓣有分化，在萼筒或花托的边缘排列成 2 层。

183．叶对生或轮生，有时上部者可互生，但均为全缘单叶；花瓣常于蕾中呈皱折状。

184. 花瓣无爪，形小，或细长；浆果………………………………………海桑科 **Sonneratiaceae**

184．花瓣有细爪，边缘具腐蚀状的波纹或具流苏；蒴果……………………千屈菜科 **Lythraceae**

183．叶互生，单叶或复叶；花瓣不呈皱折状。

185. 花瓣宿存；雄蕊的下部连成一管……………………………………………亚麻科 **Linaceae**

(粘木属 *Ixonanthes*)

185．花瓣脱落性；雄蕊互相分离。

186．草本植物，具二出数的花朵；萼片 2 片，早落性；花瓣 4 个

……………………………………………………………罂粟科 **Papaveraceae**

(花菱草属 *Eschscholzia*)

186．木本或草本植物，具五出或四出数的花朵。

187．花瓣镊合状排列；果实为荚果；叶多为二回羽状复叶；有时叶片退化，而叶柄发育为

叶状柄；皮 1 个……………………………………………………………豆科 *Leguminosae*
(含羞草亚科 *Mimosoideae*)

187．花瓣覆瓦状排列；果实为核果、蓇葖果或瘦果；叶为单叶或复叶；心皮 1 个至多数
……………………………………………………………………………蔷薇科 **Rosaceae**

181．花为下位花，或至少在果实时花托扁平或隆起。

188．雌蕊少数至多数，互相分离或微有连合。

189．水生植物。

190.叶片呈盾状,全缘……………………………………………………………………睡莲科 **Nymphaeaceae**

190．叶片不呈盾状，多少有些分裂或为复叶…………………………………………毛茛科 **Ranunculaceae**

189．陆生植物。

191．茎为攀援性。

192．草质藤本。

193．花显著，为两性花…………………………………………………………………毛茛科 **Ranunculaceae**

193．花小形，为单性，雌雄异株……………………………………………防己科 **Menispermaceae**

192．木质藤本或为蔓生灌木。

194．叶对生，复叶由 3 小叶所成，或顶端小叶形成卷须.
……………………………………………………………毛茛科 **Ranunculaceae**
(锡兰莲属 *Naravelia*)

194．叶互生，单叶。

195．花单性。

196．心皮多数，结果时聚生成一球状的肉质体或散布于极延长的花托上
……………………………………………………………………………木兰科 **Magnoliaceae**
(五味子亚科 *Schisandroideae*)

196．心皮 3-6，果为核果或核果状……………………………………防己科 **Menispermaceae**

195．花两性或杂性；心皮数个，果为蓇葖果……五桠果科 **Dilleniaceae**
(锡叶藤属 *Tetracera*)

191．茎直立，不为攀援性。

197．雄蕊的花丝连成单体…………………………………………………………锦葵科 **Malvaceae**

197．雄蕊的花丝互相分离。

198．草本植物，稀可为亚灌木；叶片多少有些分裂或为复叶。

199.叶无托叶,种子有胚乳…………………………………………………毛茛科 **Ranunculaceae**

199．叶多有托叶，种子无胚乳…………………………………………………蔷薇科 **Rosaceae**

198．木本植物；叶片全缘或边缘有锯齿，也稀有分裂者。

200．萼片及花瓣均为镊合状排列；胚乳具嚼痕………………番荔枝科 **Annonaceae**

200．萼片及花瓣均为覆瓦状排列；胚乳无嚼痕。

201．萼片及花瓣相同，三出数，排列成 3 层或多层，均可脱落
……………………………………………………木兰科 **Magnoliaceae**

201．萼片及花瓣甚有分化，多为五出数，排列成 2 层，萼片宿存。

202．心皮 3 个至多数；花柱互相分离；胚珠为不定数
…………………………………………五桠果科 **Dilleniaceae**

202．心皮 3～10 个；花柱完全合生；胚珠单生
…………………………………………金莲木科 **Ochnaceae**
(金莲木属 *Ochna*)

188．雌蕊 1 个，但花柱或柱头为 1 至多数。
203．叶片中无透明微点。
204．叶互生，羽状复叶或退化为仅有 1 顶生小叶……………………………………芸香科 **Rutaceae**
204．叶对生，单叶…………………………………………………………………………藤黄科 **Guttiferae**
203．叶片中具透明微点。
205．子房单纯，具 1 子房室。
206．乔木或灌木；花瓣呈镊合状排列；果实为荚果……………………豆科 **Leguminosae**
(含羞草亚科 Mimosoideae)
206．草本植物；花瓣呈覆瓦状排列；果实不是荚果。
207．花为五出数；蓇葖果……………………………………………毛茛科 **Ranunculaceae**
207．花为三出数；浆果………………………………………………小檗科 **Berberidaceae**
205．子房为复合性。
208．子房 1 室，或在马齿苋科的土人参属 *Talinum* 中子房基部为 3 室。
209．特立中央胎座。
210．草本；叶互生或对生；子房的基部 3 室，有多数胚珠
………………………………………………………马齿苋科 **Portulacaceae**
(土人参属 *Talinum*)
210．灌木；叶对生；子房 1 室，内有成为 3 对的 6 个胚珠
………………………………………………………红树科 **Rhizophoraceae**
(秋茄树属 *Kandelia*)
209．侧膜胎座。
211．灌木或小乔木(在半日花科中常为亚灌木或草本植物)，子房柄不存在或极短；果实为蒴果或浆果。
212．叶对生；萼片不相等，外面 2 片较小，或有时退化，内面 3 片呈旋转状排列
……………………………………………………………………半日花科 **Cistaceae**
(半日花属 *Helianthemum*)
212．叶常互生；萼片相等,呈覆瓦状或镊合状排列。
213．植物体内含有色泽的汁液；叶具掌状脉，全缘；萼片 5 片，互相分离，基部有腺体；种皮肉质，红色………………………………………………………红木科 **Bixaceae**
(红木属 *Bixa*)
213．植物体内不含有色泽的汁液；叶具羽状脉或掌状脉；叶缘有锯齿或全缘；萼片 3～8 片,离生或合生;种皮坚硬,干燥………………………大风子科 **Flacourtiaceae**
211．草本植物，如为木本植物时，则具有显著的子房柄；果实为浆果或核果。
214．植物体内含乳汁；萼片 2～3 ………………………………………罂粟科 **Papaveraceae**
214．植物体内不含乳汁；萼片 4～8。
215. 叶为单叶或掌状复叶;花瓣完整;长角果……………………白花菜科 **Capparidaceae**
215．叶为单叶，或为羽状复叶或分裂；花瓣具缺刻或细裂；蒴果仅于顶端裂开……………………………………………………………木犀草科 **Resedaceae**
208．子房 2 室至多室，或为不完全的 2 至多室。
216．草本植物，具多少有些呈花瓣状的萼片。
217．水生植物；花瓣为多数雄蕊或鳞片状的蜜腺叶所代替……………睡莲科 **Nymphaeaceae**
(萍蓬草属 *Nuphar*)
217．陆生植物；花瓣不为蜜腺叶所代替。
218．一年生草本植物；叶呈羽状细裂；花两性…………………………毛茛科 **Ranunculaceae**
(黑种草属 *Nigella*)
218．多年生草本植物；叶全缘而呈掌状分裂；雌雄同株
…………………………………………………………大戟科 **Euphorbiaceae**
(麻疯树属 *Jatropha*)

216. 木本植物，或陆生草本植物，常不具呈花瓣状的萼片。
219. 萼片于蕾内呈镊合状排列。（次 219 项见 174 页）
220. 雄蕊互相分离或连成数束。（次 220 项见 174 页）
221. 花药 1 室或数室；叶为掌状复叶或单叶；全缘，具羽状脉
……………………………………………………………………木棉科 **Bombacaceae**
221. 花药 2 室；叶为单叶，叶缘有锯齿或全缘。
222. 花药以顶端 2 孔裂开……………………………………………杜英科 **Elaeocarpaceae**
222. 花药纵长裂开……………………………………………………椴树科 **Tiliaceae**
220. 雄蕊连为单体，至少内层者如此，并且多少有些连成管状。
223. 花单性；萼片 2 或 3 片…………………………………………大戟科 **Euphorbiaceae**
(油桐属 ***Aleurites***)
223. 花常两性；萼片多 5 片，稀可较少。
224. 花药 2 室或更多室。
225. 无副萼；多有不育雄蕊；花药 2 室；叶为单叶或掌状分裂….梧桐科 **Sterculiaceae**
225. 有副萼；无不育雄蕊；花药数室；叶为单叶，全缘且具羽状脉
……………………………………………………………木棉科 **Bombacaceae**
(榴莲属 ***Durio***)
224. 花药 1 室。
226. 花粉粒表面平滑；叶为掌状复叶……………………………木棉科 **Bombacaceae**
(木棉属 ***Gossampinus***)
226. 花粉粒表面有刺；叶有各种情形……………………………锦葵科 **Malvaceae**
219. 萼片于蕾内呈覆瓦状或旋转状排列，或有时(如大戟科的巴豆属 *Croton*)近于呈镊合状排列。
227. 雌雄同株或稀可异株；果实为蒴果，由 2～4 个各自裂为 2 片的离果所成
……………………………………………………………………大戟科 **Euphorbiaceae**
227. 花常两性，或在猕猴桃科的猕猴桃属 *Actinidia* 中为杂性或雌雄异株；果实为其它情形。
228. 萼片在果实时增大且呈翅状；雄蕊具伸长的花药隔……………………龙脑香科 **Dipterocarpaceae**
228. 萼片及雄蕊二者不为上述情形。
229. 雄蕊排列成 2 层，外层 10 个和花瓣对生，内层 5 个和萼片对生
……………………………………………………………………蒺藜科 **Zygophyllaceae**
(骆驼蓬属 ***Peganum***)
229. 雄蕊的排列为其它情形。
230. 食虫的草本植物；叶基生，呈管状，其上再具有小叶片……………………瓶子草科 **Sarraceniaceae**
230. 不是食虫植物；叶茎生或基生，但不呈管状。
231. 植物体呈耐寒耐旱状；叶为全缘单叶。
232. 叶对生或上部者互生；萼片 5 片，互不相等，外面 2 片较小或有时退化，内面 3 片较大，呈旋转状排列，宿存；花瓣早落……………………………………半日花科 **Cistaceae**
232. 叶互生；萼片 5 片，大小相等；花瓣宿存；在内侧基部各有 2 舌状物
……………………………………………………………………柽柳科 **Tamaricaceae**
(琵琶柴属 ***Reaumuria***)
231. 植物体不是耐寒耐旱状；叶常互生；萼片 2～5 片，彼此相等；呈覆瓦状或稀可呈镊合状排列。
233. 草本或木本植物；花为四出数，或其萼片多为 2 片且早落。
234. 植物体内含乳汁；无或有极短子房柄；种子有丰富胚乳…………罂粟科 **Papaveraceae**
234. 植物体内不含乳汁；有细长的子房柄；种子无或有少量胚乳
……………………………………………………………白花菜科 **Capparidaceae**

233. 木本植物；花常为五出数，萼片宿存或脱落。

235. 果实为具 5 个棱角的蒴果，分成 5 个骨质各含 1 或 2 种子的心皮后，再各沿其缝线而 2 瓣裂开……………………………………………………………………蔷薇科 **Rosaceae**

(白鹃梅属 *Exochorda*)

235. 果实不为蒴果，如为蒴果时则为胞背裂开。

236. 蔓生或攀援的灌木；雄蕊互相分离；子房 5 室或更多室；浆果，常可食……………………………………………………………………猕猴桃科 **Actinidiaceae**

236. 直立乔木或灌木；雄蕊至少在外层者连为单体，或连成 3～5 束而着生于花瓣的基部；子房 5～3 室。

237. 花药能转动，以顶端孔裂开；浆果；胚乳颇丰富……..猕猴桃科 **Actinidiaceae**

(水冬哥属 *Saurauia*)

237. 花药能或不能转动，常纵长裂开；果实有各种情形；胚乳通常量微小……………………………………………………………………山茶科 **Theaceae**

161. 成熟雄蕊 10 个或较少，如多于 10 个时，其数并不超过花瓣的 2 倍。

238. 成熟雄蕊和花瓣同数，且和它对生。（次 238 项见 176 页）

239. 雌蕊 3 个至多数，离生。

240. 直立草本或亚灌木；花两性，五出数……………………………………蔷薇科 **Rosaceae**

(地蔷薇属 *Chamaerhodos*)

240. 木质或草质藤本；花单性，常为三出数。

241. 叶常为单叶；花小型；核果；心皮 3～6 个，呈星状排列，各含 1 胚珠……………………………………………………………………防己科 **Menispermaceae**

241. 叶为掌状复叶或由 3 小叶组成；花中型；浆果；心皮 3 个至多数，轮状或螺旋状排列，各含 1 个或多数胚珠……………………………木通科 **Lardizabalaceae**

239. 雌蕊 1 个。

242. 子房 2 至数室。

243. 花萼裂齿不明显或微小；以卷须缠绕他物的灌木或草本植物……………………………………………………………………葡萄科 **Vitaceae**

243. 花萼具 4～5 裂片；乔木、灌木或草本植物，有时虽也可为缠绕性，但无卷须。

244. 雄蕊连成单体。

245. 叶为单叶；每子房室内含胚珠 2～6 个(或在可可树亚族 *Theobromineae* 中为多数)………………………梧桐科 **Sterculiaceae**

245. 叶为掌状复叶；每子房室内含胚珠多数………………………………木棉科 **Bombacaceae**

(吉贝属 *Ceiba*)

244. 雄蕊互相分离，或稀可在其下部连成一管。

246. 叶无托叶；萼片各不相等；呈覆瓦状排列；花瓣不相等，在内层的 2 片常很小…………………………………………清风藤科 **Sabiaceae**

246. 叶常有托叶；萼片同大，呈镊合状排列；花瓣均大小同形。

247. 叶为单叶……………………………………………………………鼠李科 **Rhamnaceae**

247. 叶为 1～3 回羽状复叶…………………………………………………葡萄科 **Vitaceae**

(火筒树属 *Leea*)

242. 子房 1 室(在马齿苋科的土人参属 *Talinum* 及铁青树科的铁青树属 *Olax* 中则子房的下部多少有些成为 3 室)。

248. 子房下位或半下位。

249. 叶互生，边缘常有锯齿；蒴果……………………………………大风子科 **Flacourtiaceae**

(天料木属 *Homalium*)

249. 叶多对生或轮生，全缘；浆果或核果……………………………桑寄生科 **Loranthaceae**

248. 子房上位。

250. 花药以舌瓣裂开…………………………………………………………小檗科 **Berberidaceae**

250．花药不以舌瓣裂开。
251．缠绕草本；胚珠 1 个；叶肥厚，肉质……………………………………… 落葵科 Basellaceae
(落葵属 *Basella*)
251．直立草本，或有时为木本；胚珠 1 个至多数。
252．雄蕊连成单体；胚珠 2 个…………………………………………………梧桐科 Sterculiaceae
(蛇婆子属 *Walthenia*)
252．雄蕊互相分离，胚珠 1 个至多数。
253．花瓣 6～9 片；雌蕊单纯…………………………………………………小檗科 Berberidaceae
253．花瓣 4～8 片；雌蕊复合。
254．常为草本；花萼有 2 个分离萼片。
255．花瓣 4 片；侧膜胎座…………………………………………………罂粟科 *Papaveraceae*
(角茴香属 *Hypecoum*)
255．花瓣常 5 片；基底胎座……………………………………………马齿苋科 Portulacaceae
254．乔木或灌木，常蔓生；花萼呈倒圆锥形或杯状。
256．通常雌雄同株；花萼裂片 4～5；花瓣呈覆瓦状排列；无不育雄蕊；胚珠有 2 层珠被…………………………………………………………紫金牛科 *Myrsinaceae*
(信筒子属 *Embelia*)
256．花两性；花萼于开花时微小，而具不明显的齿裂；花瓣多为镊合状排列；有不育雄蕊(有时代以密腺)；胚珠无珠被。
257．花萼于果时增大；子房的下部为 3 室，上部为 1 室，内含 3 个胚珠……………………………………………………………铁青树科 Olacaceae
(铁青树属 *Olax*)
257．花萼于果时不增大；子房 1 室，内仅含 1 个胚珠……山柚子科 Opiliaceae
238．成熟雄蕊和花瓣不同数，如同数时则雄蕊和它互生。
258．雌雄异株；雄蕊 8 个，不相同，其中 5 个较长，有伸出花外的花丝，且和花瓣相互生，另 3 个则较短而藏于花内；灌木或灌木状草本；互生或对生单叶；心皮单生；雌花无花被，无梗，贴生于宽圆形的叶状苞片上………………………………………………………漆树科 Anacardiaceae
(九子不离母属 *Dobinea*)
258．花两性或单性，若为雌雄异株时，其雄花中也无上述情形的雄蕊。
259．花萼或其筒部和子房多少有些相连合。(次 259 项见 178 页)
260．每子房室内含胚珠或种子 2 个至多数。(次 260 项见 177 页)
261．花药以顶端孔裂开；草本或木本植物；叶对生或轮生，大都于叶片基部具 3～9 脉…………………………………………………………野牡丹科 Melastomaceae
261．花药纵长裂开。
262．草本或亚灌木；有时为攀援性。
263．具卷须的攀援草本；花单性……………………………………………葫芦科 Cucurbitaceae
263．无卷须的植物；花常两性。
264．萼片或花萼裂片 2 片；植物体多少肉质而多水分………………马齿苋科 Portulacaceae
(马齿苋属 *Portulaca*)
264．萼片或花萼裂片 4～5 片；植物体常不为肉质。
265．花萼裂片呈覆瓦状或镊合状排列；花柱 2 个或更多；种子具胚乳…………………………………………………………虎耳草科 Saxifragacea
265．花萼裂片呈镊合状排列；花柱 1 个，具 2～4 裂，或为 1 呈头状的柱头；种子无胚乳…………………………………………………………柳叶菜科 Onagraceae
262．乔木或灌木，有时为攀援性。
266．叶互生。(次 266 项见 177 页)
267．花数朵至多数呈头状花序；常绿乔木；叶革质，全缘或具浅裂…………………………………………………………金缕梅科 Hamamelidaceae
267．花呈总状或圆锥花序。

268．灌木；叶为掌状分裂，基部具3～5脉；子房1室，有多数胚珠；浆果……………………………………………………………………虎耳草科 **Saxifragaceae**
(茶藨子属 *Ribes*)

268．乔木或灌木；叶缘有锯齿或细锯齿，有时全缘，具羽状脉；子房3～5室，每室内含2至数个胚珠，或在山茉莉属 *Huodendron* 为多数；干燥或木质核果，或蒴果，有时具棱角或有翅……………………………………………野茉莉科 **Styracaceae**

266．叶常对生(使君子科的榄李树属 *Lumnitzera* 例外，同科的风车子属 *Combretum* 也可有时为互生，或互生和对生共存于一枝上)。

269．胚珠多数，除冠盖藤属 *Pileostegia* 自子房室顶端垂悬外，均位于侧膜或中轴胎座上；浆果或蒴果；叶缘有锯齿或为全缘，但均无托叶；种子含胚乳……………………………………………………………………虎耳草科 **Saxifragaceae**

269．胚珠2个至数个，近于自房室顶端垂悬；叶全缘或有圆锯齿；果实多不裂开，内有种子1至数个。

270．乔木或灌木，常为蔓生，无托叶，不为形成海岸林的组成分子(榄李树属 *Lumnitzera* 例外)；种子无胚乳，落地后始萌芽………………………使君子科 **Combretaceae**

270．常绿灌木或小乔木，具托叶；多为形成海岸林的主要组成分子，种子常有胚乳，在落地前即萌芽(胎生)…………………………………………红树科 **Rhizophoraceae**

260．每子房室内仅含胚珠或种子1个。

271．果实裂开为2个干燥的离果，并共同悬于一果梗上；花序常为伞形花序(在变豆菜属 *Sanicula* 及鸭儿芹属 *Cryptotaenia* 中为不规则的花序，在刺芫荽属 *Eryngium* 中，则为头状花序)……………………………………………………………………………伞形科 **Umbelliferae**

271．果实不裂开或裂开而不是上述情形的；花序可为各种型式。

272．草本植物。

273．花柱或柱头2～4个；种子具胚乳；果实为小坚果或核果，具棱角或有翅……………………………………………………………………小二仙草科 **Haloragidaceae**

273．花柱1个，具有1头状或呈2裂的柱头；种子无胚乳。

274．陆生草本植物，具对生叶；花为二出数；果实为一具钩状刺毛的坚果……………………………………………………………………柳叶菜科 **Onagraceae**
(露珠草属 *Circaea*)

274．水生草本植物，有聚生而漂浮水面的叶片；花为四出数；果实为具2～4刺的坚果(栽培种果实可无显著的刺)……………………………………………………菱科 **Trapaceae**
(菱属 *Trapa*)

272．木本植物。

275．果实干燥或为蒴果状。

276．子房2室；花柱2个……………………………………………金缕梅科 **Hamamelidaceae**

276．子房1室；花柱1个。

277．花序伞房状或圆锥状……………………………………莲叶桐科 **Hernandiaceae**

277．花序头状…………………………………………………………珙桐科 **Nyssaceae**
(旱莲木属 *Camptotheca*)

275．果实核果状或浆果状。

278．叶互生或对生；花瓣呈镊合状排列；花序有各种型式，但稀为伞形或头状，有时且可生于叶片上。

279．花瓣3～5片，卵形至披针形；花药短…………………………山茱萸科 **Cornaceae**

279．花瓣4～10片，狭窄形并向外翻转；花药细长………………八角枫科 **Alangiaceae**
(八角枫属 *Alangium*)

278．叶互生；花瓣呈覆瓦状或镊合状排列；花序常为伞形或呈头状。

280．子房1室；花柱1个；花杂性兼雌雄异株，雌花单生或以少数朵至数朵聚生，雌花多数，腋生为有花梗的簇丛……………………………………………珙桐科 **Nyssaceae**
(蓝果树属 *Nyssa*)

280．子房2室或更多室；花柱2～5个；如子房为1室而具1花柱时(例如马蹄参属 *Diplopanax*)，则花两性，形成顶生类似穗状的花序……………………………………五加科 **Araliaceae**

259．花萼和子房相分离。

281．叶片中有透明微点。

282.花整齐，稀可两侧对称；果实不为荚果……………………………………芸香科 **Rutaceae**

282．花整齐或不整齐；果实为荚果……………………………………豆科 **Leguminosae**

281．叶片中无透明微点。

283．雌蕊2个或更多，互相分离或仅有局部的连合；也可子房分离而花柱连合成1个。

284．多水分的草本，具肉质的茎及叶……………………………………景天科 **Crassulaceae**

284．植物体为其它情形。

285．花为周位花。

286．花的各部分呈螺旋状排列，萼片逐渐变为花瓣；雄蕊5或6个；雌蕊多数……………………………………蜡梅科 **Calycanthaceae** **(蜡梅属 *Chimonanthus*)**

286．花的各部分呈轮状排列，萼片和花瓣甚有分化。

287．雌蕊2～4个，各有多数胚珠；种子有胚乳；无托叶……………………虎耳草科 **Saxifragaceae**

287．雌蕊2个至多数，各有1至数个胚珠；种子无胚乳；有或无托叶……………………………………蔷薇科 **Rosaceae**

285．花为下位花，或在悬铃木科中微呈周位。

288．草本或亚灌木。

289．各子房的花柱互相分离。

290．叶常互生或基生，多少有些分裂；花瓣脱落性，较萼片为大，或于天葵属 *Semiaquilegia* 稍小于呈花瓣状的萼片……………………………………毛茛科 **Ranunculaceae**

290．叶对生或轮生，为全缘单叶；花瓣宿存性，较萼片小……………………马桑科 **Coriariaceae** **(马桑属 *Coriaria*)**

289．各子房合具1共同的花柱或柱头；叶为羽状复叶；花为五出数；花萼宿存；花中有和花瓣互生的腺体；雄蕊10个……………………………………牻牛儿苗科 ***Geraniaceae*** **(熏倒牛属 *Biebersteinia*)**

288．乔木；灌木或木本的攀援植物。

291．叶为单叶。

292．叶对生或轮生……………………………………马桑科 **Coriariaceae** **(马桑属 *Coriaria*)**

292．叶互生。

293．叶为脱落性，具掌状脉；叶柄基部扩张呈帽状以覆盖腋芽……………………………………悬铃木科 **Platanaceae** **(悬铃木属 *Platanus*)**

293．叶为常绿性或脱落性，具羽状脉。

294．雌蕊7个至多数(稀可少至5个)；直立或缠绕性灌木；花两性或单性……………………………………木兰科 **Magnoliaceae**

294．雌蕊4～6个；乔木或灌木；花两性。

295．子房5或6个，以一共同的花柱而连合，各子房均可熟为核果……………………………………金莲木科 **Ochnaceae** **(赛金莲木属 *Ouratia*)**

295．子房4～6个，各具1花柱，仅有1子房可成熟为核果……………………………………漆树科 **Anacardiaceae** **(山楼子属 *Buchanania*)**

291．叶为复叶。
296. 叶对生……………………………………………………………省沽油科 **Staphyleaceae**
296．叶互生。
297. 木质藤本；叶为掌状复叶或三出复叶…………………………木通科 **Lardizabalaceae**
297．乔木或灌木(有时在牛栓藤科中有缠绕性者)；叶为羽状复叶。
298. 果实为 1 含多数种子的浆果，状似猫屎……………………木通科 **Lardizabalaceae**
(猫儿屎属 *Decaisnea*)
298．果实为其它情形。
299．果实为蓇葖果……………………………………………牛栓藤科 **Connaraceae**
299．果实为离果，或在臭椿属 *Ailanthus* 中为翅果……………苦木科 **Simaroubaceae**
283．雌蕊 1 个，或至少其子房为 1 个。
300．雌蕊或子房确是单纯的，仅 1 室。
301．果实为核果或浆果。
302．花为三出数，稀可二出数；花药以舌瓣裂开………………………………………樟科 **Lauraceae**
302．花为五出或四出数；花药纵长裂开。
303．落叶具刺灌木；雄蕊 10 个，周位，均可发育……………………………蔷薇科 **Rosaceae**
(扁核木属 *Prinsepia*)
303．常绿乔木；雄蕊 1～5 个，下位，常仅其中 1 或 2 个可发育
…………………………………………………………………………………漆树科 **Anacardiaceae**
(杧果属 *Mangifera*)
301．果实为蓇葖果或荚果。
304．果实为蓇葖果。
305．落叶灌木；叶为单叶；蓇葖果内含 2 至数个种子……………………………蔷薇科 **Rosaceae**
(绣线菊亚科 *Spiraeoideae*)
305．常为木质藤本；叶多为单数复叶或具 3 小叶；有时因退化而只有 1 小叶；蓇葖果内仅含 1 个种子……………………………………………………………………牛栓藤科 **Connaraceae**
304．果实为荚果……………………………………………………………………………豆科 **Leguminosae**
300．雌蕊或子房并非单纯者，有 1 个以上的子房室或花柱、柱头、胎座等部分。
306. 子房 1 室或因有 1 假隔膜的发育而成 2 室，有时下部 2～5 室，上部 1 室。（次 306 项见 181 页）
307．花下位，花瓣 4 片，稀可更多。
308. 萼片 2 片……………………………………………………………………罂粟科 **Papaveraceae**
308．萼片 4～8 片。
309. 子房柄常细长，呈线状…………………………………………白花菜科 **Capparidaceae**
309．子房柄极短或不存在。
310. 子房为 2 个心皮连合组成，常具 2 子房室及 1 假隔膜…………………十字花科 **Cruciferae**
310．子房 3～6 个心皮连合组成，仅 1 子房室。
311．叶对生，微小，为耐寒耐旱性；花为辐射对称；花瓣完整，具瓣爪，其内侧有舌状的鳞片附属物………………………………………………………瓣鳞花科 **Frankeniaceae**
(瓣鳞花属 *Frankenia*)
311．叶互生，显著，非为耐寒耐旱性；花为两侧对称；花瓣常分裂，但其内侧并无鳞片状的附属物…………………………………………………………………木犀草科 **Resedaceae**
307．花周位或下位，花瓣 3～5 片，稀可 2 片或更多。
312．每子房室内仅有胚珠 1 个。
313．乔木，或稀为灌木；叶常为羽状复叶。

314. 叶常为羽状复叶，具托叶及小托叶……………………………省沽油科 **Staphyleaceae**
(银鹊树属 *Tapiscia*)
314. 叶为羽状复叶或单叶，无托叶及小托叶…………………………..漆树科 **Anacardiaceae**
313. 木本或草本；叶为单叶。
315. 通常均为木本，稀可在樟科的无根藤属 *Cassytha* 则为缠绕性寄生草本；叶常互生，无膜质托叶。
316. 乔木或灌木；无托叶；花为三出或二出数，萼片和花瓣同形，稀可花瓣较大；花药以舌瓣裂开；浆果或核果…………………………………………………樟科 **Lauraceae**
316. 蔓生性的灌木，茎为合轴型，具钩状的分枝；托叶小而早落；花为五出数，萼片和花瓣不同形，前者且于结实时增大呈翅状；花药纵长裂开；坚果
………………………………………………………………钩枝藤科 **Ancistrocladaceae**
(钩枝藤属 *Ancistrocladus*)
315. 草本或亚灌木；叶互生或对生，具膜质托叶……………………………蓼科 **Polygonaceae**
312. 每子房室内有胚珠 2 个至多数。
317. 乔木、灌木或木质藤本。（次 317 项见 298 页）
318. 花瓣及雄蕊均着生于花萼上……………………………………………千屈菜科 **Lythraceae**
318. 花瓣及雄蕊均着生于花托上(或于西番莲科中雄蕊着生于子房柄上)。
319. 核果或翅果，仅有 1 种子。
320. 花萼具显著的 4 或 5 裂片或裂齿，微小而不能长大……………………茶茱萸科 **Icacinaceae**
320. 花萼呈截平头或具不明显的萼齿，微小，但能在果实上增大
……………………………………………………………………………铁青树科 ***Olacaceae***
(铁青树属 *Olax*)
319. 蒴果或浆果，内有 2 个至多数种子。
321. 花两侧对称。
322. 叶为 2 至 3 回羽状复叶；雄蕊 5 个……………………………………..辣木科 **Moringaceae**
(辣木属 *Moringa*)
322. 叶为全缘的单叶；雄蕊 8 个………………………………………………远志科 **Polygalaceae**
321. 花辐射对称；叶为单叶或掌状分裂。
323. 花瓣具有直立而常彼此衔接的瓣爪……………………………..海桐花科 **Pittosporaceae**
(海桐花属 *Pittosporum*)
323. 花瓣不具细长的瓣爪。
324. 植物体为耐寒耐旱性，有鳞片状或细长形的叶片；花无小苞片
…………………………………………………………………………柽柳科 **Tamariceae**
324. 植物体非为耐寒耐旱性，具有较宽大的叶片。
325. 花两性。
326. 花萼和花瓣不甚分化，且前者较大…………………………大风子科 **Flacourtiaceae**
(红子木属 *Erythrospermum*)
326. 花萼和花瓣很有分化，前者很小…………………………………….堇菜科 **Violaceae**
(雷诺木属 *Rinorea*)
325. 雌雄异株或花杂性。
327. 乔木；花的每一花瓣基部各具位于内方的一鳞片；无子房柄
………………………………………………………………………大风子科 ***Flacourtiaceae***
(大风子属 *Hydnocarpus*)
327. 多为具卷须而攀援的灌木；花常具一为 5 鳞片所成的副冠，各鳞片和萼片相对生；有子房柄……………………………………………………………西番莲科 **Passifloraceae**
(蒴莲属 *Adenia*)

317．草本或亚灌木。
328．胎座位于子房室的中央或基底。
329.花瓣着生于花萼的喉部……………………………………………………………千屈菜科 Lythraceae
329．花瓣着生于花托上。
330．萼片 2 片；叶互生，稀可对生……………………………………………马齿苋科 Portulacaceae
330.萼片 5 或 4 片；叶对生……………………………………………………石竹科 Caryophyllaceae
328．胎座为侧膜胎座。
331．食虫植物，具生有腺体刚毛的叶片……………………………………………茅膏菜科 Droseraceae
331．非为食虫植物，也无生有腺体毛茸的叶片。
332．花两侧对称。
333．花有一位于前方的距状物；蒴果 3 瓣裂开…………………………………………堇菜科 Violaceae
333．花有一位于后方的大型花盘；蒴果仅于顶端裂开………………………………木犀草科 Resedaceae
332．花整齐或近于整齐。
334．植物体为耐寒耐旱性；花瓣内侧各有 1 舌状的鳞片
……………………………………………………………………………………瓣鳞花科 Frankeniaceae
(瓣鳞花属 *Frankenia*)
334．植物体非为耐寒耐旱性；花瓣内侧无鳞片的舌状附属物。
335．花中有副冠及子房柄……………………………………………………西番莲科 Passifloraceae
(西番莲属 *Passiflora*)
335. 花中无副冠及子房柄……………………………………………………虎耳草科 Saxifragaceae
306．子房 2 室或更多室。
336．花瓣形状彼此极不相等。
337．每子房室内有数个至多数胚珠。
338. 子房 2 室……………………………………………………………………虎耳草科 Saxifragaceae
338．子房 5 室……………………………………………………………………凤仙花科 Balsaminaceae
337．每子房室内仅有 1 个胚珠。
339．子房 3 室；雄蕊离生；叶盾状，叶缘具棱角或波纹……………………旱金莲科 Tropaeolaceae
(旱金莲属 *Tropaeolum*)
339．子房 2 室(稀可 1 或 3 室)；雄蕊连合为一单体；叶不呈盾状，全缘
…………………………………………………………………………………远志科 Polygalaceae
336．花瓣形状彼此相等或微有不等，且有时花也可为两侧对称。
340．雄蕊数和花瓣数既不相等，也不是它的倍数。
341．叶对生。
342．雄蕊 4～10 个，常 8 个。
343. 蒴果…………………………………………………………………七叶树科 Hippocastanaceae
343．翅果…………………………………………………………………………槭树科 Aceraceae
342．雄蕊 2 或 3 个，也稀可 4 或 5 个。
344．萼片及花瓣均为五出数；雄蕊多为 3 个……………………………翅子藤科 Hippocrateaceae
344．萼片及花瓣常均为四出数；雄蕊 2 个，稀可 3 个…………………………木犀科 Oleaceae
341．叶互生。
345．叶为单叶，多全缘，或在油桐属 Aleurites 中可具 3～7 裂片；花单性
……………………………………………………………………………大戟科 Euphorbiaceae
345．叶为单叶或复叶；花两性或杂性。
346．萼片为镊合状排列；雄蕊连成单体…………………………………………梧桐科 Sterculiaceae
346．萼片为覆瓦状排列；雄蕊离生。
347．子房 4 或 5 室，每子房室内有 8～12 胚珠；种子具翅
…………………………………………………………………………………楝科 Meliaceae
(香椿属 *Toona*)

347．子房常 3 室，每子房室内有 1 至数个胚珠；种子无翅。
348．花小型或中型，下位，萼片互相分离或微有连合………………无患子科 **Sapindaceae**
348．花大型，美丽，周位，萼片互相连合成一钟形的花萼
……………………………………………………………钟萼木科 **Bretschneideraceae**
(钟萼木属 *Bretschneidera*)

340．雄蕊数和花瓣数相等，或是它的倍数。
349．每子房室内有胚珠或种子 3 个至多数。
350．叶为复叶。
351．雄蕊连合成为单体……………………………………………………酢浆草科 **Oxalidaceae**
351．雄蕊彼此相互分离。
352．叶互生。
353．叶为 2 至 3 回的三出叶，或为掌状叶……………………………虎耳草科 **Saxifragaceae**
(落新妇亚族 *Astilbinae*)
353．叶为 1 回羽状复叶………………………………………………………楝科 **Meliaceae**
(香椿属 *Toona*)
352．叶对生。
354．叶为双数羽状复叶…………………………………………………蒺藜科 **Zygophyllaceae**
354．叶为单数羽状复叶…………………………………………………省沽油科 **Staphyleaceae**
350．叶为单叶。
355．草本或亚灌木。
356．花周位；花托多少有些中空。
357.雄蕊着生于杯状花托的边缘…………………………………………虎耳草科 **Saxifragaceae**
357. 雄蕊着生于杯状或管状花萼(或即花托)的内侧…………………………千屈菜科 **Lythraceae**
356．花下位；花托常扁平。
358．叶对生或轮生，常全缘。
359．水生或沼泽草本，有时(例如田繁缕属 *Bergia*)为亚灌木；有托叶
……………………………………………………………………………沟繁缕科 **Elatinaceae**
359. 陆生草本；无托叶……………………………………………………石竹科 **Caryophyllaceae**
358．叶互生或基生；稀可对生，边缘有锯齿，或叶退化为无绿色组织的鳞片。
360．草本或亚灌木：有托叶；萼片呈镊合状排列，脱落性
……………………………………………………………………………………椴树科 **Tiliaceae**
(黄麻属 *Corchorus*，田麻属 *Corchoropsis*)
360．多年生常绿草本，或为死物寄生植物而无绿色组织；无托叶；
萼片呈覆瓦状排列，宿存性……………………………鹿蹄草科 ***Pyrolaceae***
355．木本植物。
361．花瓣常有彼此衔接或其边缘互相依附的柄状瓣爪………………………海桐花科 **Pittosporaceae**
(海桐花属 *Pittosporun*)
361．花瓣无瓣爪，或仅具互相分离的细长柄状瓣爪。
362．花托空凹；萼片呈镊合状或覆瓦状排列。
363．叶互生，边缘有锯齿，常绿性……………………………………虎耳草科 **Saxifragaceae**
(鼠刺属 *Itea*)
363．叶对生或互生，全缘，脱落性。
364．子房 2～6 室，仅具 1 花柱；胚珠多数，着生于中轴胎座上
……………………………………………………………………………千屈菜科 **Lythraceae**
364. 子房 2 室，具 2 花柱；胚珠数个，垂悬于中轴胎座上
……………………………………………………………………金缕梅科 **Hamamelidaceae**
(双花木属 *Disanthus*)

362. 花托扁平或微凸起；萼片呈覆瓦状或于杜英科中呈镊合状排列。
365. 花为四出数；果实呈浆果状或核果状；花药纵长裂开或顶端舌瓣裂开。
366. 穗状花序腋生于当年新枝上；花瓣先端具齿裂……………………**杜英科 Elaeocarpaceae**
(杜英属 *Elaeocarpus*)
366. 穗状花序腋生于昔年老枝上；花瓣完整…………………………**旌节花科 Stachyuraceae**
(旌节花属 *Stachyurus*)
365. 花为五出数；果实呈蒴果状；花药顶端孔裂。
367. 花粉粒单纯；子房3室………………………………………………**山柳科 Clethraceae**
(山柳属 *Clethra*)
367. 花粉粒复合，成为四合体；子房5室………………………………**杜鹃花科 Ericaceae**
349. 每子房室内有胚珠或种子1或2个。
368. 草本植物，有时基部呈灌木状。
369. 花单性、杂性，或雌雄异株。
370. 具卷须的藤本；叶为二回三出复叶……………………………………**无患子科 Sapindaceae**
(倒地铃属 *Cardiospermun*)
370. 直立草本或亚灌木；叶为单叶………………………………………**大戟科 Euphorbiaceae**
369. 花两性。
371. 萼片呈镊合状排列；果实有刺………………………………………**椴树科 Tiliaceae**
(刺蒴麻属 *Triumfetta*)
371. 萼片呈覆瓦状排列；果实无刺。
372. 雄蕊彼此分离；花柱互相连合………………………………**牻牛儿苗科 Geraniaceae**
372. 雄蕊互相连合；花柱彼此分离……………………………………………**亚麻科 *Linaceae***
368. 木本植物。
373. 叶肉质，通常仅为1对小时所组成的复叶…………………………**蒺藜科 Zygophyllaceae**
373. 叶为其它情形。
374. 叶对生；果实为1、2或3个翅果所组成。
375. 花瓣细裂或具齿裂；每果实有3个翅果………………………**金虎尾科 Malpighiaceae**
375. 花瓣全缘；每果实具2个或连合为1个的翅果……………………**槭树科 Aceraceae**
374. 叶互生，如为对生时，则果实不为翅果。
376. 叶为复叶，或稀可为单叶而有具翅的果实。
377. 雄蕊连为单体。
378. 萼片及花瓣均为三出数；花药6个，花丝生于雄蕊管的口部
…………………………………………………………**橄榄科 Burseraceae**
378. 萼片及花瓣均为四出至六出数；花药8～12个，无花丝，直接着生
于雄蕊管的喉部或裂齿之间……………………………**楝科 Meliaceae**
377. 雄蕊各自分离。
379. 叶为单叶；果实为一具3翅而其内仅有1个种子的小坚果
…………………………………………………………**卫矛科 Celastraceae**
(雷公藤属 *Tripterygium*)
379. 叶为复叶；果实无翅。
380. 花柱3～5个；叶常互生，脱落性………**漆树科 Anacardiaceae**
380. 花柱1个；叶互生或对生。
381. 叶为羽状复叶，互生，常绿性或脱落性；果实有各种类型………**无患子科 Sapindaceae**
381. 掌状复叶，对生，脱落性；果实为蒴果……………………**七叶树科 Hippocastanaceae**

76. 叶为单叶；果实无翅。

382. 雄蕊连成单体，或如为2轮时，至少其内轮者如此，有时其花药无花丝(例如大戟科的三宝木属 *Trigonastemon*)。

383. 花单性；萼片或花萼裂片2～6片，呈镊合状或覆瓦状排列……………大戟科 **Euphorbiaceae**

383. 花两性；萼片5片，呈覆瓦状排列。

384. 果实呈蒴果状；子房3～5室，各室均可成熟……………………………………亚麻科 **Linaceae**

384. 果实呈核果状；子房3室，大都其中的2室为不孕性，仅另1室可成熟，而有1或2个胚珠……………………………………………………………………………………古柯科 **Erythroxylaceae**

(古柯属 *Erythroxylum*)

382. 雄蕊各自分离，有时在毒鼠子科中可和花瓣相连合而形成1管状物。

385. 果呈蒴果状。

386. 叶互生或稀可对生；花下位。

387. 叶脱落性或常绿性；花单性或两性；子房3室，稀可2或4室，有时可多至15室(例如算盘子属 *Glochidion*)………………………………………………………………大戟科 **Euphorbiaceae**

387. 叶常绿性；花两性；子房5室……………………………………………五列木科 **Pentaphylacaceae**

(五列木属 *Pentaphylax*)

386. 叶对生或互生；花周位……………………………………………………………卫矛科 **Celastraceae**

385. 果呈核果状，有时木质化，或呈浆果状。

388. 种子无胚乳，胚体肥大而多肉质。

389. 雄蕊10个……………………………………………………………………………蒺藜科 **Zygophyllaceae**

389. 雄蕊4或5个。

390. 叶互生；花瓣5片，各2裂或成2部分……………………………………毒鼠子科 **Dichapetalaceae**

(毒鼠子属 *Dichapetalum*)

390. 叶对生；花瓣4片，均完整……………………………………………………刺茉莉科 **Salvadoraceae**

(刺茉莉属 *Azima*)

388. 种子有胚乳，胚体有时很小。

391. 植物体为耐寒耐旱性；花单性，三出或二出数……………………………岩高兰科 **Empetraceae**

(岩高兰属 *Empetrum*)

391. 植物体为普通形状；花两性或单性，五出或四出数。

392. 花瓣呈镊合状排列。

393. 雄蕊和花瓣同数……………………………………………………………………茶茱萸科 **Icacinaceae**

393. 雄蕊为花瓣的倍数。

394. 枝条无刺，而有对生的叶片…………………………………………………红树科 **Rhizophoraceae**

(红树族 Gynotrocheae)

394. 枝条有刺，而有互生的叶片…………………………………………………铁青树科 **Olacaceae**

(海檀木属 *Ximenia*)

392. 花瓣呈覆瓦状排列，或在大戟科的小盘木属Microdesmis中为扭转兼覆瓦状排列。

395. 花单性，雌雄异株；花瓣较小于萼片……………………………………大戟科 ***Euphorbiaceae***

(小盘木属 *Microdesmis*)

395. 花两性或单性；花瓣常较大于萼片。

396. 落叶攀援灌木；雄蕊10个；子房5室，每室内有胚珠2个……………………………………………………………………………………猕猴桃科 **Actinidiaceae**

(藤山柳属 *Clematoclethra*)

396. 多为常绿乔木或灌木；雄蕊4或5个。

397. 花下位，雌雄异株或杂性，无花盘………………………………………冬青科 **Aquifoliaceae**

(冬青属 *Ilex*)

397．花周位，两性或杂性；有花盘……………………………………卫矛科 Celastraceae
(异卫矛亚科 Cassinioideae

160．花冠为多少有些连合的花瓣所组成。

398．成熟雄蕊或单体雄蕊的花药数多于花冠裂片。（次 398 项见 186 页）

399．心皮 1 个至数个，互相分离或大致分离。

400．叶为单叶或有时可为羽状分裂，对生，肉质…………………………………………景天科 Crassulacea

400．叶为二回羽状复叶，互生，不呈肉质………………………………………………………豆科 Leguminosa
(含羞草亚科 Mimosoideae

399．心皮 2 个或更多，连合成一复合性子房。

401．雌雄同株或异株，有时为杂性。

402．子房 1 室；五分枝而呈棕榈状的小乔木…………………………………番木瓜科 Caricacea
(番木瓜属 *Carica*

402．子房 2 室至多室；具分枝的乔木或灌木。

403．雄蕊连成单体，或至少内层者如此；蒴果……………………………大戟科 Euphorbiaceae
(麻疯树科 Jatropha

403．雄蕊各自分离；浆果……………………………………………………………………柿树科 Ebenacea

401．花两性。

404．花瓣连成一盖状物，或花萼裂片及花瓣均可合成为 1 或 2 层的盖状物。

405．叶为单叶，具有透明微点…………………………………………………………桃金娘科 Myrtacea

405．叶为掌状复叶，无透明微点……………………………………………………………五加科 Araliacea
(多蕊木属 *Tupidanthus*

404．花瓣及花萼裂片均不连成盖状物。

406．每子房室中有 3 个至多数胚珠。

407．雄蕊 5～10 个或其数不超过花冠裂片的 2 倍，稀可在野茉莉科的银钟花属 *Halesia* 其数可达 16 个，而为花冠裂片的 4 倍。

408．雄蕊连成单体或其花丝于基部互相连合；花药纵裂；花粉粒单生。

409．叶为复叶；子房上位；花柱 5 个……………………………………酢浆草科 Oxalidacea

409．叶为单叶；子房下位或半下位；花柱 1 个；乔木或灌木常有星状毛
…………………………………………………………………………野茉莉科 Styracacea

408．雄蕊各自分离；花药顶端孔裂；花粉粒为四合型……………………杜鹃花科 Ericacea

407．雄蕊为不定数。

410．萼片和花瓣常各为多数，而无显著的区分；子房下位；植物体肉质；绿色，常具棘针而其叶退化…………………………………………………………………………仙人掌科 Cactacea

410．萼片和花瓣常各为 5 片，而有显著的区分；子房上位。

411．萼片呈镊合状排列；雄蕊连成单体…………………………………………锦葵科 Malvacea

411．萼片呈显著的覆瓦状排列。

412．雄蕊连成 5 束，且每束着生于 1 花瓣的基部；花药顶端孔裂开；浆果
……………………………………………………………………猕猴桃科 Actinidiacea
(水冬哥属 *Saurauia*

412．雄蕊的基部连成单体；花药纵长裂开；蒴果
………………………………………………………………………………山茶科 Theacea
(紫茎木属 *Stewartia*

406．每子房室中常仅有 1 或 2 个胚珠。

413．花萼中的 2 片或更多片于结实时能长大成翅状
………………………………………………………………………龙脑香科 Dipterocarpacea

413．花萼裂片无上述变大的情形。

414. 植物体常有星状毛茸……………………………………………野茉莉科 Styracaceae
414. 植物体无星状毛茸。
415. 子房下位或半下位；果实歪斜……………………………………山矾科 Symplocaceae
(山矾属 *Symplocos*)
415. 子房上位。
416. 雄蕊相互连合为单体；果实成熟时分裂为离果………………锦葵科 Malvaceae
416. 雄蕊各自分离；果实不是离果。
417. 子房 1 或 2 室；蒴果……………………………………瑞香科 Thymelaeaceae
(沉香属 *Aquilaria*)
417. 子房 6～8 室；浆果…………………………………………山榄科 Sapotaceae
(紫荆木属 *Madhuca*)
398. 成熟雄蕊并不多于花冠裂片或有时因花丝的分裂则可过之。
418. 雄蕊和花冠裂片为同数且对生。
419. 植物体内有乳汁…………………………………………………………山榄科 Sapotaceae
419. 植物体内不含乳汁。
420. 果实内有数个至多数种子。
421. 乔木或灌木；果实呈浆果状或核果状……………………………紫金牛科 Myrsinaceae
421. 草本；果实呈蒴果状…………………………………………………报春花科 Primulaceae
420. 果实内仅有 1 个种子。
422. 子房下位或半下位。
423. 乔木或攀援性灌木；叶互生…………………………………………铁青树科 Olacaceae
423. 常为半寄生性灌木；叶对生…………………………………………桑寄生科 Loranthaceae
422. 子房上位。
424. 花两性。
425. 攀援性草本；萼片 2；果为肉质宿存花萼所包围…………………落葵科 Basellaceae
(落葵属 *Basella*)
425. 直立草本或亚灌木，有时为攀援性；萼片或萼裂片 5；果为蒴果或瘦果，不为花萼所包围……………………………………………………………………蓝雪科 Plumbaginaceae
424. 花单性，雌雄异株；攀援性灌木。
426. 雄蕊连合成单体；雌蕊单纯性……………………………………防己科 Menispermaceae
(锡生藤亚族 *Cissampelinae*)
426. 雄蕊各自分离；雌蕊复合性………………………………………茶茱萸科 Icacinaceae
(微花藤属 *Iodes*)
418. 雄蕊和花冠裂片为同数且互生，或雄蕊数较花冠裂片为少。
427. 子房下位。(次 427 项见 187 页)
428. 植物体常以卷须而攀援或蔓生；胚珠及种子皆为水平生长于侧膜胎座上……………………………………………………………………………………葫芦科 Cucurbitaceae
428. 植物体直立，如为攀援时也无卷须；胚珠及种子并不为水平生长。
429. 雄蕊互相连合。
430. 花整齐或两侧对称，呈头状花序，或在苍耳属 Xanthium 中，雌花序为一仅含 2 花的果壳，其外生有钩状刺毛；子房 1 室，内仅有 1 个胚珠……………………………菊科 Compositae
430. 花多两侧对称，单生或呈总状或伞房花序；子房 2 或 3 室，内有多数胚珠。
431. 花冠裂片呈镊合状排列；雄蕊 5 个，具分离的花丝及连合的花药……………………………………………………………………………桔梗科 Campanulaceae
(半边莲亚科 Lobelioideae)

431．花冠裂片呈覆瓦状排列；雄蕊 2 个，具连合的花丝及分离的花药
……………………………………………………………………………花柱草科 Stylidiaceae
(花柱草属 *Stylidium*)

429. 雄蕊各自分离。

432．雄蕊和花冠相分离或近于分离。

433．花药顶端孔裂开；花粉粒连合成四合体；灌木或亚灌木
……………………………………………………………………………杜鹃花科 Ericaceae
(乌饭树亚科 Vaccinioideae)

433．花药纵长裂开，花粉粒单纯；多为草本。

434． 花冠整齐；子房 2～5 室，内有多数胚珠……………………………桔梗科 Campanulaceae

434．花冠不整齐；子房 1～2 室，每子房室内仅有 1～2 个胚珠
……………………………………………………………………草海桐科 Goodeniaceae

432．雄蕊着生于花冠上。

435．雄蕊 4 或 5 个，和花冠裂片同数。

436．叶互生；每子房室内有多数胚珠……………………………………桔梗科 Campanulaceae

436．叶对生或轮生；每子房室内有 1 个至多数胚珠。

437．叶轮生，如为对生时，则有托叶存在…………………………………茜草科 Rubiaceae

437．叶对生，无托叶或稀可有明显的托叶。

438. 花序多为聚伞花序………………………………………………忍冬科 Caprifoliaceae

438．花序为头状花序………………………………………………川续断科 Dipsacaceae

435．雄蕊 1～4 个，其数较花冠裂片为少。

439．子房 1 室。

440．胚珠多数，生于侧膜胎座上……………………………………苦苣苔科 Gesneriaceae

440. 胚珠 1 个，垂悬于子房的顶端……………………………………川续断科 Dipsacaceae

439．子房 2 室或更多室，具中轴胎座。

441. 子房 2～4 室，所有的子房室均可成熟；水生草本…………………胡麻科 Pedaliaceae
(茶菱属 *Trapella*)

441．子房 3 或 4 室，仅其中 1 或 2 室可成熟。

442. 落叶或常绿的灌木；叶片常全缘或边缘有锯齿…………………忍冬科 Caprifoliaceae

442．陆生草本；叶片常有很多的分裂…………………………………败酱科 Valerianaceae

427．子房上位。

443．子房深裂为 2～4 部分；花柱或数花柱均自子房裂片之间伸出。

444．花冠两侧对称或稀可整齐；叶对生……………………………………………唇形科 Labiatae

444．花冠整齐；叶互生。

445．花柱 2 个；多年生匍匐性小草本；叶片呈圆肾形…………………………旋花科 Convolvulaceae
(马蹄金属 *Dichondra*)

445．花柱 1 个………………………………………………………………………紫草科 Boraginaceae

443．子房完整或微有分割，或为 2 个分离的心皮所组成；花柱自子房的顶端伸出。

446．雄蕊的花丝分裂。

447. 雄蕊 2 个，各分为 3 裂……………………………………………………罂粟科 Papaveraceae
(紫堇亚科 Fumarioideae)

447．雄蕊 5 个，各分为 2 裂……………………………………………………五福花科 Adoxaceae
(五福花属 *Adoxa*)

446．雄蕊的花丝单纯。

448．花冠不整齐，常多少有些呈二唇状。

449．成熟雄蕊 5 个。

450．雄蕊和花冠离生…………………………………………………………杜鹃花科 Ericaceae

450．雄蕊着生于花冠上……………………………………………………………紫草科 Boraginaceae
449．成熟雄蕊 2 或 4 个，退化雄蕊有时也可存在。
451．每子房室内仅含 1 或 2 个胚珠(如为后一情形时，也可在次 451 项检索之)。
452．叶对生或轮生；雄蕊 4 个，稀可 2 个；胚珠直立，稀可垂悬。
453．子房 2～4 室，共有 2 个或更多的胚珠……………………………马鞭草科 Verbenaceae
453．子房 1 室，仅含 1 个胚珠…………………………………………………透骨草科 Phrymaceae
(透骨草属 *Phryma*)
452．叶互生或基生；雄蕊 2 或 4 个，胚珠垂悬；子房 2 室，每子房室内仅有 1 个胚珠
……………………………………………………………………………玄参科 Scrophulariaceae
451．每子房室内有 2 个至多数胚珠。
454．子房 1 室具侧膜胎座或中央胎座(有时可因侧膜胎座的深入而为 2 室)
455．草本或木本植物，不为寄生性，也非食虫性。
456．多为乔木或木质藤本；叶为单叶或复叶，对生或轮生，稀可互生，种子有翅，但无胚乳………………………………………………………………………紫葳科 Bignoniaceae
456．多为草本；叶为单叶，基生或对生；种子无翅，有或无胚乳
……………………………………………………………………………苦苣苔科 Gesneriaceae
455．草本植物，为寄生性或食虫性。
457．植物体寄生于其他植物的根部，而无绿叶存在；雄蕊 4 个；侧膜胎座
…………………………………………………………………………列当科 Orobanchaceae
457．植物体为食虫性，有绿叶存在；雄蕊 2 个；特立中央胎座；多为水生或沼泽植物，且有具距的花冠…………………………………………………狸藻科 Lentibulariaceae
454．子房 2～4 室，具中轴胎座，或于角胡麻科中为子房 1 室而具侧膜胎座。
458．植物体常具分泌粘液的腺体毛茸；种子无胚乳或具一薄层胚乳。
459．子房最后成为 4 室；蒴果的果皮质薄而不延伸为长喙；油料植物
……………………………………………………………………………胡麻科 Pedaliaceae
(胡麻属 *Sesamum*)
459．子房 1 室，蒴果的内皮坚硬而呈木质，延伸为钩状长喙；栽培花卉.
…………………………………………………………………………角胡麻科 Martyniaceae
(角胡麻属 *Pooboscidea*)
458．植物体不具上述的毛茸；子房 2 室。
460．叶对生；种子无胚乳，位于胎座的钩状突起上……………………爵床科 Acanthaceae
460．叶互生或对生；种子有胚乳，位于中轴胎座上。
461．花冠裂片具深缺刻；成熟雄蕊 2 个……………………………………茄科 Solanaceae
(蝴蝶花属 *Schizanthus*)
461．花冠裂片全缘或仅其先端具一凹陷；成熟雄蕊 2 或 4 个
………………………………………………………………………玄参科 Scrophulariaceae
448．花冠整齐，或近于整齐。
462．雄蕊数较花冠裂片为少。
463．子房 2～4 室，每室内仅含 1 或 2 个胚珠。
464．雄蕊 2 个…………………………………………………………………………木犀科 Oleaceae
464．雄蕊 4 个。
465．叶互生，有透明腺体微点存在………………………………………苦槛蓝科 Myoporaceae
465．叶对生，无透明微点……………………………………………………马鞭草科 Verbenaceae
463．子房 1 或 2 室，每室内有数个至多数胚珠。
466．雄蕊 2 个；每子房室内有 4～10 个胚珠垂悬于室的顶端………………木犀科 Oleaceae
(连翘属 *Forsythia*)

466. 雄蕊4或2个；每子房室内有多数胚珠着生于中轴或侧膜胎座上。

467. 子房1室，内具分歧的侧膜胎座，或因胎座深入而使子房成2室
……………………………………………………………………………苦苣苔科 Gesneriaceae

467. 子房为完全的2室，内具中轴胎座。

468. 花冠于蕾中常折迭；子房2心皮的位置偏斜……………………………………茄科 Solanaceae

468. 花冠于蕾中不折迭，而呈覆瓦状排列；子房的2心皮位于前后方
……………………………………………………………………………玄参科 Scrophulariaceae

462. 雄蕊和花冠裂片同数。

469. 子房2个，或为1个而成熟后呈双角状。

470. 雄蕊各自分离；花粉粒也彼此分离……………………………………………夹竹桃科 Apocynaceae

470. 雄蕊互相连合；花粉粒连成花粉块…………………………………………萝藦科 Asclepiadaceae

469. 子房1个，不呈双角状。

471. 子房1室或因2侧膜胎座的深入而成2室。

472. 子房为1心皮所成。

473. 花显著，呈漏斗形而簇生；果实为1瘦果，有棱或有翅
……………………………………………………………紫茉莉科 Nyctaginaceae
(紫茉莉属 *Mirabilis*)

473. 花小型而形成球形的头状花序；果实为1荚果，成熟后则裂为仅含1种子的节荚
……………………………………………………………………………豆科 Leguminosae
(含羞草属 *Mimosa*)

472. 子房为2个以上连合心皮所成。

474. 乔木或攀援性灌木，稀可为—攀援性草木，而体内具有乳汁(例如心翼果属 *Cardiopteris*)；果实呈核果状(但心翼果属则为干燥的翅果)，内有1个种子………………茶茱萸科 Icacinaceae

474. 草本或亚灌木，或于旋花科的麻辣仔藤属 Erycibe 中为攀援灌木；果实呈蒴果状(或于麻辣仔藤属中呈浆果状)，内有2个或更多的种子。

475. 花冠裂片呈覆瓦状排列。

476. 叶茎生，羽状分裂或为羽状复叶(限于我国植物如此)
…………………………………………田基麻科 Hydrophyllaceae
(水叶族 *Hydrophylleae*)

476. 叶基生，单叶，边缘具齿裂…………………………………………苦苣苔科 *Gesneriaceae*
(苦苣苔属 *Conandron*，黔苣苔属 *Tengia*)

475. 花冠裂片常呈旋转状或内折的镊合状排列。

477. 攀援性灌木；果实呈浆果状，有少数种子
…………………………………………………旋花科 Convolvulaceae
(麻辣仔藤属 *Erycibe*)

477. 直立陆生或漂浮水面的草本；果实呈蒴果状，内有少数至多数种子…………………………………………龙胆科 Gentianaceae

471. 子房2～10室。

478. 无绿叶而为缠绕性的寄生植物………………………………………………旋花科 Convolvulaceae
(菟丝子亚科 Cuscutoideae)

478. 不是上述的无叶寄生植物。

479. 叶常对生，在两叶之间有托叶所成的连接线或附属物
……………………………………………………………………马钱科 Loganiaceae

479. 叶常互生，或有时基生，如为对生时，其两叶之间也无托叶所成的连系物，有时其叶也可轮生。

480. 雄蕊和花冠离生或近于离生。

481. 灌木或亚灌木；花药顶端孔裂；花粉粒为四合体；子房常 5 室
……………………………………………………杜鹃花科 **Ericaceae**

481. 一年或多年生草本，常为缠绕性；花药纵长裂开；花粉粒单纯；子房常 3～5 室
…………………………………………………………桔梗科 **Campanulaceae**

480. 雄蕊着生于花冠的筒部。

482. 雄蕊 4 个，稀可在冬青科为 5 个或更多。

483. 无主茎的草本，具由少数至多数花朵所形成的穗状花序生于一基生花葶上
…………………………………………………………车前科 **Plantaginaceae**
(车前属 *Plantago*)

483. 乔木、灌木，或具有主茎的草木。

484. 叶互生，多常绿……………………………………………………冬青科 **Aquifoliaceae**
(冬青属 *Ilex*)

484. 叶对生或轮生。

485. 子房 2 室，每室内有多数胚珠………………………………玄参科 **Scrophulariaceae**

485. 子房 2 室至多室，每室内有 1 或 2 个胚珠……………………马鞭草科 **Verbenaceae**

482. 雄蕊常 5 个，稀可更多。

486. 每子房室内仅有 1 或 2 个胚珠。

487. 子房 2 或 3 室；胚珠自子房室近顶端垂悬；木本植物；叶全缘。

488. 每花瓣 2 裂或 2 分；花柱 1 个；子房无柄，2 或 3 室，每室内各有 2 个胚珠；核果；有托叶……………………………………………………毒鼠子科 **Dichapetalaceae**
(毒鼠子属 *Dichapetalum*)

488. 每花瓣均完整；花柱 2 个；子房具柄，2 室，每室内仅有 1 个胚珠；翅果；无托叶……………………………………………………………茶茱萸科 **Icacinaceae**

487. 子房 1～4 室；胚珠在子房室基底或中轴的基部直立或上举；无托叶；花柱 1 个，稀可 2 个，有时在紫草料的破布木属 *Cordia* 中其先端可成两次的 2 分。

489. 果实为核果；花冠有明显的裂片，并在蕾中呈覆瓦状或旋转状排列；叶全缘或有锯齿；通常均为直立木本或草本，多粗壮或具刺毛…………紫草科 **Boraginaceae**

489. 果实为蒴果；花瓣完整或具裂片；叶全缘或具裂片，但无锯齿缘。

490. 通常为缠绕性稀可为直立草本，或为半木质的攀援植物至大型木质藤本(例如盾苞藤属 *Neuropeltis*)；萼片多互相分离；花冠常完整而几无裂片，于蕾中呈旋转状排列，也可有时深裂而其裂片呈内折的镊合状排列(例如盾苞藤属)
……………………………………………………………旋花科 **Convolvulaceae**

490. 通常均为直立草木；萼片连合成钟形或筒状；花冠有明显的裂片，唯于蕾中也呈旋转状排列……………………………………………………花葱科 **Polemoniaceae**

486. 每子房室内有多数胚珠，或在花葱科中有时为 1 至数个；多无托叶。

491. 高山区生长的耐寒耐旱性低矮多年生草本或丛生亚灌木；叶多小型，常绿，紧密排列呈覆瓦状或莲座式；花无花盘；花单生至聚集成几为头状花序；花冠裂片呈覆瓦状排列；子房 3 室；花柱 1 个；柱头 3 裂；蒴果室背开裂……….岩梅科 **Diapensiaceae**

491. 草本或木本，不为耐寒耐旱性；叶常为大型或中型，脱落性，疏松排列而各自展开；花多有位于子房下方的花盘。

492. 花冠不于蕾中折迭，其裂片呈旋转状排列，或在田基麻科中为覆瓦状排列。

493. 叶为单叶，或在花葱属 Polemonium 为羽状分裂或为羽状复叶；子房 3 室(稀可 2 室)；花柱 1 个；柱头 3 裂；蒴果多室背开裂……………花葱科 **Polemoniaceae**

493．叶为单叶，且在田基麻属 *Hydrolea* 为全缘；子房 2 室；花柱 2 个；柱头呈头状；蒴果室间开裂……………………………………田基麻科 **Hydrophyllaceae**
(田基麻族 *Hydroleeae*)

492．花冠裂片呈镊合状或覆瓦状排列，或其花冠于蕾中折迭，且呈旋转状排列；花萼常宿存；子房 2 室；或在茄科中为假 3 室至假 5 室；花柱 1 个；柱头完整或 2 裂。

494．花冠多于蕾中折迭，其裂片呈覆瓦状排列；或在曼陀罗属 *Datura* 呈旋转状排列，稀可在枸杞属 *Lycium* 和颠茄属 *Atrope* 等属中，并不于蕾中折迭，而呈覆瓦状排列，雄蕊的花丝无毛；浆果，或为纵裂或横裂的蒴果
……………………………………………………………………………**茄科 Solanaceae**

494．花冠不于蕾中折迭，其裂片呈覆瓦状排列；雄蕊的花丝具毛茸(尤以后方的 3 个如此)。

495．室间开裂的蒴果……………………………………………**玄参科 Scrophulariaceae**
(毛蕊花属 *Verbascum*)

495．浆果，有刺灌木………………………………………………………**茄科 Solanaceae**
(枸杞属 *Lycium*)

1．子叶 1 个；茎无中央髓部，也无呈年轮状的生长；叶多具平行叶脉；花为三出数，有时为四出数，但极少为五出数……………………………………………………………**单子叶植物纲 Monocotyledoneae**

496．木本植物，或其叶于芽中呈折迭状。

497．灌木或乔木；叶细长或呈剑状，在芽中不呈折迭状………………………………**露兜树科 Pandanaceae**

497．木本或草本；叶甚宽，常为羽状或扇形的分裂，在芽中呈折迭状而有强韧的平行脉或射出脉。

498．植物体多甚高大，呈棕榈状，具简单或分枝少的主干；花为圆锥或穗状花序，托以佛焰状苞片…………………………………………………………………………**棕榈科 Palmae**

498．植物体常为无主茎的多年生草木，具常深裂为 2 片的叶片；花为紧密的穗状花序
……………………………………………………………………………**环花科 *Cyclanthaceae***
(巴拿马草属 *Carludovica*)

496．草本植物或稀可为木质茎，但其叶于芽中从不呈折迭状。

499．无花被或在眼子菜科中很小。（次 499 项见 193 页）

500．花包藏于或附托以呈覆瓦状排列的壳状鳞片(特称为颖)中，由多花至 1 花形成小穗(自形态学观点而言，此小穗实即简单的穗状花序)。

501．秆多少有些呈三棱形，实心；茎生叶呈三行排列；叶鞘封闭；花药以基底附着花丝；果实为瘦果或囊果…………………………………………………………………**莎草科 Cyperaceae**

501．秆常呈圆筒形；中空；茎生叶呈二行排列；叶鞘常在一侧纵裂开；花药以其中部附着花丝；果实通常为颖果………………………………………………………………**禾本科 Gramineae**

500．花虽有时排列为具总苞的头状花序，但并不包藏于呈壳状的鳞片中。

502．植物体微小，无真正的叶片，仅具无茎而漂浮水面或沉没水中的叶状体
……………………………………………………………………………**浮萍科 Lemnaceae**

502．植物体常具茎，也具叶，其叶有时可呈鳞片状。

503．水生植物，具沉没水中或漂浮水面的叶片。

504．花单性，不排列成穗状花序。

505．叶互生；花呈球形的头状花序……………………………………**黑三棱科 Sparganiaceae**
(黑三棱属 *Sparganium*)

505．叶多对生或轮生；花单生，或在叶腋间形成聚伞花序。

506．多年生草本；雌蕊为 1 个或更多而互相分离的心皮所成；胚珠自子房室顶端垂悬…………………………………………………………**眼子菜科 Potamogetonaceae**
(角果藻族 *Zannichellieae*)

506．一年生草本；雌蕊 1 个，具 2～4 柱头；胚珠直立于子房室的基底
……………………………………………………………………………**茨藻科 Najadaceae**
(茨藻属 *Najas*)

504．花两性或单性，排列成简单或分歧的穗状花序。

507．花排列于1扁平穗轴的一侧。

508．海水植物；穗状花序不分歧，但其雌雄同株或异株的单性花；雄蕊1个，具无花丝而为1室的花药；雌蕊1个，具2柱头；胚珠1个，垂悬于子房室的顶端……………………………………………………………眼子菜科 **Potamogetonaceae**

(大叶藻属 *Zostera*)

508．淡水植物；穗状花序常分为二歧而具两性花；雄蕊6个或更多，具极细长的花丝和2室的花药；雌蕊为3～6个离生心皮所成；胚珠在每室内2个或更多，基生……………………………………………………………水蕹科 **Aponogetonaceae**

(水蕹属 *Aponogeton*)

507．花排列于穗轴的周围，多为两性花；胚珠常仅1个

……………………………………………………………眼子菜科 **Potamogetonaceae**

503．陆生或沼泽植物，常有位于空气中的叶片。

509．叶有柄，全缘或有各种形状的分裂，具网状脉；花形成一肉穗花序，后者常有一大型而常具色彩的佛焰苞片……………………………………………天南星科 **Araceae**

509．叶无柄，细长形、剑形，或退化为鳞片状，其叶片常具平行脉。

510．花形成紧密的穗状花序，或在帚灯草科为疏松的圆锥花序。

511．陆生或沼泽植物；花序为由位于苞腋间的小穗所组成的疏散圆锥花序；雌雄异株；叶多呈鞘状……………………………………………………帚灯草科 **Restionaceae**

(薄果草属 *Leptocarpus*)

511．水生或沼泽植物；花序为紧密的穗状花序。

512．穗状花序位于一呈二棱形的基生花葶的一侧，而另一侧则延伸为叶状的佛焰苞片；花两性……………………………………………………天南星科 **Araceae**

(石菖蒲属 *Acorus*)

512．穗状花序位于一圆柱形花梗的顶端，形如蜡烛而无佛焰苞；雌雄同株

……………………………………………………………香蒲科 **Typhaceae**

510．花序有各种型式。

513．花单性，呈头状花序。

514．头状花序单生于基生无叶的花葶顶端；叶狭窄，呈禾草状，有时叶为膜质

……………………………………………………………谷精草科 **Eriocaulaceae**

(谷精草属 *Eriocaulon*)

514．头状花序散生于具叶的主茎或枝条的上部，雄性者在上，雌性者在下；叶细长，呈扁三棱形，直立或漂浮水面，基部呈鞘状……………黑三棱科 **Sparganiaceae**

(黑三棱属 *Sparganium*)

513．花常两性。

515．花序呈穗状或头状，包藏于2个互生的叶状苞片中；无花被；叶小，细长形或呈丝状；雄蕊1或2个；子房上位，1～3室，每子房室内仅有1个垂悬胚珠

……………………………………………………………刺鳞草科 **Centrolepidaceae**

515．花序不包藏于叶状的苞片中；有花被。

516．子房3～6个，至少在成熟时互相分离………………水麦冬科 **Juncaginaceae**

(水麦冬属 *Triglochin*)

516．子房1个，由3心皮连合所组成……………………………灯心草科 **Juncaceae**

499．有花被，常显著，且呈花瓣状。

517．雌蕊3个至多数，互相分离。

518. 死物寄生性植物，具呈鳞片状而无绿色叶片。
519. 花两性，具 2 层花被片；心皮 3 个，各有多数胚珠……………………………百合科 **Liliaceae**
(无叶莲属 *Petrosavia*)
519. 花单性或稀可杂性，具一层花被片；心皮数个，各仅有 1 个胚珠…………霉草科 **Triuridaceae**
(喜阴草属 *Sciaphila*)
518. 不是死物寄生性植物，常为水生或沼泽植物，具有发育正常的绿叶。
520. 花被裂片彼此相同；叶细长，基部具鞘……………………………………水麦冬科 **Juncaginaceae**
(芝菜属 *Scneuchzeria*)
520. 花被裂片分化为萼片和花瓣 2 轮。
521. 叶(限于我国植物)呈细长形，直立；花单生或呈伞形花序；蓇葖果
……………………………………………………………………………花蔺科 **Butomaceae**
(花蔺属 *Butomus*)
521. 叶呈细长兼披针形至卵圆形，常为箭镞状而具长柄；花常轮生，呈总状或圆锥花序；瘦果
……………………………………………………………………………泽泻科 **Alismataceae**
517. 雌蕊 1 个，复合性或于百合科的岩菖蒲属 *Tofieldia* 中其心皮近于分离。
522. 子房上位，或花被和子房相分离。（次 522 项见 194 页）
523. 花两侧对称；雄蕊 1 个，位于前方，即着生于远轴的 1 个花被片的基部
……………………………………………………………………………田葱科 **Philydraceae**
(田葱属 *Philydrum*)
523. 花辐射对称，稀可两侧对称；雄蕊 3 个或更多。
524. 花被分化为花萼和花冠 2 轮，后者于百合科的重楼族中，有时为细长形或线形的花瓣所组成，稀可缺如。
525. 花形成紧密而具鳞片的头状花序；雄蕊 3；子房 1 室………………黄眼草科 **Xyridaceae**
(黄眼草属 *Xyris*)
525. 花不形成头状花序；雄蕊数在 3 个以上。
526. 叶互生，基部具鞘，平行脉；花为腋生或顶生的聚伞花序；雄蕊 6 个，或因退化而数较少………………………………………………………鸭跖草科 **Commelinaceae**
526. 叶以 3 个或更多个生于茎的顶端而成一轮，网状脉而于基部具 3～5 脉；花单独顶生；雄蕊 6 个、8 个或 10 个…………………………………………………百合科 **Liliaceae**
(重楼族 *Parideae*)
524. 花被裂片彼此相同或近于相同，或于百合科的白丝草属 *Chinographis* 中则极不相同，又在同科的油点草属 *Tricyrtis* 中其外层 3 个花被裂片的基部呈囊状。
527. 花小型，花被裂片绿色或棕色。
528. 花位于一穗形总状花序上；蒴果自一宿存的中轴上裂为 3～6 瓣，每果瓣内仅有 1 个种子……………………………………………………水麦冬科 **Juncaginaceae**
(水麦冬属 *Triglochin*)
528. 花位于各种型式的花序上；蒴果室背开裂为 3 瓣，内有多数至 3 个种子
……………………………………………………………………………灯心草科 **Juncaceae**
527. 花大型或中型，或有时为小型，花被裂片多少有些具鲜明的色彩。
529. 叶(限于我国植物)的顶端变为卷须，并有闭合的叶鞘；胚珠在每室内仅为 1 个；花排列为顶生的圆锥花序 ……………………………………须叶藤科 **Flagellariaceae**
（须叶藤属 *Flagellaria*)
529. 叶的顶端不变为卷须；胚珠在每子房室内为多数，稀可仅为 1 个或 2 个。
530. 直立或漂浮的水生植物；雄蕊 6 个，彼此不相同，或有时有不育者
……………………………………………………………雨久花科 **Pontederiaceae**
530. 陆生植物；雄蕊 6 个，4 个或 2 个，彼此相同。
531. 花为四出数，叶(限于我国植物)对生或轮生，具有显著纵脉及密生的横脉
……………………………………………………………百部科 **Stemonaceae**
(百部属 *Stemona*)

531. 花为三出或四出数；叶常基生或互生……………………百合科 **Liliaceae**
522. 子房下位，或花被多少有些和子房相愈合。
532. 花两侧对称或为不对称形。
533. 花被片均呈花瓣状；雄蕊和花柱多少有些互相连合…………………………兰科 **Orchidaceae**
533. 花被片并不是均呈花瓣状，其外层者形如萼片；雄蕊和花柱相分离。
534. 后方的 1 个雄蕊常为不育性，其余 5 个则均发育而具有花药。
535. 叶和苞片排列成螺旋状；花常因退化而为单性；浆果；花管呈管状，其一侧不久即裂开 ………………………………………………………………………芭蕉科 **Musaceae**（芭蕉属 ***Musa***）
535. 叶和苞片排列成 2 行；花两性，蒴果。
536. 萼片互相分离或至多可和花冠相连合；居中的 1 花瓣并不成为唇瓣 ………………………………………………………………芭蕉科 **Musaceae**（鹤望兰属 ***Strelitzia***）
536. 萼片互相连合成管状；居中(位于远轴方向)的 1 花瓣为大形而成唇瓣 ………………………………………………………………芭蕉科 **Musaceae**（兰花蕉属 ***Orchidantha***）
534. 后方的 1 个雄蕊发育而具有花药，其余 5 个则退化，或变形为花瓣状。
537. 花药 2 室；萼片互相连合为一萼筒，有时呈佛焰苞状…………………姜科 **Zingiberaceae**
537. 花药 1 室；萼片互相分离或至多彼此相衔接。
538. 子房 3 室，每子房室内有多数胚珠位于中轴胎座上；各不育雄蕊呈花瓣状，互相于基部简短连合………………………………………………………美人蕉科 **Cannaceae**（美人蕉属 ***Canna***）
538. 子房 3 室或因退化而成 1 室，每子房室内仅含 1 个基生胚珠；各不育雄蕊也呈花瓣状，唯多少有些互相连合…………………………………………………竹芋科 **Marantaceae**
532. 花常辐射对称，也即花整齐或近于整齐。
539. 水生草本，植物体部分或全部沉没水中……………………………水鳖科 **Hydrocharitaceae**
539. 陆生草木。
540. 植物体为攀援性；叶片宽广，具网状脉(还有数主脉)和叶柄……………薯蓣科 **Dioscoreaceae**
540. 植物体不为攀援性；叶具平行脉。
541. 雄蕊 3 个。
542. 叶 2 行排列，两侧扁平而无背腹面之分，由下向上重叠跨覆；雄蕊和花被的外层裂片相对生……………………………………………………………………鸢尾科 **Iridaceae**
542. 叶不为 2 行排列；茎生叶呈鳞片状；雄蕊和花被的内层裂片相对生…………………………………………………………水玉簪科 **Burmanniaceae**
541. 雄蕊 6 个。
543. 果实为浆果或蒴果，而花被残留物多少和它相合生，或果实为一聚花果；花被的内层裂片各于其基部有 2 舌状物；叶呈带形，边缘有刺齿或全缘 ……………………………………………………………………凤梨科 **Bromielaceae**
543. 果实为蒴果或浆果，仅为 1 花所成；花被裂片无附属物。
544. 子房 1 室，内有多数胚珠位于侧膜胎座上；花序为伞形，具长丝状的总苞片 ………………………………………………………………蒟蒻薯科 **Taccaceae**
544. 子房 3 室，内有多数至少数胚珠位于中轴胎座上。
545. 子房部分下位……………………………………………………百合科 **Liliaceae**（肺筋草属 ***Aletris***，沿阶草属 ***Ophiopogon***，球子草属 ***Peliosanthes***）
545. 子房完全下位……………………………………………………石蒜科 **Amaryllidaceae**

目标检测题参考答案

绪　论

一、选择题

（一）A 型题（最佳选择题）

1. B　2. C　3. A　4. D　5. D

（二）X 型题（多项选择题）

6. ABC　7. ABCDE

二、填空题

1.《神农本草经》　365　237

2. 陶弘景　730

3.《新修本草》《唐本草》　850

4.《经史证类备急本草》　1746

5. 1892

三、名词解释（略）

四、简答题（略）

第一章　植物器官的形态

一、选择题

（一）A 型题（最佳选择题）

1. D　2. A　3. D　4. D　5. A　6. B　7. D　8. A　9. B　10. B　11. A　12. A　13. A　14. C　15. D　16. A　17. A　18. B　19. A　20. B　21. A　22. B　23. B　24. A　25. B　26. C　27. D

（二）X 型题（多项选择题）

28. BCD　29. AD　30. BC　31. ABCD　32. ABD　33. BCDE　34. AC　35. ABCDE　36. ABCD　37. ACE　38. ACD　39. ABE

二、填空题

1. 胚根

2. 主根　侧根

3. 根　茎　叶　花　果实　种子

4. 营养器官　繁殖器官

5. 直根系　须根系

6. 定根　不定根

7. 直立茎　缠绕茎　攀缘茎　匍匐茎

8. 节　节间　芽　叶　花

9. 乔木　灌木　木质藤本

10. 一年生草本　二年生草本　多年生草本

11. 叶状茎　枝刺　钩状茎　茎卷须　小块茎　小鳞茎

12. 叶片　叶柄　托叶

13. 苞片　鳞叶　叶刺　叶卷须

14. 花梗　花托　花萼　花冠　雄蕊群　雌蕊群

15. 子房　花柱　柱头

16. 花萼　花冠

17. 单果　聚合果　聚花果

18. 有胚乳种子　无胚乳种子

三、名词解释（略）

四、简答题（略）

第二章　植物分类概述

一、选择题

（一）A 型题（最佳选择题）

1. C　2. B　3. C　4. D

（二）X 型题（多项选择题）

5. ACDE　6. ABCDE　7. ABCE

二、填空题

1. 门　纲　目　科　属　种

2. 亚种　变种　变型

3. 属名　种名　命名人

4. 蕨类植物　裸子植物　被子植物

5. 苔藓植物、蕨类植物、裸子植物、被子植物

6. 藻类　菌类　地衣类

7. 藻类　菌类　地衣类　苔藓植物门　蕨类植物门

三、名词解释（略）

四、简答题（略）

第三章 低等植物

一、选择题

（一）A 型题（最佳选择题）

1. B 2. C 3. B 4. C 5. C

（二）X 型题（多项选择题）

6. ACE 7. ABD 8. AB 9. BE 10. BE 11. AD 12. ABCE

二、填空题

1. 藻类植物 菌类植物 地衣门植物 无胚植物
2. 营养繁殖 无性生殖 有性生殖
3. 自养性植物 4. 固着器 柄 叶状带片
5. 根 茎 叶 光合色素 光合作用
6. 细菌门 黏菌门 真菌门
7. 菌核 子实体
8. 真菌植物 藻类植物
9. 壳状地衣 叶状地衣 枝状地衣

三、名词解释（略）

四、简答题（略）

第四章 高等植物

一、选择题

（一）A 型题（最佳选择题）

1. C 2.B 3. D 4. A 5. A 6. B 7. A 8. B 9. A 10. C 11. D 12. D 13. B 14. B 15. B 16. D 17. D 18. A 19. D 20. D 21. A 22. B 23. A 24. B 25. C 26. C 27. D 28. D 29. A 30. D 31. B 32. C 33. B 34. D 35. D 36. D 37. D 38. C 39. B 40. A 41. A 42. D 43. A

（二）X 型题（多项选择题）

44. ACDE 45. CDE 46. CDE 47. BCE 48. ABCDE 49. ABCE 50. ABDE 51. ABCDE 52. ACDE 53. ACDE 54. ABCDE 55. ABDE 56. ACD 57. ABCDE 58. ABCDE 59. ABCE 60. AC 61. ABE 62. ABCD 63. ABC 64. BD 65. CDE 66. ACD 67. ABE 68. ABCD 69. ABC 70. ACDE 71. BD

二、填空题

1. 蒴柄、孢蒴、基足
2. 孢子植物 维管植物 颈卵器植物
3. 营养叶 不育叶 生殖叶 能育叶
4. 种子植物 维管植物
5. 肉质 木质 膜质
6. 孢子体 配子体
7. 心皮 子房
8. 单子叶植物纲 双子叶植物纲 离瓣花亚纲 合瓣花亚纲
9. 药用大黄 掌叶大黄 唐古特大黄 根及根茎
10. 茎藤 块根 夜交藤 何首乌
11. 乌头 附子
12. 板蓝根 大青叶
13. 梅亚科 苹果亚科 绣线菊亚科 蔷薇亚科
14. 荆芥 荆芥穗 全草或花序
15. 瓜蒌皮 全瓜蒌 种子 瓜蒌仁
16. 头状花序 菊花
17. 果实 枸杞子 地骨皮
18. 须根系 平行脉 3
19. 肉穗
20. 兰
21. 天南星
22. 天南星 薯蓣
23. 姜兰

三、名词解释（略）

四、简答题（略）

第五章 药用植物的显微结构

一、选择题

（一）A 型题（最佳选择题）

1. B 2. D 3. D 4. C 5. D 6. A 7. B 8. C 9. C 10. A 11. C 12. A 13. D 14. D 15. D

（二）X 型题（多项选择题）

16. ABCDE 17. ACD 18. AD 19. ABCD 20. ACE 21. ABC 22. ACE 23.BD 24. BC 25. ABD

二、填空题

1. 胞间层 初生壁 次生壁
2. 叶绿体 有色体 白色体
3. 单粒淀粉 复粒淀粉 半复粒淀粉
4. 菊科 桔梗科 龙胆科
5. 碳酸钙晶体 草酸钙晶体
6. 不等式
7. 表皮 周皮
8. 基本薄壁组织 同化薄壁组织 储藏薄壁组织 吸收薄壁组织 通气薄壁组织
9. 管胞 导管 筛管 伴胞 筛胞

10. 根冠　分生区　伸长区　成熟区

三、名词解释（略）

四、简答题（略）

第六章　我国药用植物资源概况与可持续利用

一、选择题

（一）A 型题（最佳选择题）

1. A　2. A　3. D

（二）X 型题（多项选择题）

4. ABCDE　5. ABCD　6. ABCD

二、填空题

1. 大兴安岭　小兴安岭　长白山　三江

2. 南亚　中亚

三、名词解释（略）

四、简答题（略）